TRIZ 创新理论实用指南

（第 3 版）

徐起贺　刘　刚　戚新波　编著

北京理工大学出版社
BEIJING INSTITUTE OF TECHNOLOGY PRESS

内 容 简 介

为了培养面向 21 世纪的高职高专应用型创新人才,本书系统地介绍了当前在世界范围内广泛流行的 TRIZ 创新理论和方法。在内容编排上图文并茂、深入浅出,力求理论联系实际,以便快速提高读者的发明创新能力。

全书共分 10 章,主要内容有:TRIZ 发明问题解决理论概述、技术系统的进化及其应用、发明创造的理想解与可用资源、40 个发明创新原理及其应用、设计中的冲突及其解决原理、物场模型分析与标准解法、发明问题解决算法、科学效应和现象及详解、应用 TRIZ 解决创新问题的实例、解决发明问题的多种创新方法等。书中结合大量的应用实例来分析和说明 TRIZ 理论的应用过程和技巧,将发明创造和创新思维有机结合,突出体现创新特征。通过对学生创新能力和工程应用能力的培养,提高学生的创新意识和创新能力,体现高职高专应用型教育的特点。

本书可作为高职高专院校机电类各专业的教材,也可供有关教师、工程技术人员及科研人员参考。

版权专有　侵权必究

图书在版编目(CIP)数据

TRIZ 创新理论实用指南 / 徐起贺,刘刚,戚新波编著. — 3 版. —北京:北京理工大学出版社,2019.9(2020.12重印)

ISBN 978-7-5682-7666-5

Ⅰ. ①T… Ⅱ. ①徐… ②刘… ③戚… Ⅲ. ①创造学-指南 Ⅳ. ①G305-62

中国版本图书馆 CIP 数据核字(2019)第 222763 号

出版发行 / 北京理工大学出版社有限责任公司	
社　　址 / 北京市海淀区中关村南大街 5 号	
邮　　编 / 100081	
电　　话 / (010)68914775(总编室)	
(010)82562903(教材售后服务热线)	
(010)68948351(其他图书服务热线)	
网　　址 / http://www.bitpress.com.cn	
经　　销 / 全国各地新华书店	
印　　刷 / 涿州市新华印刷有限公司	
开　　本 / 787 毫米×1092 毫米　1/16	
印　　张 / 14.5	
插　　页 / 1	责任编辑 / 陈莉华
字　　数 / 342 千字	文案编辑 / 陈莉华
版　　次 / 2019 年 9 月第 3 版　2020 年 12 月第 2 次印刷	责任校对 / 周瑞红
定　　价 / 38.00 元	责任印制 / 李志强

图书出现印装质量问题,请拨打售后服务热线,本社负责调换

前　言

当今世界，科学技术日新月异，以信息技术和生物技术为代表的高新技术产业迅猛发展，科技与经济的结合日益紧密，知识对人类社会经济和生活的影响日趋明显，人类社会已经步入了以知识的生产、分配和使用为基础的，以创造性的人力资源为依托的，以高科技产业为支柱的知识经济时代。知识经济的社会是创新的社会，创新是知识经济的灵魂，更是一个国家国民经济可持续发展的基石。没有创新就没有新兴技术，经济的发展也就成了无源之水、无本之木。

为了适应 21 世纪人才培养的需求，必须更新教育观念，探索教育改革之路，而教育改革的重点是加强学生素质教育和创新能力的培养。胡锦涛同志在中共十七大上指出："提高自主创新能力，建设创新型国家是国家发展战略的核心，是提高综合国力的关键。要坚持走中国特色自主创新道路，把增强自主创新能力贯彻到现代化建设的各个方面。"贯彻科学发展观，发展循环经济，走新型工业化和生态文明之路，提高整个国民经济的可持续发展能力，构建和谐社会和全面建设小康社会，所有这些艰巨的任务都离不开创新。因此，创新是一个民族进步的灵魂，是科技和经济发展的原动力。当今世界各国之间在政治、经济、军事和科学技术方面的激烈竞争，归根到底是综合国力的竞争，实质上就是科技创新能力和人才的竞争，而人才竞争的本质是人才创造力的竞争。在培养具有创新能力的跨世纪的高素质人才方面，高等教育具有义不容辞的重要责任。因此在深化教育体制改革，全面推进素质教育的今天，极有必要在高等院校中开设创新设计课程，建立先进的创新人才培养体系，以便培养学生的创新意识，掌握创新设计的基本理论和方法，为提高我国的自主创新能力、加速推进创新型国家的建设提供强有力的人才支撑。

高职高专教育是以培养生产一线所需要的新技术应用型、适应型人才为目标，注重培养学生应用、适应、技术创新等方面的能力，更应关注企业的技术创新活动，这对正确定位高职高专教育的功能，规划高职高专教育的人才培养模式，更好地增强企业的自主创新能力，建设以企业为主体的技术创新体系是十分必要的。因此，通过对创新设计课程的学习，让学生充分了解专业技术的发展现状，尤其对技术应用创新的典型案例及创新思路、方法有较全面的了解和较为深入的理解，启发学生的创新意识、激发学生的创新欲望。同时注重培养学生的独立思维能力、创新能力、合作能力、科技成果转化能力及分析解决问题的能力。

TRIZ 被称为发明问题解决理论，是目前世界上公认的最全面、最系统的解决发明创造问题的理论，该理论非常适合企业解决技术冲突，是实现技术创新的有力工具。它是由苏联发明家根里奇·阿奇舒勒等从 1946 年开始，在分析研究了全世界 250 万件高水平发明专利的基础上，提出的一套具有完整理论体系的创新方法。其目的是研究人类进行发明创造、解决技术难题过程中所遵循的科学原理和法则。利用 TRIZ 理论，可以帮助我们有效地打破思维定式，扩展创新思维能力，借助于科学的问题分析方法，引导我们沿着合理的途径寻求问题的创新性解决办法。TRIZ 曾经被称为苏联的"点金术"，被欧美等国家的专家认为是

"超级发明术",在军事、工业、航空航天等领域发挥了巨大的作用。今天 TRIZ 在技术及非技术领域中许多问题创新解的获得过程中得到成功应用,很多世界 500 强企业,如福特、东芝、宝洁等均采用 TRIZ 以更快的速度开发更好的产品。一些创造学专家甚至认为:阿奇舒勒所创建的 TRIZ 理论,是发明了发明与创新的方法,是 20 世纪最伟大的发明。由此可见,引进、推广这一方法有利于我国发明创新工作的开展,有利于有中国特色的创新方法的发展,有利于提高广大科技工作者的发明创造潜力,从而大大加快发明创造的进程,提升产品的创新水平。

为了配合开设 TRIZ 创新理论学习的需要,本书结合目前国内外技术创新领域的研究成果与发展方向,系统地介绍了 TRIZ 的理论体系及其应用,主要内容包括:TRIZ 发明问题解决理论概述、技术系统的进化及其应用、发明创造的理想解与可用资源、40 个发明创新原理及其应用、设计中的冲突及其解决原理、物场模型分析与标准解法、发明问题解决算法、科学效应和现象及详解、应用 TRIZ 解决创新问题的实例、解决发明问题的多种创新方法等。在讲述过程中密切联系工程实际,引入大量创新实例,循序渐进,深入浅出,图文并茂,叙述力求简明、通俗易懂、有趣味性,突出体现创新思维特征,注重培养学生创新意识和能力。为学生将来在生产实践中能尽快适应科学技术高速发展的形势,打下了良好的基础。TRIZ 既是一种全新的思考方式,也是一种开发技能的工具,因此 TRIZ 的力量在于应用,只有通过实践才能掌握该理论。希望大家在学完本书后,能比较全面地了解关于 TRIZ 的相关知识,并能用 TRIZ 来解决科研、生产与生活中遇到的一些问题,有所发现、创新和发明,从而享受到从事创新活动所带来的快乐,为建设创新型国家贡献自己的一份力量。

参加本书编写的人员有:河南工学院刘刚(第二章、第十章),河南工学院戚新波(第六章),本书其他部分由河南工学院徐起贺等编写。全书由徐起贺、刘刚、戚新波同志担任主编,并由徐起贺同志负责全书的统稿工作。

本书承郑州大学秦东晨教授、河南科技学院马利杰博士审阅,他们对本书的编写提出了许多宝贵的意见和建议,对提高本书的编写水平和质量给予了很大的帮助。在本书的编写过程中,还得到了相关院系教师的支持与帮助,在此向他们表示衷心的感谢。本书的编写得到了河南省科技厅"河南省创新方法——河南机电高等专科学校培训基地"建设项目(编号:2010IM020500——JD03)的支持,以及河南机电高等专科学校教育教学改革项目"基于 TRIZ 理论的岗位技能型人才创新能力培养的研究与实践"的支持,在此谨向支持该项目的同志表示深深的感谢。

由于编者水平有限,编写时间仓促,书中不足和疏漏之处在所难免,敬请广大师生及各位读者批评指正,以便再版时修改和补充。另外,由于实施创新教育是一项全新的课题,许多问题尚在探索之中,编者在编写过程中参考了许多论文和资料,参阅了目前已经出版的这方面的著作和教材,有些地方引用了文中的部分成果和观点,在此特向原作者表示衷心的感谢。

最后,我想说的是,作为 TRIZ 理论的研究者和传播者,我们所做的工作,都是为了实现阿奇舒勒的核心理念,即通过 TRIZ 理论的学习,让每个人都拥有最罕见的天赋和最杰出的思维。同时,更要学习他从不索取回报的伟大精神,他从未说过"给我",他总是说"请将这个拿去"。这就是一个伟大的发明家为我们树立的光辉榜样。

作　者

目 录

第一章 TRIZ 发明问题解决理论概述 1
第一节 TRIZ 理论的起源与发展 2
第二节 TRIZ 理论的主要内容 3
第三节 TRIZ 解决发明创造问题的一般方法 6
第四节 发明创造的等级划分 8
第五节 TRIZ 理论的应用与进展 9
第六节 TRIZ 理论的发展趋势 11
思考题 13

第二章 技术系统的进化及其应用 14
第一节 技术系统进化的 S 曲线 14
第二节 技术系统进化的定律 18
第三节 技术系统的进化模式 20
第四节 技术进化理论的应用 25
思考题 35

第三章 发明创造的理想解与可用资源 36
第一节 发明创造的理想解 36
第二节 发明创造的可用资源 42
思考题 46

第四章 40 个发明创新原理及其应用 47
第一节 发明创新原理的由来 47
第二节 发明创新原理及应用 47
第三节 发明创新原理使用窍门 62
思考题 65

第五章 设计中的冲突及其解决原理 66
第一节 冲突的概念及其分类 66
第二节 物理冲突及其解决原理 67
第三节 分离原理与发明创新原理的综合应用 72
第四节 技术冲突及其解决原理 74
第五节 利用冲突矩阵实现创新 78
思考题 87

第六章　物场模型分析与标准解法 ········· 88
第一节　物场模型的概念与分类 ········· 88
第二节　物场分析的一般解法 ········· 90
第三节　物场模型的构建及应用 ········· 92
第四节　物场分析的标准解法系统 ········· 95
思考题 ········· 107

第七章　发明问题解决算法 ········· 108
第一节　ARIZ 概述 ········· 108
第二节　ARIZ-85 的基本步骤 ········· 109
第三节　利用 ARIZ 解决创新问题 ········· 120
思考题 ········· 122

第八章　科学效应和现象及详解 ········· 123
第一节　科学效应和现象的作用 ········· 123
第二节　科学效应和现象清单 ········· 123
第三节　科学效应和现象的应用步骤 ········· 131
第四节　科学效应和现象详解 ········· 132
思考题 ········· 167

第九章　应用 TRIZ 解决创新问题的实例 ········· 168
第一节　污水管材的创新设计 ········· 169
第二节　薄板玻璃的加工 ········· 171
第三节　减少热处理过程中的烟雾污染 ········· 173
第四节　宝马汽车的外形设计 ········· 176
第五节　飞机机翼的进化 ········· 178
第六节　提高智能吸尘器的清洁效果 ········· 181
第七节　破冰船的创新设计 ········· 183
第八节　滚动直线导轨的集成化创新设计 ········· 185
第九节　计算机辅助创新设计简介 ········· 190
思考题 ········· 195

第十章　解决发明问题的多种创新方法 ········· 196
第一节　常用的几种传统创新设计方法 ········· 196
第二节　TRIZ 中常用的创新思维方法 ········· 201
第三节　TRIZ 理论解决问题的方法 ········· 207
第四节　传统创新方法与 TRIZ 方法的比较 ········· 210
第五节　TRIZ 理论的推广与扩展 ········· 213
思考题 ········· 215

附录 A　TRIZ 之父——根里奇·阿奇舒勒简介 …………………………………… 216

附录 B　阿奇舒勒冲突矩阵表 ……………………………………………………… 插页

附录 C　常用创新思维与技法的类型及特点 ……………………………………… 219

参考文献 ………………………………………………………………………………… 223

第 一 章

TRIZ 发明问题解决理论概述

TRIZ（系俄文字母对应的拉丁字母缩写）意为解决发明创造问题的理论，起源于苏联，英译为 Theory of Inventive Problem Solving，英文缩写为 TIPS。1946 年，以苏联海军专利部阿奇舒勒（G. S. Altshuller）为首的专家开始对数以百万计的专利文献加以研究，经过 50 多年的收集整理、归纳提炼，发现技术系统的开发创新是有规律可循的，并在此基础上建立了一整套系统化的、实用的解决创造发明问题的方法。TRIZ 理论认为发明问题的核心是解决冲突，在设计过程中不断地发现冲突，利用发明原理解决冲突，才能获得理想的产品。TRIZ 是基于知识的、面向人的解决发明问题的系统化方法学，其核心是技术系统进化原理，该理论的主要来源及构成如图 1-1 所示。

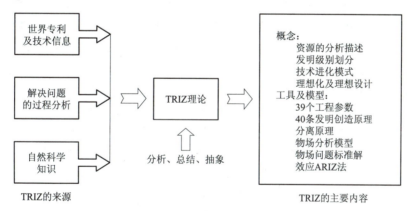

图 1-1　TRIZ 理论的主要来源及构成

利用 TRIZ 理论，设计者能够系统地分析问题，快速找到问题的本质或者冲突，打破思维定式，拓宽思路，准确地发现产品设计中需要解决的问题，以新的视角分析问题。根据技术进化规律预测未来发展趋势，找到具有创新性的解决方案，从而缩短发明的周期，提高发明的成功率，也使发明问题具有可预见性。因此 TRIZ 理论可以加快人们发明创造的进程，而且能得到高质量的创新产品，是实现创新设计和概念设计的最有效方法。由于 TRIZ 将产品创新的核心——产生新的工作原理的过程具体化了，并提出了一系列规则、算法与发明创造原理供研究人员使用，因而使它成为一种较为完善的创新设计理论和方法体系。

目前 TRIZ 被认为是可以帮助人们挖掘和开发自己的创造潜能、最全面系统地论述发明创造和实现技术创新的新理论，被欧美等国的专家认为是"超级发明术"。一些创造学专家甚至认为阿奇舒勒所创建的 TRIZ 理论，是发明了发明与创新的方法，是 20 世纪最伟大的发明。

第一节　TRIZ 理论的起源与发展

一、TRIZ 理论的起源

TRIZ 之父根里奇·阿奇舒勒，1926 年 10 月 15 日生于苏联的塔什干，他在 14 岁时就获得了首个专利证书，专利作品是水下呼吸器，即用过氧化氢分解氧气的水下呼吸装置成功解决了水下呼吸的难题。在 15 岁时他制造了一条船，船上装有使用碳化物作燃料的喷气发动机。1946 年，阿奇舒勒开始了发明问题解决理论的研究工作，通过研究成千上万的专利，他发现了发明背后存在的模式并形成了 TRIZ 理论的原始基础。为了验证这些理论，他相继做了许多发明，例如获得苏联发明竞赛一等奖的排雷装置、船上的火箭引擎、无法移动潜水艇的逃生方法等，其中多项发明被列为军事机密，阿奇舒勒也因此被安排到海军专利局工作。在海军专利局处理世界各国著名发明专利的过程中，阿奇舒勒总是考虑这样一个问题：当人们进行发明创造、解决技术难题时，是否有可以遵循的科学方法和法则，从而能迅速地实现新的发明创造或解决技术难题呢？答案是肯定的。他发现任何领域的产品改进、技术创新和生物系统一样，都存在产生、生长、成熟、衰老和灭亡的过程，是有规律可循的。人们如果掌握了这些规律，就能主动地进行产品设计并能预测产品未来的发展趋势。1948 年 12 月，阿奇舒勒给斯大林写了一封信，批评当时的苏联缺乏创新精神，发明创造处于无知和混乱的状态。结果这封信给他带来了灾难，使其锒铛入狱，并被押解到西伯利亚投入集中营里。而集中营却成为 TRIZ 的第一所研究机构，在那里他整理了 TRIZ 基础理论。斯大林去世一年半后，阿奇舒勒获释。随后他根据自己的研究成果，于 1961 年出版了有关 TRIZ 理论的著作《怎样学会发明创造》。在以后的时间里，阿奇舒勒将其毕生精力致力于 TRIZ 理论的研究和完善，他于 1970 年亲手创办的一所 TRIZ 理论研究和推广学校，后来培养了很多 TRIZ 应用方面的专家。在阿奇舒勒的领导下，由苏联的研究机构、大学和企业组成的 TRIZ 研究团体，分析了世界上近 250 万份高水平的发明专利，总结出各种技术进化所遵循的规律和模式，以及解决各种技术冲突和物理冲突的创新原理和法则，建立了一个由解决技术难题、实现创新开发的各种方法、算法组成的综合理论体系，并综合多学科领域的原理和法则，形成了 TRIZ 理论体系。

二、TRIZ 理论的发展

从 20 世纪 70 年代开始，苏联建立了各种形式的发明创造学校，成立了全国性和地方性的发明家组织，在这些组织和学校里，可以试验解决发明课题的新技巧，并使它们更加有效。现在，在 80 座城市里，大约有 100 所这样的学校在工作着，每年都有几千名科技工作者、工程师和大学生在学习 TRIZ 理论。其中，最著名的就是 1971 年在阿塞拜疆创办的世界上第一所发明创造大学。事实上，苏联及东欧的科学家大都采用 TRIZ 做发明创造的工作，不仅在大学理工科开设了 TRIZ 课程，甚至在中、小学阶段也采用 TRIZ 理论对学生进行创新教育。在创新实践方面，苏联大力推广 TRIZ 理论，从而使苏联在 20 世纪 70 年代中期专利申请量跃居世界第二，在冷战时期保持了对美国的军事力量平衡。

苏联解体后，大批 TRIZ 专家移居欧美等发达地区，将 TRIZ 理论系统传入西方，使其在美、欧、日、韩等世界各地得到了广泛的研究与应用。目前，TRIZ 已经成为最有效的创新问题求解方法和计算机辅助创新技术的核心理论。在俄罗斯，TRIZ 理论已广泛应用于众多高科技工程领域中；欧洲以瑞典皇家工科大学（KTH）为中心，集中十几家企业开始了利用 TRIZ 进行创造性设计的研究计划；日本从 1996 年开始不断有杂志介绍 TRIZ 的理论、方法及应用实例；在以色列也成立了相应的研发机构；在美国也有诸多大学相继进行了 TRIZ 的技术研究……世界各地有关 TRIZ 的研究咨询机构相继成立，TRIZ 理论和方法在众多跨国公司中迅速得以推广。如今 TRIZ 已在全世界被广泛应用，创造出成千上万项重大发明。经过半个多世纪的发展，TRIZ 理论和方法加上计算机辅助创新已经发展成为一套解决新产品开发实际问题的成熟理论和方法体系，并经过实践的检验，为众多知名企业和研发机构创造了巨大的经济效益和社会效益。目前，TRIZ 正在成为许多现代企业的独门暗器，可以帮助企业从技术"跟随者"成为行业的"领跑者"，从而为企业赢得核心竞争力。

第二节　TRIZ 理论的主要内容

一、TRIZ 理论的基本观点

1. 理想技术系统

TRIZ 认为，对技术系统本身而言，重要的不在于系统本身，而在于如何更科学地实现功能，较好的技术系统应是在构造和使用维护中都消耗资源较少，却能完成同样功能的系统；理想系统则是不需要建造材料，不耗费能量和空间，不需要维护，也不会损坏的系统，即在物理上不存在，却能完成所需要的功能。这一思想充分体现了简化的原则，是 TRIZ 所追求的理想目标。

2. 缩小的问题与扩大的问题

在解决问题的初期，面对需要克服的缺陷可以有很多不同的思路。例如：改变系统，改变子系统和其中的某一部件，改变高一层次的系统，都可能使问题得到解决。思路不同，所思考的问题及对应的解决方案也会有所不同。

TRIZ 将所有的问题分为两类：缩小的问题和扩大的问题。缩小的问题致力于使系统不变甚至简化，进而消除系统的缺点，完成改进；扩大的问题则不对可选择的改变加以约束，因而可能为实现所需功能而开发一个新的系统，使解决方案复杂化，甚至使解决问题所需的耗费与解决的效果相比得不偿失。TRIZ 建议采用缩小的问题，这一思想也符合理想技术系统的要求。

3. 系统冲突

系统冲突是 TRIZ 的一个核心概念，表示隐藏在问题后面的固有矛盾。如果要改进系统的某一部分属性，其他的某些属性就会恶化，就像天平一样，一端翘起，另一端必然下降，这种问题就称为系统冲突。典型的系统冲突有重量-强度、形状-速度、可靠性-复杂性冲突等。TRIZ 认为，发明可以认为是系统冲突的解决过程。

4. 物理冲突

物理冲突又称为内部系统冲突。如果互相独立的属性集中于系统的同一元素上，就称为存在物理冲突。物理冲突的定义是：同一物体必须处于互相排斥的物理状态，也可以表述为为了实现功能 F1，元素应具有属性 P，或者为了实现功能 F2，元素应有对立的属性 P′。根据 TRIZ 理论，物理冲突可以用四种方法解决：把对立属性在时间上加以分割，把对立属性在空间上加以分割，把对立属性在条件上加以分割和把对立属性所在的系统与部件加以分割。

二、TRIZ 理论的主要内容

TRIZ 理论的体系庞大，主要包括以下内容。

1. 产品进化理论

发明问题解决理论的核心是技术系统进化理论，该理论指出技术系统一直处于进化之中，解决冲突是进化的推动力。进化速度随着技术系统一般冲突的解决而降低，使其产生突变的唯一方法是解决阻碍其进化的深层次冲突。TRIZ 中的产品进化过程分为 4 个阶段：婴儿期、成长期、成熟期和退出期。处于前两个阶段的产品，企业应加大投入，尽快使其进入成熟期，以使企业获得最大的效益；处于成熟期的产品，企业应对其替代技术进行研究，使产品获得新的替代技术，以应对未来的市场竞争；处于退出期的产品使企业利润急剧下降，应尽快淘汰。这些可以为企业产品规划提供具体的、科学的支持。产品进化理论还研究产品进化定律、进化模式与进化路线。沿着这些路线设计者可以较快地取得设计中的突破。

2. 分析

分析是 TRIZ 的工具之一，是解决问题的一个重要阶段。包括产品的功能分析、理想解的确定、可用资源分析和冲突区域的确定。功能分析的目的是从完成功能的角度分析系统、子系统和部件。该过程包括裁减，即研究每一个功能是否必要，如果必要，系统中的其他元件是否可以完成其功能。设计中的重要突破、成本或复杂程度的显著降低往往是功能分析及裁减的结果。假如在分析阶段问题的解已经找到，可以转到实现阶段；假如问题的解没有找到，而该问题的解需要最大限度地创新，则基于知识的三种工具——原理、预测和效应来解决问题。在很多的 TRIZ 应用实例中，三种工具需要同时采用。

3. 冲突解决原理

原理是获得冲突解所应遵循的一般规律，TRIZ 主要研究技术与物理两种冲突。技术冲突是指传统设计中所说的折中，即由于系统本身某一部分的影响，所需要的状态不能达到；物理冲突是指一个物体有相反的需求。TRIZ 引导设计者挑选能解决特定冲突的原理，其前提是要按标准参数确定冲突，然后利用 39×39 条标准冲突和 40 条发明创造原理解决冲突。

4. 物质-场分析

阿奇舒勒对发明问题解决理论的贡献之一是提出了功能的物质-场的描述方法与模型。其原理为：所有的功能可分解为两种物质和一种场，即一种功能是由两种物质及一种场的三元件组成。产品是功能的一种实现，因此可用物质-场分析产品的功能，这种分析方法是

TRIZ 的工具之一。

5. 效应

效应是指应用本领域以及其他领域的有关定律解决设计中的问题，如采用数学、化学、生物和电子等领域中的原理解决机械设计中的创新问题。

6. 发明问题解决算法 ARIZ

TRIZ 认为，一个问题解决的困难程度取决于对该问题的描述或程式化方法，描述得越清楚，问题的解就越容易找到。TRIZ 中发明问题求解的过程是对问题不断地描述、不断地程式化的过程。经过这一过程，初始问题最根本的冲突被清楚地暴露出来，能否求解已很清楚。如果已有的知识能用于该问题则有解，如果已有的知识不能解决该问题则无解，需等待自然科学或技术的进一步发展，该过程是靠 ARIZ 算法实现的。

ARIZ（Algorithm for Inventive Problem Solving）称为发明问题解决算法，是 TRIZ 的一种主要工具，是解决发明问题的完整算法。该算法主要针对问题情境复杂、冲突及其相关部件不明确的技术系统，通过对初始问题进行一系列分析及再定义等非计算性的逻辑过程，实现对问题的逐步深入分析和转化，最终解决问题。该算法特别强调冲突与理想解的标准化，一方面技术系统向理想解的方向进化，另一方面如果一个技术问题存在冲突需要克服，该问题就变成一个创新问题。

ARIZ 中冲突的消除有强大的效应知识库的支持，效应知识库包括物理的、化学的、几何的等效应。作为一种规则，经过分析与效应的应用后问题仍无解，则认为初始问题定义有误，需对问题进行更一般化的定义。应用 ARIZ 取得成功的关键在于没有理解问题的本质前，要不断地对问题进行细化，一直到确定了物理冲突，该过程及物理冲突的求解已有软件支持。

根据以上分析可知，TRIZ 的基本理论体系可用图 1-2 所示的屋状结构表示，图中比较详细和形象地展示了 TRIZ 的内容和层次，可见 TRIZ 是一个比较完整的理论体系。这个体

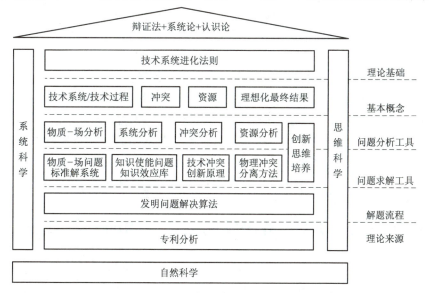

图 1-2　TRIZ 的基本理论体系框架

系包括：以辩证法、系统论、认识论为理论指导；以自然科学、系统科学和思维科学为科学支撑；以海量专利的分析和总结为理论基础；以技术系统进化法则为理论主干；以技术系统/技术过程、冲突、资源、理想化最终结果为基本概念；以解决工程技术问题和复杂发明问题所需的各种问题分析工具、问题求解工具和解题流程为操作工具。

经过多年的不断发展，这一方法学体系在实践中逐渐丰富和完善，已经取得了良好的应用效果和巨大的经济效益，成为适用于各个年龄段和多种知识层面人的有效创新方法。

三、TRIZ 理论的重要发现

在技术发展的历史长河中，人类已完成了许多产品的设计，设计人员或发明家已经积累了很多发明创造的经验。通过研究成千上万的专利，阿奇舒勒发现：

（1）在以往不同领域的发明中所用到的原理（方法）并不多，不同时代的发明，不同领域的发明，其应用的原理（方法）被反复利用。

（2）每条发明原理（方法）并不限定应用于某一特殊领域，而是融合了物理的、化学的和各工程领域的原理，这些原理适用于不同领域的发明创造和创新。

（3）类似的冲突或问题与该问题的解决原理在不同的工业及科学领域交替出现。

（4）技术系统进化的规律及模式在不同的工程及科学领域交替出现。

（5）创新设计所依据的科学原理往往属于其他领域。

例如，20 世纪 80 年代中期，某钻石生产公司遇到的问题是需要把有裂纹的大钻石，在裂纹处使其破碎和分开，以生产出满足用户大小要求的产品。在很长一段时间内，公司的技术人员花费了大量的精力和经费，一直没能很好地解决这个问题。最后，经过分析发现可以用加压减压爆裂的方法——压力变化原理来解决问题，从而实现了在大钻石的裂纹处破碎和分开。尽管问题解决了，但是他们没有发现实际上类似的问题在几十年前的其他领域早已解决了，而且已经申请了发明专利。

20 世纪 40 年代，农业上遇到了如何把辣椒的果肉与果核有效分开，从而生产辣椒的果肉罐头食品的问题。经过分析，发现最有效的方法是把辣椒放在一个密闭的容器中，并使容器内的压力由 1 个大气压逐渐增加到 8 个大气压，然后使容器内的压力突然降低到 1 个大气压，由于容器内压力的骤变，使容器内辣椒果实产生内外的压力差，导致其在最薄弱的部分产生裂纹，使内外压力相等。容器内压力的突然降低又使已经实现压力平衡的、已产生裂纹的辣椒果实再次失去平衡，出现辣椒果实的爆裂现象，使果肉与果核顺利地分开。

同样的原理又相继被用在松子、向日葵、栗子的破壳和过滤器的清洗等方面。上述几个实例说明了"类似的冲突或问题与该问题的解决原理在不同的工业及科学领域交替出现"。只不过针对不同的领域，具体的技术参数发生了变化。如压力法清洗过滤器需要 5~10 个大气压，农产品的破壳需要 6~8 个大气压，而大钻石裂纹处的分开需要 1000 多个大气压。

第三节　TRIZ 解决发明创造问题的一般方法

最早的发明问题是靠试错法，即不断选择各种方案来解决问题。在此过程中，人们积累了大量的发明创造经验与有关物质特性的知识。利用这些经验与知识提高了探求的方向性，使解决发明问题的过程有序化。同时发明问题本身也发生了变化，随着时间的推移变得越来越复杂,直至今天,要想找到一个需要的解决方案,也得做大量的无效尝试。现在需要新的方法来控制和组织创造过程,从根本上减少无效尝试的次数,以便有效地找到新方法。因此,必须有一套具有科学依据并行之有效的解决发明问题的理论。

TRIZ 解决发明创造问题的一般方法是:首先设计者应将需要解决的特殊问题加以定义和明确;其次利用物质-场分析等方法,将需要解决的特殊问题转化为类似的标准问题;然后利用 TRIZ 中解决发明问题的原理和工具,求出该标准问题的标准解决方法;最后,根据类似的标准解决方法的提示并应用各种已有的技术知识和经验,就可以构思解决特殊问题的创新设计方法了。当然,某些特殊问题也可以利用头脑风暴法直接解决,但难度很大。TRIZ 解决发明创造问题的一般方法可用图 1-3 表示,图中的 39 个工程参数和 40 个解决发明创造的原理将在后面介绍。

现用一个初等数学的例子来说明 TRIZ 方法的操作过程。如图 1-4 所示,一元二次方程求根有两种途径,用头脑风暴法求解看起来很直接,但解题者必须经过严格的数学训练,并且试凑若干次后才能得出正确的解。而程式化的求解过程步骤虽然较多(见图 1-4 中箭头所指方向),但可以保证一次性地成功得到结果,从而为一元二次方程求根提供了解题的规律。该求根方法与 TRIZ 方法的操作过程有完全相似之处,由此可见,利用 TRIZ 方法进行程式化的求解,可以少走很多弯路,从而直达理想化的目标。

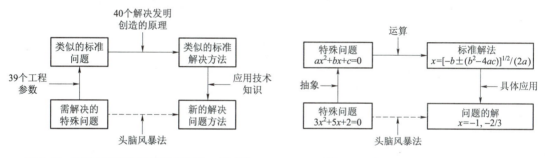

图 1-3　TRIZ 解决发明创造问题的一般方法　　　图 1-4　解一元二次方程的基本方法

例 1-1　设计一台旋转式切削机器。该机器需要具备低转速（100 r/min）、高动力,以取代一般高转速（3 600 r/min）的交流电动机。具体的分析解决该问题的框图如图 1-5 所示。

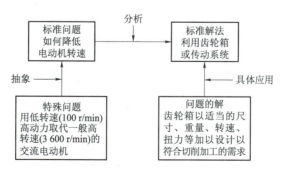

图 1-5　设计低转速高动力机器分析框图

第四节　发明创造的等级划分

阿奇舒勒和他的同事们，通过对大量的专利进行分析后发现，各国不同的发明专利内部蕴含的科学知识、技术水平都有很大的区别和差异。以往在没有分清这些发明专利的具体内容时，很难区分出不同发明专利存在的知识含量、技术水平、应用范围、重要性、对人类贡献的大小等问题。因此，把各种不同的发明专利依据其对科学的贡献程度、技术的应用范围及为社会带来的经济效益等情况，划分出一定的等级加以区别，以便更好地推广和应用。在TRIZ 理论中，阿奇舒勒将发明专利或发明创造分为以下 5 个等级。

第一级，最小发明问题：通常的设计问题，或对已有系统的简单改进。这一类问题的解决主要凭借设计人员自身掌握的知识和经验，不需要创新，只是知识和经验的应用。如用厚隔热层减少建筑物墙体的热量损失，用承载量更大的重型卡车替代轻型卡车，以实现运输成本的降低。

该类发明创造或发明专利占所有发明创造或发明专利总数的 32%。

第二级，小型发明问题：通过解决一个技术冲突对已有系统进行少量改进。这一类问题的解决主要采用行业内已有的理论、知识和经验即可实现。解决这类问题的传统方法是折中法，如在焊接装置上增加一个灭火器、可调整的方向盘、可折叠野外宿营帐篷等。

该类发明创造或发明专利占所有发明创造或发明专利总数的 45%。

第三级，中型发明问题：对已有系统的根本性改进。这一类问题的解决主要采用本行业以外的已有方法和知识，如汽车上用自动传动系统代替机械传动系统，电钻上安装离合器、计算机上用的鼠标等。

该类的发明创造或发明专利占所有发明创造或发明专利总数的 18%。

第四级，大型发明问题：采用全新的原理完成对已有系统基本功能的创新。这一类问题的解决主要从科学的角度而不是从工程的角度出发，充分挖掘和利用科学知识、科学原理实现新的发明创造，如第一台内燃机的出现、集成电路的发明、充气轮胎的发明、记忆合金制成的锁、虚拟现实的出现等。

该类的发明创造或发明专利占所有发明创造或发明专利总数的 4%。

第五级，重大发明问题：罕见的科学原理导致一种新系统的发明、发现。这一类问题的解决主要是依据自然规律的新发现或科学的新发现，如计算机、形状记忆合金、蒸汽机、激光、晶体管等的首次发现。

该类的发明创造或发明专利不足所有发明创造或发明专利总数的 1%。

实际上，发明创造的级别越高，获得该发明专利时所需的知识就越多，这些知识所处的领域就越宽，搜索有用知识的时间就越长。同时，随着社会的发展、科技水平的提高，发明创造的等级随时间的变化而不断降低，原来初期的最高级别的发明创造逐渐成为人们熟悉和了解的知识。发明创造的等级划分及领域知识见表 1-1。

表 1-1　发明创造的等级划分及领域知识

发明创造级别	创新的程度	比例/%	知识来源	参考解的数量/个
1	明确的解	32	个人的知识	10
2	少量的改进	45	公司内的知识	100
3	根本性的改进	18	行业内的知识	1 000
4	全新的概念	4	行业以外的知识	10 000
5	重大的发现	<1	所有已知的知识	100 000

由表 1-1 可以发现：95% 的发明专利是利用了行业内的知识，只有少于 5% 的发明专利是利用了行业外的及整个社会的知识。因此，如果企业遇到技术冲突或问题，可以先在行业内寻找答案；若不可能，再向行业外拓展，寻找解决方法。若想实现创新，尤其是重大的发明创造，就要充分挖掘和利用行业外的知识，正所谓"创新设计所依据的科学原理往往属于其他领域"。

由表 1-1 还可以看出，第三、四、五级的专利才会涉及技术系统的关键技术和核心技术。比例高达 77% 的第一、二级发明创造处于低水平状态，一般来说使用价值不大，而这一部分发明创造中非职务发明人占了绝大多数的比例。他们为发明创造贡献了自己的热情，投入了大量的人力、物力和财力，但由于技术等级所限，注定收效不高，这与他们选择的发明方向和发明方法有着不可分割的联系。让发明人尤其是非职务发明人掌握正确的发明创新方法，找准发明方向，提高发明创造的等级，正是 TRIZ 理论的魅力所在。需要说明的是，任何一种方法都不是万能的，都有一定的局限性，TRIZ 理论只适用于二、三、四级专利的产生。

第五节　TRIZ 理论的应用与进展

一、TRIZ 理论的基本应用

经过多年的发展和实践的检验，TRIZ 理论已经形成了一套解决新产品开发问题的成熟理论和方法体系，不仅在苏联得到了广泛的应用，在美国的很多企业，如波音、通用、克莱斯勒和摩托罗拉等公司的新产品开发中也得到了全面的应用，取得了巨大的经济效益和社会效益。TRIZ 理论普遍应用的结果，不仅提高了发明的成功率，缩短了发明的周期，还使发明问题具有可预见性。TRIZ 理论广泛应用于工程技术领域，并且应用范围越来越广。目前已逐步向其他领域渗透和扩展，由原来擅长的工程技术领域分别向自然科学、社会科学、管理科学、教育科学、生物科学等领域发展，用于指导各领域冲突问题的解决。Rockwell Automotive 公司针对某型号汽车的刹车系统应用 TRIZ 理论进行了创新设计，通过 TRIZ 理论的应用，刹车系统发生了重要的变化，系统由原来的 12 个零件缩减为 4 个，成本减少 50%，但刹车系统的功能却没有变化。福特汽车（Ford Motor）公司遇到了推力轴承在大负荷时出现偏移的问题，通过应用 TRIZ 理论，产生了 28 个问题的解决方案，其中一个非常吸引人的方案是：利用小热膨胀系数的材料制造这种轴承，最后很好地解决了推力轴承在大负荷时出现偏移的问题。2003 年，当"非典型肺炎"肆虐中国及全球许多国家时，新加坡的研究人员利用 TRIZ 的发明原理，提出了预防、检测和治疗该种疾病的一系列创新方法和措施，其中不少措施被新加坡政府所采用，收到了非常好的防治效果。德国进入世界 500 强的企业如西门子、奔驰、大众和博世都设有专门的 TRIZ 机构，对员工进行培训并推广应用，取得了良好的效果。在俄罗斯，TRIZ 理论的培训已扩展到小学生、中学生和大学生，其结果是学生们正在改变他们思考问题的方式，能用相对容易的方法处理比较困难的问题，使其创新能力迅速提高。因此，TRIZ 理论在培养青少年创新能力的过程中，具有巨大的社会意义。

二、TRIZ 理论在中国的进展

在我国学术界，少数研究专利的科技工作者和学者在 20 世纪 80 年代中期就已经初步接触到了 TRIZ 理论，并对其做了一定的资料翻译和技术跟踪。在 20 世纪 90 年代中后期，国内部分高校开始研究和跟踪 TRIZ 理论，并在本科生、研究生课程中讲授 TRIZ 理论，或者招收研究 TRIZ 理论的研究生和博士生，在一定范围内开展了持续的研究和应用工作，为中国培养了第一批掌握 TRIZ 理论的人才。进入 21 世纪以后，TRIZ 在我国的研究和应用开始从学术界走向企业界。亿维讯公司是我国第一家专门从事以 TRIZ 理论为核心的创新方法和技术研究及计算机辅助创新（CAI）软件开发的企业，自 2001 年亿维讯公司将 TRIZ 理论培训引入中国后，TRIZ 理论在中国的应用和推广开始步入快车道。2002 年，亿维讯建立中国公司和研发基地，成为首家在中国专门从事 TRIZ 研究和计算机辅助创新软件开发的企业；2003 年亿维讯在国内推出了 TRIZ 理论培训软件 CBT/NOVA 以及成套的培训体系，同时推出了基于 TRIZ 理论、用于辅助企业技术创新的 Pro/Innovator 软件，并开始在近百所高校开展 TRIZ 讲座；2004 年，亿维讯与国际 TRIZ 协会合作，将 TRIZ 国际认证引入中国，开始推广 TRIZ 认证体系；2006 年，亿维讯建立了专业的培训中心和符合国际标准的培训体系；2007 年，亿维讯进一步推出了适合中国国情的 TRIZ 培训教材和软件。我国中兴通讯公司在企业研发中引进了 TRIZ 创新理论和 CAI 软件工具，先后在 20 多个项目中取得了突破性的进展，其中包括软件、硬件、散热、除尘、结构、工艺等方面的技术难题，推动了企业的技术创新，为企业带来了可观的经济效益。

现在，TRIZ 作为一个比较实用的创新方法学，在我国已经逐步得到企业界和科技界的青睐，乃至得到国家领导人的高度重视。中国政府从建设创新型国家这一宏伟战略目标出发，十分重视 TRIZ 理论的研究、推广和应用工作，并要求在企业中开展技术创新方法的培训工作。从 2007 年开始，科技部启动了创新方法的研究推广计划，于 8 月 13 日正式批准黑龙江省和四川省为"科技部技术创新方法试点省"。2008 年科技部、发改委、教育部和中国科协联合发布国科发财（2008）197 号文，文中提出："针对建设以企业为主体的技术创新体系的重大需求，推进 TRIZ 等国际先进技术创新方法与中国本土需求融合；推广技术成熟度预测、技术进化模式与路线、冲突解决原理、效应及标准解等 TRIZ 中成熟方法在企业中的应用；加强技术创新方法和知识库建设，研究开发出适合中国企业技术创新发展的理论体系、软件工具和平台。"2009 年科技部正式开展了国家层面上的 TRIZ 理论培训，由此展开了对 TRIZ 理论大范围的推广与普及工作，这标志着中国人将为 TRIZ 的新发展作出重要的、具有里程碑意义的贡献。

目前，许多企业及大学开始重视和应用 TRIZ 理论，走在前列的有中国航天、中国兵器、中国船舶等大型军工集团，以及清华大学、浙江大学、河北工业大学等高校。由此可见，在我国的企业中推广和应用 TRIZ 理论，对提高自主创新能力与市场竞争力有着重要的意义。

第六节　TRIZ 理论的发展趋势

一、TRIZ 理论的发展趋势

经过多年的发展，TRIZ 理论已经被世界各国所接受，它为创新活动的普及、促进和提高提供了良好的工具和平台。从目前的发展现状来看，TRIZ 理论今后的发展趋势主要集中在 TRIZ 理论本身的完善和进一步拓展新的研究分支两个方面，具体体现在以下几个方面。

（1）TRIZ 理论是前人知识的总结，如何进一步把它完善，使其逐步从"婴儿期"向"成长期""成熟期"进化成为各界关注的焦点和研究的主要内容之一。例如，提出物质-场模型新的适应性更强的符号系统，以便于实现多功能产品的创新设计；进一步完善解决技术冲突的 39 个标准参数、40 条解决原理和冲突矩阵，以实现更广范围内的复杂产品创新设计；可用资源的挖掘及 ARIZ 算法的不断改进等。

（2）如何合理有效地推广应用 TRIZ 理论解决技术冲突，使其受益面更广。例如，建立面向功能部件的创新设计技术集等，以推动我国功能部件的快速发展。

（3）TRIZ 理论的进一步软件化，并且开发出有针对性的、适合特殊领域、满足特殊用途的系列化软件系统。例如面向汽车领域，开发出有利于提高我国汽车产品自主创新能力的软件系统。

将 TRIZ 方法与计算机软件技术结合可以释放出巨大的能量，不仅为新产品的研发提供实时指导，而且还能在产品研发过程中不断扩充和丰富。

（4）进一步拓展 TRIZ 理论的内涵，尤其是把信息技术、生命科学、社会科学等方面的原理和方法纳入到 TRIZ 理论中。由此可使 TRIZ 理论的应用范围越来越广，从而适应现代产品创新设计的需要。

（5）将 TRIZ 理论与其他一些创新技术有机集成，从而发挥更大的作用。TRIZ 方法与其他设计理论集成，可以为新产品的开发和创新提供快捷有效的理论指导，使技术创新过程由以往凭借经验和灵感，发展到按技术演变规律进行。

（6）TRIZ 理论在非技术领域的研究与应用。由于 TRIZ 这套方法论具有独特的思考程序，可以提供管理者良好的架构与解决问题的程序，一些学者对其在管理中的应用进行了研究并取得了成果。因此，TRIZ 未来必然会朝向非技术领域发展，应用的层面也会更加广泛。

TRIZ 理论主要是解决设计中如何做的问题（How），对设计中做什么的问题（What）未能给出合适的工具。大量的工程实例表明，TRIZ 的出发点是借助于经验发现设计中的冲突，冲突发现的过程也是通过对问题的定性描述来完成的。其他的设计理论，特别是 QFD（Quality Function Deployment 质量功能配置）恰恰能解决做什么的问题。所以，将两者有机地结合，发挥各自的优势，将更有助于产品创新。TRIZ 与 QFD 都未给出具体的参数设计方法，而稳健设计则特别适合于详细设计阶段的参数设计。将 TRIZ、QFD 和稳健设计集成，能形成从产品定义、概念设计到详细设计的强有力支持工具，因此三者的有机集成已经成为设计领域的重要研究方向。

二、质量功能配置 QFD 简介

质量功能配置 QFD，是由日本的 Shigeru Mizuno 博士于 20 世纪 60 年代提出来的，经过不断完善，成为全面质量管理中的设计工具。进入 20 世纪 80 年代后被介绍到欧美等国，引起广泛的研究和应用。QFD 的目标是确保以顾客需求来驱动产品的设计和生产，采用矩阵图解法，通过定义"做什么"和"如何做"将顾客要求逐步展开，逐层转换为设计要求、零件要求、工艺要求和生产要求，并形成如图 1-6 所示的分解过程。在日本，QFD 首先成功地应用于船舶设计与制造，现在已经扩展到汽车、家电、服装、医疗等行业。QFD 方法的运用，为日本企业改善产品质量和提高产品的附加值起到了重要的作用，使日本的产品质量超过了欧美产品。QFD 理论明确指出，创新制作是来源于需求并满足需求的一个制作过程。所以，在教学中，首先要求学生抛开参考书，独立思考，从生活中发现点子，发现能够改善生活、带来便利的新产品，然后按照设计过程来进行设计和制作。

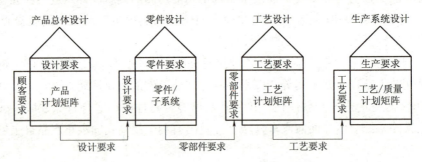

图 1-6 质量功能配置 QFD 展开示意图

QFD 的特点：在设计阶段，它可以保证将顾客的要求准确转换成产品定义（具有的功能，实现这些功能的机构和零件的形状、尺寸及公差等）；在生产准备阶段，它可以保证将反映顾客要求的产品定义准确无误地转换为产品制造工艺过程；在生产加工阶段，它可以保证制造出的产品能满足顾客的需求。在正确应用的前提下，QFD 技术可以保证在产品整个生命周期中，顾客的要求不会被曲解，也可以避免出现不必要的冗余功能，它还可以使产品的工程修改减至最少。另外，它也可以保证减少使用过程中的维修和运行消耗，追求零件的均衡寿命和再生回收。

QFD 的基本工具是"质量屋"（House of Quality，HoQ），它通过质量屋建立用户要求与设计要求之间的关系，并可支持设计及制造全过程。质量屋是由若干个矩阵组成的、像一幢房屋的平面图形。利用一系列相互关联的质量屋，可以将顾客的需求最终转移成零件的制造过程。一个产品计划阶段的质量屋由 6 个矩阵组成（见图 1-7）：

(1) 反应顾客要求的列矩阵。
(2) 反映产品设计要求的行矩阵。
(3) 屋顶是个三角形，表示各个设计要求之间的相互关系。
(4) 表示设计要求与顾客要求之间的关系矩阵。
(5) 表示将要开发的产品竞争力的市场评估矩阵。矩阵中的数据都是相对于每项顾客要求的。矩阵中既要填写本企业产品竞争力的估价数据，也要填写主要竞争对手竞争力的估价数据。

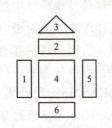

图 1-7 质量屋的组成

（6）表示技术和成本评估矩阵，矩阵中的数据都是相对于每项设计要求的。矩阵中既要填写本企业产品的技术和成本估价数据，也要填写主要竞争对手产品的估价数据，由此可确定"质量突破特性"。通过严格控制质量突破特性，就可以基本满足顾客的需求。

质量屋不仅可以用于产品计划阶段，还可以用在产品设计阶段（包括部件设计和零件设计）、工艺设计阶段和生产系统设计阶段及质量控制阶段。这些阶段的质量屋连在一起，就构成了一个完整的 QFD 系统。这样一个系统可以保证将顾客的需求准确无误地转换成产品设计要求直至零部件的加工装配，最后取得增强产品市场竞争力的效果。QFD 有助于设计和工艺的结合，在 CIMS 和并行工程中得到了广泛的应用。

三次设计法，又称为稳健设计法或田口方法。它是 20 世纪 80 年代初由日本田口博士提出的。该方法应用正交表来安排试验方法，通过误差因素模拟各种干扰，并以信噪比（SNR）作为质量评价指标，同时引入灵敏度分析，来寻求最佳的即稳健性好的参数组合。它对产品质量进行的优化分为以下 3 个阶段。

（1）系统设计。它是应用科学理论和工程知识，进行产品功能原理设计。该阶段完成了产品的配置和功能属性。

（2）参数设计。它是指在系统结构确定后进行参数设计。该阶段以产品性能优化为目标，确定系统中的有关参数值及其最优组合，一般是用公差范围较宽的廉价元件组装出高质量的产品，使产品在质量和成本两方面均得到改善。该阶段是三次设计法的重点。

（3）容差设计。它是在参数确定的基础上，进一步确定这些参数的容差。

思考题

1-1 什么是 TRIZ？TRIZ 理论是如何产生的？

1-2 TRIZ 的主要内容和理论体系是什么？

1-3 TRIZ 理论的重要发现是什么？

1-4 发明创造的等级划分为几个级别？划分发明级别的意义是什么？

1-5 TRIZ 有哪些成功的应用？在中国的进展如何？

1-6 TRIZ 理论未来的发展趋势是怎样的？

1-7 什么是质量功能配置？

第二章

技术系统的进化及其应用

所有实现某个功能的产品或物体均可称为技术系统。技术系统是由多个子系统组成的，并通过子系统间的相互作用实现一定的功能。子系统本身也是系统，是由元件和操作构成的。技术系统常简称为系统，系统的更高级系统称为超系统。例如，汽车作为一个技术系统，轮胎、发动机、变速箱、万向轴、方向盘等都是汽车的子系统；而每辆汽车都是整个交通系统的组成部分，因此交通系统就是汽车的超系统。实际上，所谓子系统、系统、超系统的界定，往往取决于创造者的视角，但其相对关系则是确定的。技术系统的进化，就是指实现技术系统功能的技术从低级向高级变化的过程。对于具体的技术系统而言，对其子系统或元件进行不断地改进，以提高整个系统的性能，就是技术系统的进化过程。

阿奇舒勒在分析大量专利的过程中发现，技术系统是在不断发展变化的，产品及其技术的发展总是遵循着一定的客观规律，而且同一条规律往往在不同的产品或技术领域被反复应用，即任何领域的产品改进、技术变革过程，都是有规律可循的。他指出："技术系统的进化不是随机的，而是遵循一定的客观规律；同生物系统的进化类似，技术系统也面临着自然选择、优胜劣汰。"因此，如果人们能够掌握这些规律，就能主动地进行产品设计并预测产品的未来发展趋势。于是，阿奇舒勒和他的合作伙伴们经过长期的研究，对技术系统的发展规律进行了概括和总结，提出了技术系统进化理论。

第一节　技术系统进化的 S 曲线

阿奇舒勒通过对大量发明专利的分析和研究，发现技术系统的进化规律可以用一条 S 形曲线来表示。技术系统的进化过程是依靠设计者的创新来推进的，对于当前的技术系统来说，如果没有设计者引入新的技术，它将停留在当前的水平上，而新技术的引入将推动技术系统的进化。由于 S 曲线可以根据现有专利数量和发明级别等信息计算出来，因此 S 曲线比较客观地反映了技术系统进化的过程。通过分析 S 曲线有助于了解技术系统的成熟度，辅助企业做出合理的研发决策，因此 S 曲线也可以认为是一条技术系统成熟度预测曲线。

图 2-1（a）是一条典型的 S 曲线，为了便于说明问题，常将其简化为图 2-1（b）所示的分段 S 曲线。S 曲线描述了一个技术系统的完整生命周期，图中的横坐标代表时间，纵坐标代表技术系统的某个重要的性能参数。比如飞机这个技术系统，飞行速度、可靠性就是其重要性能参数，性能参数随时间的变化呈现 S 形曲线。由图可见，技术系统的进化一般需经

历 4 个阶段，分别是婴儿期、成长期、成熟期和退出期，每个阶段都会呈现出不同的特点。

TRIZ 从性能参数、专利级别、专利数量、经济收益 4 个方面来描述技术系统在各个阶段所表现出来的特点，如图 2-2 所示，以帮助人们有效地了解和判断一个产品或行业所处的阶段，从而制定有效的产品策略和企业发展战略。

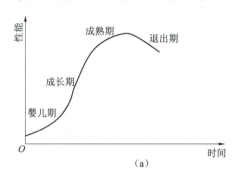
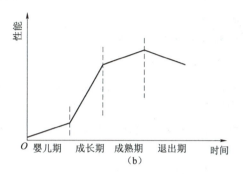

图 2-1　S 曲线

(a) S 曲线；(b) 分段 S 曲线

一、技术系统进化的 4 个阶段

1. 技术系统的婴儿期

当有一个新的需求且满足这个需求是有意义时，一个新的技术系统就会诞生。新的技术系统往往会随着一个高水平的发明而出现，而该发明正是为了满足人们对于某种功能的需求。

处于婴儿期的系统尽管能够提供新的功能，但该阶段的系统明显地处于初级，存在着效率低、可靠性差或一些尚未解决的问题。由于人们对它的未来难以把握，而且风险较大，因此处于此阶段的系统缺乏足够的人力和财力的投入。此时，市场处于培育期，对该产品的需求并没有明显地表现出来。

处于婴儿期的系统所呈现的特征是：性能的完善非常缓慢；产生的专利级别很高，但专利数量很少；为了解决新系统存在的主要技术问题，需要消耗大量的资源，系统在此阶段的经济收益为负值，如图 2-2 所示。

2. 技术系统的成长期

进入成长期的技术系统，系统中原来存在的各种问题逐步得到解决，产品效率和可靠性得到较大程度的提升，其价值开始得到社会的认可，发展潜力也开始显现，从而吸引了大量的人力和财力的投入，推进技术系统获得了高速发展。在这一时期，企业应对产品进

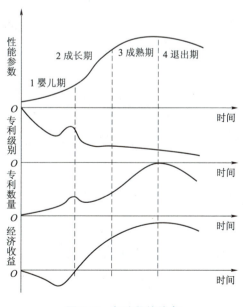

图 2-2　各阶段的特点

行不断的创新,迅速解决存在的技术问题,使其尽快成熟,以便为企业带来巨额利润。

由图2-2可知,处于成长期的系统,性能得到快速提升,产生的专利级别开始下降,但专利数量出现上升。系统的经济收益快速上升并凸显出来,这时候投资者会蜂拥而至,促进了技术系统的快速完善。

3. 技术系统的成熟期

在获得大量人力和财力投入的情况下,系统从成长期会快速进入成熟期,这时技术系统已经趋于完善,所进行的大部分工作只是系统的局部改进和完善,系统的发展速度开始变缓。即使再投入大量的人力和财力,也很难使系统的性能得到明显的提高。

由图2-2可知,处于成熟期的系统,性能水平达到最佳。这时仍会产生大量的专利,但专利级别会更低。处于此阶段的产品已进入大批量生产,并获得了巨额的经济收益,此时企业应知道系统会很快进入下一个阶段即退出期,需要着手开发基于新原理的下一代产品,以保证当本代产品淡出市场时,有新的产品来承担起企业发展的重任,使企业在未来的市场竞争中处于领先地位。否则,企业将面临较大的风险,业绩会出现大幅回落。

4. 技术系统的退出期

成熟期后系统面临的是退出期。此时技术系统已达到极限,很难取得进一步的突破,该系统因不再有需求的支撑而面临市场的淘汰。此时,先期投入的成本已经收回,企业会在产品彻底退出市场之前,榨取最后的利润。从图2-2可以看出,处于本阶段的系统,其性能参数、专利级别、专利数量、经济收益4个方面均呈现快速下降的趋势。

二、技术系统进化的S曲线族

当一个技术系统进化到一定程度的时候(例如在第四个阶段开始后),原有的研发极限被突破,必然会出现一个新的技术系统来替代它,即现有技术替代了老技术,新技术又替代了现有技术,形成技术上的交替。例如,混合动力汽车将会取代燃油汽车,燃料电池汽车有可能在未来取代混合动力汽车,更进一步,太阳能电动车将可能主宰未来汽车时代。每个新的技术系统也将会有一条更高阶段的S曲线产生。如此不断地替代,就形成了S曲线族,如图2-3所示。

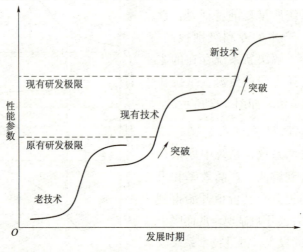

图2-3　S曲线族

图 2-4 所示是洗衣机的 S 曲线族。根据前人预测，在 1997 年时，传统的洗衣机（波轮或滚筒转动+洗衣粉）的洗涤效果已经达到了极限。在 2001 年日本三洋公司推出了超声波洗衣机以后，利用超声波的微气泡"爆破"效应，可以清除衣物纤维内的污渍，洗涤效果明显增加。在 2005 年，中国海尔公司推出了无洗衣粉洗衣机，让洗涤效果发生了革命性的变化。这款洗衣机采用了新的洗涤原理：把水（H_2O）电解成为 H^+ 和 OH^-，其中 H^+ 呈弱酸性，用于杀菌；OH^- 呈弱碱性，用于洗涤。从原理上基本上省去了对洗衣粉的使用，因此被称为无洗衣粉洗衣机。

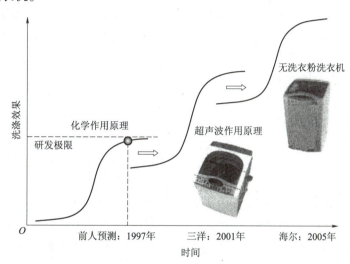

图 2-4　洗衣机的 S 曲线族

很多其他产品也是沿着这样的发展路线不断进化的。比如轴承，它从开始的单排轴承，发展到多排轴承，又发展到微球轴承，再发展到气体、液体支撑轴承，直到磁悬浮轴承，是沿着降低摩擦系数的路线进化的；又如切割技术，从原始的锯条，发展到砂轮片，再发展到高压水射流，直到激光切割等，是沿着加大瞬间切割力的路线进化的。这些例子都说明，不论技术发展的分支有多少，它们都有一条技术发展的主要路线。而核心技术的创新进化，将导致新一轮 S 曲线的诞生，这就是为什么有些产品经久不衰、有些企业永远引领技术前沿的奥秘。

三、技术系统成熟度预测方法

了解自己产品的技术成熟度是一个企业正确制定决策的关键。但事实上，很多企业的决策并不科学。Ellen Domb 认为："人们往往基于他们的情绪与状态来对其产品技术成熟度做出预测，假如人们处于兴奋状态，则常把他们的产品技术置于成长期；如果他们受到了挫折，则可能认为其产品技术处于退出期。"因此，需要一种系统化的技术成熟度预测方法。

阿奇舒勒通过研究发现：任何系统或产品都是按照生物进化的模式进化的，同一代产品的进化分为婴儿期、成长期、成熟期和退出期 4 个阶段，这 4 个阶段可用简化后的分段 S 曲线表示。其优越性在于曲线中的拐点容易确定（见图 2-1（b））。

确定产品在 S 曲线上的位置是 TRIZ 技术进化理论研究的重要内容，称为产品技术成熟度预测。预测结果可为企业的研发决策指明方向：处于婴儿期及成长期的产品应对其结构、参数等进行优化，使其尽快成熟，以便为企业带来利润；处于成熟期与退出期的产品，企业在赚取利润的同时，应开发新的核心技术并替代已有的技术，以便推出新一代的产品，使企业在未来的市场竞争中取胜。

TRIZ 技术进化理论采用时间与性能参数，时间与经济收益，时间与专利数量，时间与专利级别四组曲线综合评价产品在图 2-2 中所处的位置，从而为产品的研发决策提供依据。各曲线的形状如图 2-2 所示。收集当前产品的相关数据建立这四种曲线，将所建立曲线的形状与这四种曲线的形状进行比较，就可以确定当前产品的技术成熟度。

当一条新的自然规律被科学家揭示后，设计人员依据该规律提出产品实现的工作原理，并使之实现。这种实现是一种级别较高的发明，该发明所依据的工作原理是这一代产品的核心技术。一代产品可由多种系列产品构成，虽然产品还要不断完善，不断推陈出新，但作为同一代产品的核心技术是不变的。

一代产品的第一个专利是一个高级别的专利，如图 2-2 中"时间-专利级别"曲线所示，后续的专利级别逐渐降低。但当产品由婴儿期向成长期过渡时，有一些高级别的专利出现，正是这些专利的出现，推动了产品从婴儿期过渡到成长期。

图 2-2 中"时间-专利数量"曲线表示专利数随时间的变化，开始时专利数较少，在性能曲线的第三个拐点处出现最大值。在此之前，很多企业都为此产品的不断改进而加大投入，但此时产品已经到了退出期，企业进一步增加投入已经没有什么回报。因此，专利数降低。

图 2-2 中的"时间-经济收益"曲线表示，开始阶段，企业仅仅是投入而没有赢利。到了成长期，产品虽然还有待进一步完善，但产品已经出现利润，然后利润逐年增加，到成熟期的某一时间达到最大后开始逐渐降低。

图 2-2 中的"时间-性能参数"曲线表明，随着时间的延续，产品性能不断增强，但到了退出期后，其性能很难再有所提高。

如果能收集到产品的有关数据，绘出上述四种曲线，就可以通过曲线的形状对比，判断出产品在 S 曲线上所处的位置，从而对其技术成熟度进行预测。

第二节　技术系统进化的定律

技术系统的进化是遵循某些客观规律的，通过对大量专利的分析和研究，阿奇舒勒发现产品通过不同的技术路线向理想解方向进化，并提出了 8 条产品进化定律。利用这些定律，可以判断出当前研发的产品处于技术系统进化模式中的哪个位置，以便更好地预测技术系统未来的发展方向。因此，这些定律既可用于发明新的技术系统，也可以用来系统化地改善现有系统，对产品创新具有重要的指导作用。

定律 1：组成系统的完整性定律。要实现某项功能，一个完整的技术系统必须包含 4 个相互关联的基本子系统：动力子系统、传输子系统、执行子系统和控制子系统，如图 2-5 所示。其中，动力子系统负责将能量源提供的能量转化为技术系统能够使用的能量形式，以便为整个技术系统提供能量；传输子系统负责将动力子系统输出的能量传递到系统的各个组成部分；执行子系统负责完成具体技术系统的功能，对系统作用对象实施预定的作用；控制子系统负责对整个技术系统进行控制，以协调其工作。

定律 2：系统能量传递定律。技术系统实现其基本功能的必要条件是：能量要从能量源传递到系统的各个组成部分。同时，能量从能量源到执行子系统传递的效率向逐渐提高的方向进化。由此可知，技术系统中的某个部分能够被控制的条件是：在该部分与控制子系统之间必须存在能量传递，如图 2-6 所示。如果技术系统的某个部分接收不到能量，它就不能产生效用，那么整个技术系统就不能执行其有用功能，或者所实现的有用功能不足。因此，在设计技术系统时，首先要确保能量可以传递到系统的各个组成部分，然后通过缩短能量传递路径，以提高能量的传递效率。

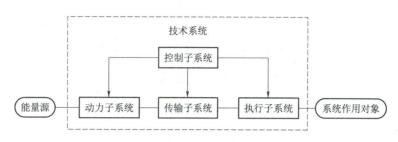

图 2-5　组成技术系统的 4 个基本子系统

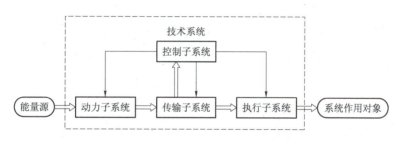

图 2-6　技术系统中能量的基本传递路径

定律 3：技术系统协调性进化定律。技术系统向着其子系统各参数协调、系统参数与超系统各参数相协调的方向进化。进化到高级阶段时技术系统的特征是：子系统为充分发挥其功能，各参数之间要有目的地相互协调或反协调，能够实现动态调整和配合。子系统各参数之间的协调，包括材料性质、几何结构和尺寸、质量上的相互协调等。

定律 4：增加系统理想化水平定律。技术系统向增加其理想化水平的方向进化。该定律是技术系统发展进化的主要定律，其他的进化定律为本定律提供具体的实现方法。

定律 5：零部件的不均衡发展定律。虽然系统作为一个整体在不断地改进，但零部件的改进是单独进行的，而且是不同步的。

定律 6：向超系统传递的定律。当一个系统自身发展到极限时，它向着变成一个超系统的子系统方向进化，通过这种进化，原系统升级到一种更高水平。该定律与其他技术系统进化定律结合起来，可以预测技术系统的进化趋势。

定律 7：由宏观向微观的传递定律。即产品所占空间向较小的方向进化。在电子学领域，先是应用真空管，之后是电子管，再后来是大规模集成电路，就是典型的例子。

定律 8：增加物质-场的完整性定律。对于存在不完整物质-场的系统，向增加其完整性方向进化。物质-场中的场从机械或热能向电子或电磁的方向进化。

第三节 技术系统的进化模式

一、技术系统的进化模式

多种历史数据分析表明,技术进化过程有其自身的规律与模式,是可以预测的。TRIZ技术与西方传统预测理论的不同之处在于,通过对世界专利库的分析,TRIZ研究人员发现并确认了技术从结构上进化的模式与进化路线。这些模式能引导设计人员尽快发现新的核心技术。充分理解图2-7中的11条进化模式,将会使今天设计明天的产品变为可能。

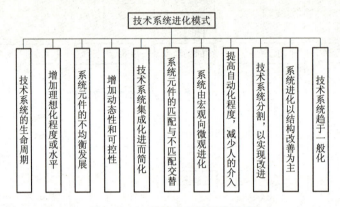

图2-7　11种技术系统进化模式

二、技术系统进化模式分析

进化模式1　技术系统的生命周期为婴儿期、成长期、成熟期、退出期4个阶段。

这种进化模式是最一般的进化模式,因为这种进化模式从一个宏观层次上描述了所有系统的进化。其中最常用的是S曲线,用来描述系统性能随时间的变化情况。对于许多应用实例而言,S曲线都有一个周期性的生命:婴儿期、成长期、成熟期、退出期。考虑到原有技术系统与新技术系统的交替,可用6个阶段描述:孕育期、出生期、幼年期、成长期、成熟期、退出期。所谓孕育期就是以产生一个系统概念为起点,以该概念已经足够成熟并可以向世人公布为终点的这个时间段,也就是说系统还没有出现,但是出现的重要条件已经形成。出生期标志着这种系统概念已经有了清晰明确的定义,而且还实现了某些功能。如果没有进一步的研究,这种初步的构想就不会有进一步的发展,不会成为一个成熟的技术系统。理论上认为并行设计可以有效地减少发展所需的时间。最长的时间间段就是产生系统概念与将系统概念转化为实际工程之间的时间段。研究组织可以花费15年甚至20年(孕育期)的时间,去研究一个系统概念,直到真正的发展研究开始。一旦面向发展的研究开始,就会用到S曲线。

进化模式2　增加理想化程度或水平。

每一种系统完成的功能在产生有用效应的同时都会不可避免地产生有害效应。系统改进的大致方向就是提高系统的理想化程度,可以通过系统改进来增大系统的有用功能和减小系统的有害功能。

理想化（度）＝所有有用功能/所有有害功能

人们总是在努力提高系统的理想化水平，就像我们总是要创造和选择具有创新性的解决方案一样。一个理想的设计是在实际不存在的情况下，给我们提供需要的功能。应用常用资源而实现的简单设计，就是一个一流的设计。理想等式告诉我们应该正确识别每一个设计中的有用功能和有害功能。确定比值有一定的局限性，比如很难量化人类为环境污染所付出的代价，以及环境污染对人体生命所造成的损害。同样的，多功能性和有用性之间的比值也是很难测量的。

例 2-1 熨斗对于健忘的人来说是一件危险的物品。可能经常由于沉浸于幻想或者忙于去接电话，而忘记将熨斗从衣物上拿开，于是心爱的衣物上就会出现一个大洞。在这种情况下，如果熨斗能自己立起来该多好！于是出现了"不倒翁熨斗"，将熨斗的背部制成球形，并把熨斗的重心移至该处，经过改进后的熨斗在放开手后能够自动直立起来。那么怎样才能有效地增加系统的理想化程度？可以采用以下几种方法（见图 2-8）。

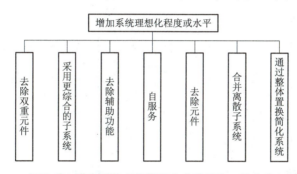

图 2-8 增加系统理想化程度或水平的 7 种方法

进化模式 3 系统元件的不均衡发展导致冲突的出现。

系统的每一个组成元件和每个子系统都有自身的 S 曲线。不同的系统元件/子系统一般都是沿着自身的进化模式来演变的。同样的，不同的系统元件达到自身固有的自然极限所需的时间是不同的。首先达到自然极限的元件就"抑制"了整个系统的发展，它将成为设计中最薄弱的环节。一个不发达的部件也是设计中最薄弱的环节之一。在这些处于薄弱环节的元件得到改进之前，整个系统的改进也将会受到限制。技术系统进化中常见的错误是非薄弱环节引起了设计人员的特别关注，如在飞机的发展过程中，人们总是把注意力集中在发动机的改进上，试图开发出更好的发动机，但对飞机影响最大的是其空气动力学系统，因此设计人员把注意力集中在发动机的改进上对提高飞机性能的作用影响不大。

进化模式 4 增加系统的动态性和可控性。

在系统的进化过程中，技术系统总是通过增加动态性和可控性而不断地得到进化。也就是说，系统会增加本身的灵活性和可变性以适应不断变化的环境和满足多种需求。

增加系统动态性和可控性最困难的是如何找到问题的突破口。在最初的链条驱动自行车（单速）上，链条从脚蹬链轮传到后面的飞轮。链轮传动比的增加表明了自行车进化路线是从静态到动态的，从固定的到流动的或者从自由度为零到自由度无限大。如果能正确理解目前产品在进化路线上所处的位置，只要顺应客户的需要，沿着进化路线进一步探索，就可以正确地指引未来的发展。因此通过调整后面链轮的内部传动比就可以实现自行车的三级变速。五级变速自行车前边有一个齿轮，后边有 5 个嵌套式齿轮，一个绳缆脱轨器可以实现后边 5 个齿轮之间相互位置的变换。可以预测，脱轨器也可以安装在前轮。更多的齿轮安装在前轮和后轮，比如前轮有 3 个齿轮，后轮有 6 个齿轮，这就初步建立了 18 级变速自行车的基本框架。显然，以后的自行车不仅能实现齿轮之间的自动切换，而且还能实现更多的传动比。理想的设计是实现无穷传动比，可以连续地变换，以适应任何地形。

这个设计过程开始是一个静态系统，逐渐向一个机械层次上的柔性系统进化，最终成为一个微观层次上的柔性系统。

如何增加系统的动态性，如何增加系统本身的灵活性和可变性以适应不断变化的环境，满足多种需求，有以下 5 种方法可以帮助我们快速有效地增加系统的动态性（见图 2-9）。

图 2-10 所示的方法可以帮助我们更有效地增加系统的可控性。

图 2-9　增加系统动态性的几种方法

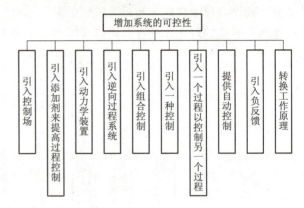

图 2-10　增加系统可控性的 10 种途径

进化模式 5　通过集成以增加系统的功能，然后再逐渐简化系统。

技术系统总是首先趋向于结构复杂化（增加系统元件的数量，提高系统功能的特性），然后逐渐精简（可以用一个结构稍微简单的系统实现同样的功能或者实现更好的功能）。把一个系统转换为双系统或多系统就可以实现这些功能。

比如组合音响将 AM/FM 收音机、磁带机、VCD 机和喇叭等集成为一个多系统，用户可以根据需要选择相应的功能。

如果设计人员能熟练掌握如何建立双系统、多系统，将会实现很多创新性的设计。建立一个双系统可以用图 2-11 中所示的几种方法。

图 2-12 描述了建立一个多系统的方法。

进化模式 6　系统元件匹配与不匹配的交替出现。

这种进化模式可以被称为行军冲突。通过应用前面所提到的分离原理就可以解决这种冲突。在行军过程中，一致和谐的步伐会产生强烈的共振效应。不幸的是，这种强烈的共振效应会毁坏一座桥。因此当通过一座桥时，一般的做法是让每个人都以自己正常的脚步和速度前进，这样就可以避免产生共振。

有时候造一个不对称的系统会提高系统的功能。具有 6 个切削刃的切削工具，如果其切削刃角度并不是精确的 60°，比如分别是 60.5°、59°、61°、62°、58°、59.5°，那么这样的一种切削工具将会更有效。因为这样会产生 6 种不同的频率，可以避免振动的加强。

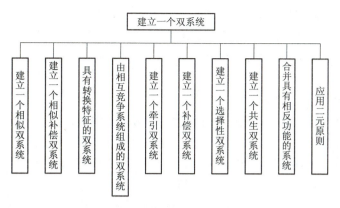

图 2-11 建立一个双系统的几种方法

在这种进化模式中，为了改善系统功能并消除负面效应，系统元件可以匹配，也可以不匹配。

例 2-2 早期的轿车采用板簧吸收振动，这种结构是从当时的马车上借鉴的。随着轿车的进化，板簧和轿车的其他部件已经不匹配，后来就研制出了轿车的专用减振器。

进化模式 7 由宏观系统向微观系统进化。

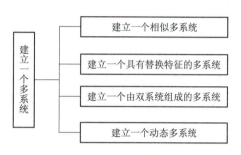

图 2-12 建立一个多系统的方法

技术系统总是趋向于从宏观系统向微观系统进化，即技术系统及其子系统在进化过程中，向着减小它们尺寸的方向进化；技术系统的元件倾向于达到原子和基本粒子的尺度；进化的终点意味着技术系统的元件已经不作为实体存在，而是通过场来实现其必要的功能。在这个演变过程中，不同类型的场可以用来获得更好的系统功能，实现更好的系统控制。从宏观系统向微观系统进化的流程有图 2-13 所示的 7 个阶段。

图 2-13 从宏观系统向微观系统进化的 7 个阶段

例 2-3 烹饪用灶具的进化过程可以用以下 4 个阶段进行描述：
（1）浇铸而成的大铁炉子，以木材为燃料。
（2）较小的炉子和烤箱，以天然气为燃料。
（3）电热炉子和烤箱，以电为能源。
（4）微波炉，以电为能源。

由此可见，伴随着进化的过程，技术系统组件的体积和尺寸不断减小，所实现的功能也更加方便有效。

进化模式 8 提高系统的自动化程度，减少人的介入。

之所以要不断地改进系统，目的就是希望系统能代替人类完成那些单调乏味的工作，而让人类去完成更多富有创造性的脑力工作。

例 2-4 一百多年前，洗衣服是一件纯粹的体力活，同时还要用到洗衣盆和搓衣板。最初的洗衣机可以减少所需的体力，但是操作需要很长的时间。全自动洗衣机不仅减少了操作所需的时间，还减少了操作所需的体力。

进化模式 9 系统的分割。

在进化过程中，技术系统总是通过各种形式的分割实现改进。一个已分割的系统会有更高的可调性、灵活性和有效性。分割可以在元件之间建立新的相互关系，因此新的系统资源可以得到改进。图 2-14 中的几种建议可以帮助我们快速实现更有效的系统分割。

进化模式 10 系统进化从改善物质的结构入手。

在进化过程中，技术系统总是通过物质结构的发展来改进系统。结果，结构就会变得更加不均匀以便与不均匀的力、能量及物流等相一致。图 2-15 中的几种建议可以帮助我们更有效地改善物质结构。

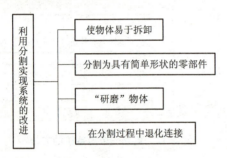

图 2-14 分割的几种方法

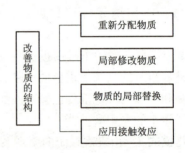

图 2-15 改善物质结构

进化模式 11 系统元件的一般化处理。

在进化过程中，技术系统总是趋向于具备更强的通用性和多功能性，这样就能提供便利并满足多种需求。这条进化模式已经被"增加系统动态性"所完善，因为更强的普遍性需要更强的灵活性和"可调性"。图 2-16 中的几种建议可以帮助我们更有效地去增加元件的通用性。

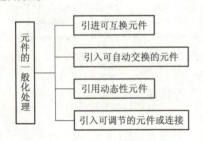

图 2-16 增加元件通用性的方法

产品进化模式导致不同的进化路线，进化路线指出了产品结构进化的状态序列，其实质是产品如何从一种核心技术转移到另一种核心技术。新旧核心技术所完成的基本功能相同，但是新技术能使性能极限提高或成本降低。基于当前产品核心技术所处的状态，按照进化路线，通过设计可使其移动到新的状态。核心技术通过产品的特定结构实现，产品进化过程实质上就是产品结构的进化过程。因此，TRIZ 中的进化理论是预测产品结构进化的理论。

应用进化模式与进化路线的过程为：根据已有产品的结构特点选择一种或几种进化模式，然后从每种模式中选择一种或几种进化路线，从进化路线中确定新的核心技术可能的结构状态。

第四节　技术进化理论的应用

人类需求的质量、数量以及对产品实现形式的不断变化，迫使企业不得不根据市场需求变化及实现的可能，增加产品的辅助功能、改变其实现形式，快速有效地开发新产品，这是企业在竞争中取胜的重要武器，因此产品处于不断进化之中。企业在新产品开发决策过程中，需要预测当前产品的技术水平及新一代产品可能的进化方向，TRIZ 的技术系统进化理论为此提供了强有力的工具。

TRIZ 中技术进化理论的主要成果有：S 曲线、产品进化定律及产品进化模式。这些关于产品进化的知识可应用于定性技术预测、产生新技术、市场需求创新、实施专利布局及选择企业战略制定时机等方面，对于解决发明问题具有重要的指导意义，可以有效提高解决问题的效率。

1. 定性技术预测

S 曲线、产品进化定律及产品进化模式可对目前产品提出如下的预测：

（1）对处于婴儿期和成长期的产品，在结构、参数上进行优化，促使其尽快成熟，为企业带来利润。同时，应尽快申请专利进行产权保护，以使企业在今后的市场竞争中处于有利的地位。

（2）对处于技术成熟期或退出期的产品，应避免大量进行改进设计的投入或避免进入该产品领域，同时应关注开发新的核心技术以替代已有的技术，推出新一代的产品，保持企业的持续发展。

（3）明确指出符合进化趋势的技术发展方向，避免错误的投入。

（4）指出系统中最需要改进的子系统，以提高整个产品的水平。

（5）跨越现系统，从超系统的角度定位产品可能的进化模式。

上述 5 条预测将为企业设计、管理、研发等部门及领导决策提供重要的理论依据，有利于帮助企业合理评估现有技术系统的成熟度，从而合理安排研发投入。

2. 产生新技术

产品的基本功能在产品进化的过程中基本不变，但其实现形式及辅助功能一直在发生变化，特别是一些令消费者喜悦的功能变化得非常快。因此，基于技术系统进化理论对现有产品分析的结果可用于功能实现的分析，以便找出更合理的功能实现结构。其分析步骤为：

（1）对每一个子系统的功能实现进行评价，如果有更合理的实现形式，则取代当前不合理的子系统。

（2）对新引入子系统的效率进行评价。

（3）对物质、信息、能量流进行评价，根据需要，选择更合理的流动顺序。

（4）对成本或运行费用高的子系统及人工完成的功能进行评价及功能分离，确定是否利用成本低的其他系统代替。

（5）评价用高一级的相似系统、反系统等代替（4）中所评价的已有子系统的可能性。

（6）分离出能由一个子系统完成的一系列功能。

（7）对完成多于一个功能的子系统进行评价。

（8）将（4）分离出的功能集成到一个子系统中。

上述分析过程将帮助设计人员完成对技术系统或子系统的进化设计。

3. 市场需求创新

质量功能配置（QFD）是进行市场研究的有力手段之一。目前，用户对产品的需求主要是通过市场调查获得，其问卷的设计和调查对象的确定在范围上非常有限，导致市场调查所获取的结果存在一定的不足。同时，负责市场调查的人员一般不知道被调查技术的未来发展细节，缺乏对产品未来趋势的有效把握。因此，QFD 的输入，即市场调查的结果，往往是主观的和不完善的，甚至出现错误的导向。

TRIZ 中的产品进化定律与进化模式是根据专利信息及技术发展的历史得出的，具有客观性及不同领域通用的特点。因此，技术系统进化理论可以帮助市场调查人员和设计人员，从可能的进化趋势中确定产品最有希望的进化路线，引导用户提出基于未来的需求，之后经过设计人员的加工将其转变为 QFD 的输入，从而实现市场需求的创新。

4. 实施专利布局

技术系统的进化法则，可以有效确定未来的技术系统走势，对于当前还没有市场需求的技术，可以事先进行有效的专利布局，以保证企业未来的长久发展和专利发放所带来的可观收益。

在当前的经济发展中，有很多企业正是依靠有效的专利布局来获得高附加值的收益。在通信行业，高通公司的高速成长正是基于预先大量的专利布局，使其在 CDMA 技术上的专利几乎形成世界范围内的垄断。我国的一些企业，每年都会向国外的公司支付大量的专利使用费，这不但大大缩小了产品的利润空间，而且还会因为专利诉讼丧失重要的市场机会，我国的 DVD 生产厂家就是一个典型示例。

更重要的是专利正成为许多企业打击竞争对手的重要手段。我国的企业在走向国际化的道路上，几乎全都遇到了国外同行在专利上的阻挡。中国专利保护协会调查发现，跨国公司在进入中国市场时往往是专利先行，即先通过取得专利实施垄断技术，然后垄断标准，从而占领市场。同时，拥有专利权也可以与其他公司进行专利许可使用的共享，从而节省资源和研发成本，起到双赢的效果。因此，专利布局正在成为创新型企业的一项重要工作。

5. 选择企业战略制定的时机

技术系统进化的 S 曲线，对选择一个企业发展战略制定的时机具有积极的指导意义。一个企业也是一个技术系统，一个成功的企业战略能够将企业带入一个快速发展的时期，完成一次 S 曲线的完整发展过程。但是当这个战略进入成熟期以后，将面临后续的退出期，所以企业面临的是下一个战略的制定。

通常很多企业无法跨越 20 年的持续发展，原因之一就是忽视了企业也是按 S 曲线的 4 个阶段完整进化的，企业没有及时有效地进行下一个发展战略的制定，没有完成 S 曲线的顺利交替，以至于被淘汰出局。所以企业在一次成功的战略制定后，在获得成功的同时，不要忘记 S 曲线的规律，需要在成熟期就开始着手进行下一个战略的制定，从而顺利完成下一个 S 曲线的启动，实现企业的可持续发展。

例 2-5 汽车乘员约束系统的进化。

汽车正面碰撞是造成交通事故的主要原因，汽车乘员约束系统的功能就是在汽车发生碰撞时对乘员进行保护。早在1964年，美、日等国已经使用了座椅安全带。事实证明，在汽车正面碰撞、追尾碰撞及翻车事故中，普通座椅安全带可以产生良好的保护效果。但随着道路条件的改善和汽车技术的进步，汽车行驶速度越来越快，座椅安全带越来越不能对人体起到足够的保护作用。

20世纪80年代后期，汽车生产厂家逐渐采用安全气囊，并与座椅安全带联合使用，组成了一个双系统。由于碰撞的不可预知性，为了充分保护司机，除了在汽车正面安装气囊外，在车门上还安装了侧面安全气囊，形成一个多系统。根据技术进化定律可以判断，汽车乘员约束系统的发展符合向超系统进化定律中的一条进化路线：单系统→引进一种与原系统功能不同的系统形成双系统→多系统→组合的多系统。目前，安全气囊的设计保护了身材高的司机，但有可能伤害身材矮的司机。其原因是后者为了踩刹车及油门，身体较接近于方向盘，在汽车碰撞及气囊膨胀过程中，他们可能碰上气囊。膨胀过程中的气囊像是一个运动中的刚体，会伤害与其碰撞的乘员。由于不可能设计出针对个体乘客的安全气囊，因此按照进化路线的最后状态，汽车乘员系统应该向组合系统进化。也就是说，理想的安全气囊可在各种情况下为乘员提供保护。在安全气囊的研究中，引入了智能化以形成"安全带→安全带预紧器→安全气囊"三段式安全保护。它通过增加传感器，探测乘员的身材高低、坐姿以及安全带的状况，然后经计算机分析，合理控制安全气囊膨胀时间和强度，以减少对乘员的意外伤害。从轻微的碰撞到严重的碰撞事故，乘员保护系统都能做出合理的反应。这种智能安全气囊已在GM、丰田、福特、日产等的研究计划中。图2-17表示汽车乘员约束系统的进化路线。

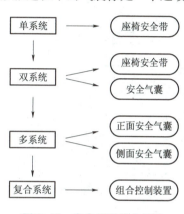

图 2-17　汽车乘员约束系统的进化路线

TRIZ中已经形成需求进化、功能进化、新系统构成、已有系统改进的定律系统。应用该定律系统，提高了问题求解搜索过程的效率及成功率。进化路线能在结构上预测技术的发展，增加了今天设计明天产品的可能性，对指导企业的产品创新具有重要的现实意义。

例 2-6　DVD技术成熟度预测分析。

DVD技术是一种新的集成光盘技术。对于提高电子产品、计算机产品的功能有着不可忽视的作用。DVD技术将逐渐替代大量相互独立的技术。比如DVD-ROM替代了CD-ROM，DVD-Audio替代了CDs，DVD-V替代了CDs，除此之外，还有两项新的DVD技术已经问世。下面就以DVD技术为例，对其进行技术成熟度预测。

1) 专利数

可以从美国专利商标局（USPTO, U. S. Patent and Trademark Office）获得DVD技术的相关专利。根据这些基本的数据，以年为单位，作出时间-专利数曲线图，如图2-18所示。

2) 专利级别

基于知识的广泛性，对自然科学造成的影响，冲突矩阵的表现形式等方面，对所收集专利进行了详尽的分析，以年为单位，作出了时间-专利级别曲线，如图2-19所示。

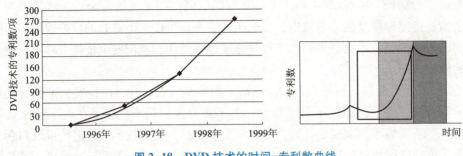

图 2-18　DVD 技术的时间-专利数曲线

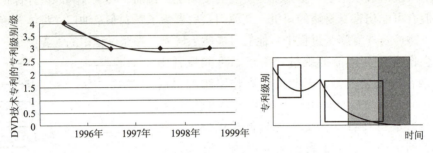

图 2-19　DVD 技术的时间-专利级别曲线

3）性能

可以用 DVD 的存储容量来描述其性能。对一种新版本的 DVD，其存储容量可以从 4.7 GB 增长到 17 GB。时间-存储容量曲线如图 2-20 所示。

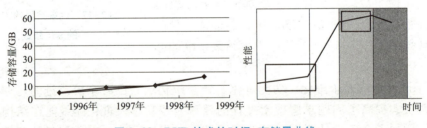

图 2-20　DVD 技术的时间-存储量曲线

4）利润

DVD 唱机的销量可以用来估算 DVD 技术所创造的利润，其销量可以从有关部门获取。以年为单位，时间-销售量曲线如图 2-21 所示。

通过以上的分析，可以看出 DVD 技术在 1998 年正处于成长发展阶段，这也就表明了该项技术还没有像光盘技术和激光影碟技术一样进入退出期，相关企业应该加大投入，促进其快速发展，以便给企业创造大量的利润。

例 2-7　车轮的发明及其技术进化过程分析。

人类历史上没有记录是谁发明了车轮，但是通过研究轮子及车辆的历史，能够比较可信地再现车轮的发明过程。当古时候的人们拖运沉重物体的时候，偶然发现在重物下放置圆木或其他圆形物体，拖运工作会突然间变得轻松起来，于是人们注意到这一点后便开始在拖运重物的路上放置许多这样的圆形物体，这样拖运工作变得简单多了，如图 2-22 所示。但

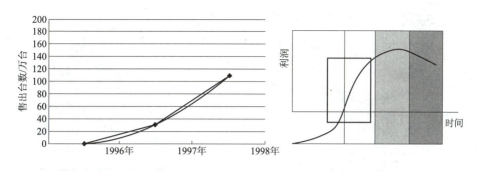

图 2-21　DVD 技术的时间-销售量曲线

是，在路上放置很多这样的辊子是一件令人伤脑筋的事情。

事实上，如果重物下面的辊子能够旋转不就更好了吗！事实说明，将辊子的中部磨薄，再将其通过原始式的轴承绑在一个用于支承重物的平台上，一辆手推车就出现了，如图 2-23 所示。这样就构成了由元件间的相互联系形成的工程系统。

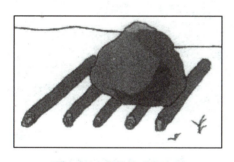

图 2-22　车轮的进化之一

图 2-23　车轮的进化之二

然而，这种手推车只能笔直地走，转弯却非常困难，因此也就不能够完全适应工作环境变化的需要。如果有一个轴，情况就会好一些。但是在那种情况下又会产生新的问题，即在转弯时，外侧的车轮移动的距离要比内侧的车轮移动的距离长。

这就要求车轮必须是动态变化的，它们必须与车轴分离并且安装在车轴的两边，这样在转弯时就没有东西阻止了，两个轮子的行程可以不同了，而且单轴双轮的手推车比较容易控制，如图 2-24 所示。

"动态化"原理意味着增加一个物体的运动自由度并改变它的一些参数。

车闸就是车轮的动态化设计，这听起来似乎是荒谬的。一块普通的木板通过杠杆的作用压在车轮上就形成了一个高精度、有效、灵敏的机构。但此刻一个带有车闸的动态性的轮子（可以从静止到自由转动）对安全行驶来说是非常重要的，如图 2-25 所示。

但是，对于那些沉重的四轮手推车我们又能做些什么呢？

到那时为止，很多动物已经被人工驯养了，人们可以利用牲畜来拉车。为了获得比较好的可控性，必须增加动态性。因此，人们又改良了车轮和一些其他元件的灵活性，并利用一个垂直的铰接点将一根转轴和 4 个轮子固定在一个平板上，再在转轴上绑一根木杆，拉车的牲畜就拴在这根木杆上，如图 2-26 所示。实践证明，这种设计的效果还不错。

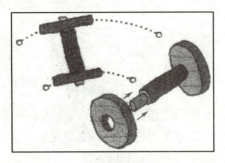

图 2-24 车轮的进化之三

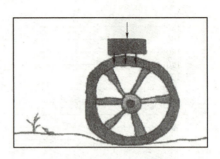

图 2-25 车轮的进化之四

直到机动车辆发明后这种由牲畜拉的车才逐渐消失。但是，由于夹在控制机构之上的载荷太重了，火车或者说是它的驾驶员不能够很好地控制前部的转轴。这样，一种更加奇特的结构"马拉的蒸汽机车"出现了，如图2-27所示。当然，马是拉不动这么沉重的车辆的，这种车辆的后轮是由蒸汽机驱动的。那么，马又起到了什么作用呢？它担负着带动车辆前轮转动的任务。

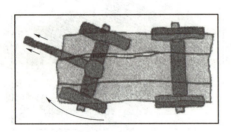

图 2-26 车轮的进化之五

图 2-27 车轮的进化之六

因为木杆不易被安置在机车内部，所以用木杆掌舵的方法在很多时候就显得非常不方便。转弯的时候，木杆所需的空间往往已经被机车的其他部分所占用了，这样，"动态化"原理就再一次被派上了用场。用一个垂直的铰接点将每个转轴配件和轮子固定在机车的车体上，转轴配件间用一根拉杆相互连接。如此就有足够的空间来转动方向盘了，而且设置一个专门的齿条机构来控制拉杆向左或向右运动使得内外的车轮同步转动，如图 2-28 所示。

下一步就是沿着转轴作动态化调整了。实践证明，必须巧妙地安装控制轮才能使轮胎的磨损量达到最佳状态并且比较容易地控制该汽车。这些控制轮必须在上部稍稍分离，然后向前聚合在一点，即车轮内向。车轮的位置必须根据轮胎样式、路面情况、驾驶方式等事先调整好，为了达到这个目的，人们将机身上的半轴装置做成可动的。但是，这仅仅是一种阶梯式的动态，我们只能在调整的时候移动车轮吊架，在操作时它就被很可靠地固定住了，如图 2-29 所示。

这种安装可控轮的方法至今仍被广泛地使用着，同时"动态化"发明原理也仍然发挥着作用。

例如，为什么不使后车轮同前车轮一样可动呢？这样的一种控制方案根本就不用包括可控轮，只要将前后轮轴都严格地固定在由前后两部分组成的车体之上，车体的中部由一个垂

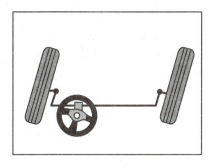

图 2-28　车轮的进化之七

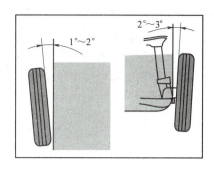

图 2-29　车轮的进化之八

直的铰点连接在一起，如图 2-30 所示。在液压缸的帮助下这种机车很容易转弯，而且在转弯的时候，车体看起来像是断裂了一样。

这种方案在载重拖拉机的设计中被广泛采用。低压胎拖拉机、坦克和小型六轮越野车也经常采用这种方案来实现转弯，如图 2-31 所示。在这种情况下，两侧的轮胎用来刹车，其余的轮胎则在发动机的控制下转动。用这种方式，车辆能在任意一点转弯。但是由于控制系统中可以动的配件减少了，这种方式在转轴方向上的动态性有所退步。除此之外，这种车辆在两个转弯之间行驶直线路程时有些笨拙。

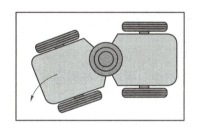

图 2-30　车轮的进化之九

图 2-31　车轮的进化之十

就一辆汽车而言，通过增强其前轮或后轮可控性都可以改善其可控轮的动态性。若要转弯时，它们就向相反的方向进行偏转。装有这种轮胎的汽车可控性非常高。

如果在转弯时，后轮既可以和前轮向相反的方向进行偏转，又可以和前轮同方向偏转，则机车转弯时的可控性就会增强。在后一种情况下，机车可以向一个方向转，这样要停车就非常容易了，如图 2-32 所示。

现在，车轮已经变得很复杂了。如果工作情况允许，它们今后还可能会变得简单起来。例如，用 4 个能向任何方向转动的球状推进器来代替它们。理论上，根本就不应该存在车轮，车辆应该能够像直升机和气垫船一样按照驾驶者的意愿向任何方向移动。

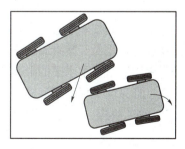

图 2-32　车轮的进化之十一

例 2-8　带式输送机的技术进化过程分析。

带式输送机的结构原理如图 2-33 所示，它是以输送带作为牵引和承载构件，通过输送带的运动来进行物料运输的连续传输设备。输送带绕经传动滚筒和尾部滚筒形成无极环形带，上下输送带由托辊支撑以限制输送带的挠曲垂度，拉紧装置为输送带正常运行提供所需的张力。工作时驱动装置驱动传动滚筒，通过传动滚筒和输送带之间的摩擦力驱动输送带运行，被运送的物料装在输送带上和输送带一起运动。带式输送机一般是在端部卸载，当采用专门的卸载装置时，也可在中间卸载。

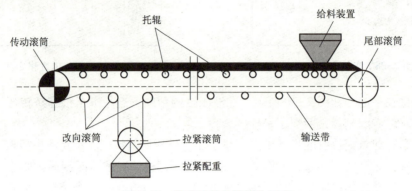

图 2-33　带式输送机的结构原理

为了解带式输送机的改进和创新情况，利用国家专利局的专利数据库进行专利检索，可检索出国内带式输送机的相关专利。通过对带式输送机的专利进行分析，发现其承载方式的进化经历了以下几个阶段：原始带式输送机→深槽形带式输送机→管状带式输送机→气垫式、液垫式带式输送机。

1）第一阶段：原始带式输送机

带式输送机最早出现于17世纪中期，当时每个托辊组中只有一个托辊起简单的支撑作用，后来发展成为每组有两个托辊，如图2-34所示。

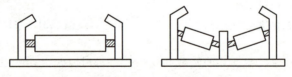

图 2-34　原始带式输送机

基于当时的技术水平，原始带式输送机的运输方式与其他运输方式相比，已经具有一定的优越性。正是由于其具有结构简单、节省劳动力等优点，很快得到了重视和广泛的应用。但是，由于当时技术水平的限制，原始带式输送机的应用环境具有很大限制。运输距离短、运速慢，且只能实现平面运输，因此它只能作为带式输送机的雏形。

2）第二阶段：普通托辊式带式输送机、深槽形带式输送机

1892年，Thomas Robims发明的槽形结构的带式输送机确定了当代带式输送机的基本形式，也就是至今仍得到广泛应用的普通托辊式带式输送机，如图2-35所示。这种结构不但延续了原始带式输送机结构简单等特点，而且在很大程度上扩大了带式输送机的使用范围。通过对托辊的不断改进，普通带式输送机的输送性能也

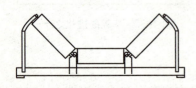

图 2-35　普通托辊式带式输送机

不断提高。由于每组采用3个托辊，形成了槽形结构，增大了物料的承载能力。同时，通过改变托辊布置，可以实现在平面上的大角度弯曲；通过改变槽角，使托辊对物料产生一定的夹持作用，从而可实现在垂直方向上一定角度的提升。

深槽形带式输送机是在充分保持通用带式输送机优点的情况下，增大输送物料倾角的一种输送机，它仅改变输送机托辊组的槽角或托辊组中辊子的数量，通过辊子经过输送带对物料的挤压来实现大倾角输送物料。缺点是深槽形带式输送机提高输送物料的倾角会受到物料性质和料流的影响。

3）第三阶段：管状带式输送机

管状带式输送机如图2-36所示，它是在槽形带式输送机基础上发展起来的一类特种带式输送机。它是一种通过托辊组施加强制力将平行输送带导向成圆管状，使输送物料被密闭在圆管内，从而在整个输送线路中实现封闭输送的设备。由于管状带式输送机支撑结构为圆形，支撑结构可以看作是多铰链组成的柔性体。管状带式输送机的缺点如下：

（1）材质和制造要求相对较高。

（2）由于在输送机的运行中物料被包围在圆管内，增大了物料与输送带的挤压力，所以该类输送机的运行阻力系数要比通用带式输送机大。

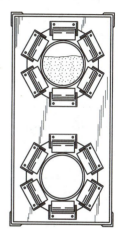

图2-36 管状带式输送机

（3）与通用带式输送机相比，在带速和带宽相同的条件下输送量小。

（4）设计计算复杂。

（5）从结构上来说，管状带式输送机不会产生如同通用带式输送机的输送带跑偏问题，但是存在输送带的扭转问题，严重时会使输送带的边缘进入两个托辊的间隙内，造成输送带的损坏。

4）第四阶段：气垫式带式输送机

气垫式带式输送机如图2-37所示，它是将普通带式输送机的承载托辊去掉，改用设有气室的盘槽，由盘槽上的气孔喷出的气流在盘槽和输送带之间形成气垫，变普通带式输送机的接触支撑为形成气垫状态下的非接触支撑，从而显著地减少了摩擦损耗。气垫式带式输送机运行稳定、工作可靠、运输能力高、制造和维修费用低、污染少。它的缺点如下：

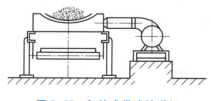

图2-37 气垫式带式输送机

（1）由于供气及沿线气压损失而造成能耗较大，特别是输送线较长时其能耗更大。

（2）空载或轻载的气垫不稳定，输送带中央悬浮过高，带的两侧易被盘槽磨损。

（3）不适用于粗大的散状物料和成件货物。

（4）不能承受冲击载荷，否则会破坏气垫，因此在装料处仍需缓冲托辊。

（5）由于气室制造上的困难，所以气垫式带式输送机不易实现平面和空间转弯，只能是直线布置。若要转弯，则该部分需设置过渡段托辊。

通过专利分析，带式输送机承载装置的进化满足技术进化动态化增长模式，并符合相应的进化路线要求，如图2-38所示。

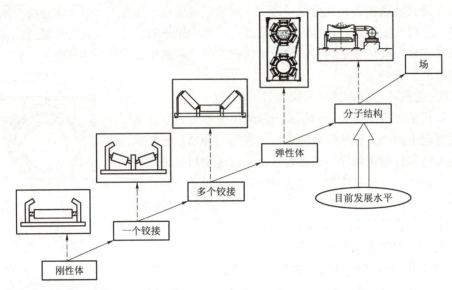

图2-38　承载方式进化分析

根据进化路线可知，带式输送机的承载方式已经达到了分子结构，出现了气垫式带式输送机。虽然这种输送机已经得到了一定程度的应用，但是它的缺点决定了其应用场合受到很大限制，也促使它向更高的程度进化。因此，带式输送机的承载方式将向场进化，可以利用磁场支撑来实现。

如图2-39所示，为磁垫式带式输送机（概念）的原理。两磁铁的磁极之间有相互作用的磁力存在。相同磁极之间存在排斥力，反之则存在吸引力，其作用力的大小由磁极产生的磁场强度决定。利用这一基本原理，假如将胶带磁化成一个磁弹性体，并在支撑胶带的支撑面上安装与胶带被支撑面同极的永久磁铁，则胶带与支撑磁铁之间会产生排斥力，使胶带悬浮在支撑座上，从而实现了非接触支撑，降低了输送带与托辊之间产生的摩擦和磨损。由此可见，采用磁垫式支撑，提高了输送效率，降低了输送成本，从而降低了企业的维护费用。该设计的缺点是需要专门的磁性胶带，且容易发生飘带和跑偏状况。

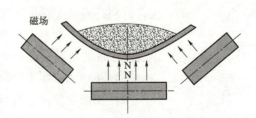

图2-39　磁垫式带式输送机的原理

思考题

2-1 技术系统进化定律主要有哪些?
2-2 什么是 S 曲线? S 曲线有什么作用?
2-3 研究和应用 S 曲线对企业研发有哪些作用?
2-4 技术进化模式主要有哪些?
2-5 技术进化理论主要有哪些应用?请举例说明。
2-6 如何预测产品的技术成熟度?请举例说明。
2-7 请以自行车为例,对其技术进化过程进行分析。
2-8 请预测汽车的未来技术发展方向。

第三章

发明创造的理想解与可用资源

第一节 发明创造的理想解

TRIZ 理论在解决问题之初,首先抛开各种客观限制条件,通过理想化来定义问题的最终理想解(Ideal Final Result,IFR),以明确理想解所在的方向和位置,保证在解决问题过程中沿着此目标前进并获得最终理想解,从而避免了传统创新设计方法中缺乏目标的弊端,提高了创新设计的效率。如果把 TRIZ 创造性解决问题的方法比作通向胜利的桥,那么最终理想解就是这座桥的桥墩。

一、功能及功能分解

产品设计是包含需求分析、概念设计、技术设计及详细设计的复杂设计过程。概念设计阶段的基本任务是产生满足需求功能的原理解,即根据用户需求确定产品的总功能(或称为需求功能),将需求功能转变为功能结构,之后将功能结构转变为产品结构(或称为物理结构)。因此,概念设计是面向功能的设计过程。那么,什么是功能呢?

功能是从技术实现的角度对设计系统的一种理解,是系统或子系统输入/输出时,参数或状态变化的一种抽象描述。每个系统都有其总功能,对系统整体的功能要求就是该系统所具有的总功能。为了使问题的解决简单方便,对于一个复杂的系统,其总功能要分解为若干分功能,分功能要分解为若干子功能,一直分解到基本功能(即功能元)为止。基本功能已有相应的零部件与之对应,或者很容易实现。由此可见,功能分解是解决问题的基本方法,只有将总功能分解为易于实现的基本功能,产品设计才能成功。

功能分解的具体内容取决于实现总功能所采取的工作原理和使用的手段,分解过程可按照实现功能的手段关系或因果关系逐级进行。实现总功能这一目的所需采用的全部手段功能构成一级分功能,实现一级分功能的全部手段功能构成二级分功能(即子功能),如此分解直至可直接求解的基本功能(即功能元)。分解的结果可表示为图 3-1 所示的功能分解树。

例 3-1 建立普通指甲刀的功能分解树。

指甲刀的总功能为剪指甲,输入流有指甲、手指以及手指力,输出流为剪掉的指甲、手指、保留的指甲以及反作用力和动能。将指甲刀的总功能分解为子功能,建立功能分解树,如图 3-2 所示,图中粗线框为最底层子功能,即功能元。

一个系统或子系统一般要具有多个功能,其中一个功能是主要功能或称主功能(Primary Function,PF),系统或子系统存在的目的在于实现该功能。而其他功能为辅助功

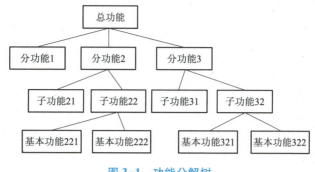

图 3-1 功能分解树

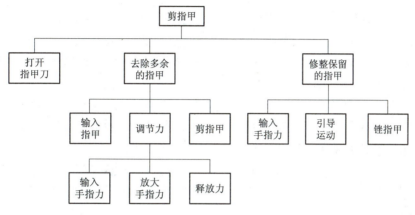

图 3-2 指甲刀的功能分解树

能（Auxiliary Function，AF），系统或子系统实现辅助功能的目的是为了更好地实现其主要功能。辅助功能是特定设计的结果，如果改变设计，其中的一些辅助功能可能要改变或取消。大多数功能都是有用功能（Useful Function，UF），但在实现有用功能的同时，系统或子系统会产生一些危害环境、消耗资源或能量等的副作用，这些称为有害功能（Harmful Function，HF），有害功能的存在是不希望的。系统或子系统的主要功能总是有用功能，例如汽车的部分功能为：① 主要功能是运送人或者货物；② 辅助功能是加减速、刹车、转向、传递动力、支撑货物及人等；③ 有害功能是产生废气、噪声及路面磨损等。有用功能实现的同时，常常伴随有害功能的出现。

创新设计中的很多问题是增加辅助功能，但同时不希望产生有害功能；或要消除有害功能，但不希望影响有用功能，最好是增强有用功能。因此，进行功能分解可以帮助设计者清晰地了解系统的整体情况，可以战略性地去除某些不必要的功能，通过元件的替换、合并实现某些功能，加大对主要功能的投入，从而更有效地提高系统的整体性能。

二、理想化及其分类

1. 理想化的概念

把所研究的对象理想化是自然科学的基本方法，也是创造性思维的一种基本方法。理想化是对客观世界中所存在物体的一种抽象，这种抽象客观世界既不存在，又不能通过试验证明。它主要是在大脑之中设立理想的模型，通过理想试验的方法来研究客观客体运动的规律。理想化的物体是真实物体存在的一种极限状态，对于某些研究起着重要作用，如物理学中的理想气体、理想液体，几何学中的点与线等。在 TRIZ 中理想化是一种强有力的工具，在创新过程中起着重要的作用。

TRIZ 中理想化的应用包括理想系统、理想机器、理想方法、理想过程、理想物质和理想资源等。理想化的描述如下：

理想系统：没有实体、没有物质，也不消耗能源，但能实现所需要的功能。

理想机器：没有质量、没有体积，但能完成所需要的工作。

理想方法：不消耗能量及时间，但通过自身调节，能够获得所需的效应。

理想过程：只有过程的结果，而无过程本身，突然就获得了结果。

理想物质：没有物质，但可以使功能得以实现。

理想资源：存在无穷无尽的资源，可供随意使用，而且不必付费。

TRIZ 的一个基本观点是"系统是朝着不断增加的理想化状态进化的"。技术系统理想状态包括 3 个方面的内容：

（1）系统的主要目的是提供一定的功能。传统思想认为，为了实现系统的某种功能，必须建立相应的装备或设备；而 TRIZ 则认为，为了实现系统的某种功能，不必引入新的装置和设备，而只需对实现该功能的方法和手段进行调整和优化。

（2）任何系统都是朝着理想化方向发展的，也就是向着更可靠、简单有效的方向发展。系统的理想化状态一般是不存在的，但当系统越接近理想状态，结构就越简单、成本就越低、效率就越高。

（3）理想化意味着系统或子系统中现有资源的最优利用。

2. 理想化的分类

理想化分为局部理想化与全局理想化两类。局部理想化是指对于选定的原理，通过不同的实现方法使其理想化；全局理想化是指对于同一功能，通过选择不同的原理使之理想化。设计人员在设计过程开始需要选择目标，即将问题局部理想化还是将其全局理想化。通常首先考虑局部理想化，当所有的尝试都失败后才考虑全局理想化。

局部理想化常用到以下 6 种模式：

（1）加强有用功能。通过参数优化、采用更高级的材料和零部件、引入附加调节装置等加强有用功能的作用。

（2）降低有害功能。通过对有害功能的补偿，减少或消除损失及浪费，采用更便宜的材料、标准零部件等。

（3）功能通用化。采用多功能技术增加有用功能的数量，如现代多媒体计算机具有电视机、电话、传真机、音响等的功能。功能通用化后，系统获得理想化提升。

（4）个别功能专门化。通过功能分解，突出功能的主次。如早期的汽车厂要生产零部件，最后将它们组装成汽车，今天的汽车厂主要是进行开发设计和组装，而零部件由很多专业配套厂生产。

（5）增加集成度。集成有害功能，使其不再有害或有害性降低，甚至变害为利，以减少有害功能的数量，节约资源。

（6）增加柔性。系统柔性的增加，可提高其适应范围，有效降低系统对资源的消耗和空间的占用。例如，以柔性设备为主的生产线越来越多，以适应当前市场变化和个性化定制的需求。

全局理想化主要有以下 4 种模式：

（1）功能禁止。在不影响主要功能的前提下，去掉中性的及辅助的功能。如采用传统的方法为金属零件刷漆后，从漆的溶剂中挥发出有害气体；采用静电场及粉末状漆可很好地解决该问题，当静电场使漆粉末均匀地覆盖到金属零件表面后，加热零件使粉末融化，至此刷漆工艺完成，其间并不产生溶剂挥发。

（2）系统禁止。如果采用某种可用资源后能省掉辅助子系统，一般可降低系统的成本。如月球上的真空使得月球车上所用灯泡的玻璃罩是多余的，玻璃罩的作用是防止灯丝氧化，而月球上无氧气，因此不会使灯丝氧化。

（3）原理改变。改变已有系统的工作原理，可简化系统或使过程更为方便。如采用电子邮件代替传统邮件，使信息交流更加方便快捷。

（4）系统换代。依据产品进化法则，当系统进入退出期时，需要考虑用下一代产品来替代当前产品，完成更新换代。

三、理想化水平

技术系统是功能的实现，同一功能存在多种技术实现方式，任何系统在完成人们所需的功能时，都会产生有害功能。为了对系统的理想化程度进行评价，可采用如下公式：

$$I = \sum UF / \sum HF \tag{3-1}$$

式中　I——理想化水平；

　　　$\sum UF$——有用功能之和；

　　　$\sum HF$——有害功能之和。

由式（3-1）可知：技术系统的理想化水平与有用功能之和成正比，与有害功能之和成反比。当改变系统时，如果公式中的分子增加，分母减小，系统的理想化水平提高，产品的竞争能力增强。

根据上式，增加理想化水平可用以下 4 种方法：

（1）分子增加的速度高于分母增加的速度。即有用功能和有害功能都增加，而有用功能增加得快一些。

（2）分子增加，分母减少。即有用功能增加，有害功能减少。

（3）分子不变，分母减少。即有用功能不变，而有害功能减少。

（4）分子增加，分母不变。即有用功能增加，有害功能不变。

为了在实际工作中对理想化水平的分析更加方便，可将式（3-1）中的有害功能分解为代价与危害，将有用功能之和用效益之和来代替，于是理想化水平衡量公式变为：

$$I = \sum B / (\sum E + \sum H) \tag{3-2}$$

式中　I——理想化水平；

　　　$\sum B$——效益之和；

　　　$\sum E$——代价之和（包括原料的成本、系统所占用的空间、所消耗的能量及所产生的噪声等）；

　　　$\sum H$——危害之和（包括废弃物及污染等）。

由式（3-2）可知：产品或系统的理想化水平与其效益之和成正比，与所有代价及所有危害之和成反比。不断增加产品的理想化水平是创新设计的目标。

根据上式，增加理想化水平可以有以下6种方法：

(1) 通过增加新的功能，或从超系统获得功能，增加有用功能的数量。
(2) 传输尽可能多的功能到工作元件上，提升有用功能的等级。
(3) 利用内部或外部已存在的可用资源，尤其是超系统中的免费资源，以降低成本。
(4) 通过剔除无效或低效率的功能，减少有害功能的数量。
(5) 预防有害功能，将有害功能转化为中性的功能，减轻有害功能的等级。
(6) 将有害功能移到超系统中去，不再成为系统的有害功能。

四、理想化设计

理想化设计可以使设计者的思维跳出问题的传统解决方法，进入超系统或子系统寻找最优解决方案。理想化设计常常打破传统设计中自以为最有效的系统，获得耳目一新的新概念。

现实设计和理想化设计之间的距离从理论上讲可以缩小到零，该距离取决于设计者是否具有理想化设计的理念，是否在追求理想化设计。虽然二者仅一词之差，但设计结果却有着天壤之别。

例 3-2 理想的容器就是没有体积的容器。

在试验过程中，需要将待试验物放入一个封闭的、盛满酸的容器里。在预定的时间后，打开容器，酸对试验物的作用可以被测量出来。但是，由于酸会腐蚀容器壁，因此容器壁上应该涂一层玻璃或者一些其他的抗酸材料。然而，这样的设计将使试验费用猛增。理想化设计是将待试验物暴露在酸中，而不需要容器。转化后的问题就是寻找一种方法可以保持酸和待试验物接触，而不需要容器。一切可利用的资源就是待试验物、空气、重力、支持力等，因此解决方案是显而易见的。可以将容器设计在待试验物上，即将待试验物做成中空的，像杯子那样，然后将酸注入杯中，这样就不用顾虑酸腐蚀容器壁了。这里的容器就是一种理想化设计，如图3-3所示。

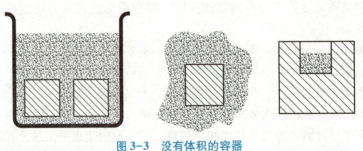

图 3-3 没有体积的容器

五、理想解的确定方法

1. 理想解的定义

产品处于进化之中，进化的过程就是产品由低级向高级演化的过程。如数控机床是普通机床的高级阶段，加工中心又是数控机床的高级阶段。再如彩色电视机是黑白电视机的高级阶段，高清晰度彩电是一般彩电的高级阶段。在进化的某一阶段，不同产品进化的方向是不同的，如降低成本、增加功能、提高可靠性、减少污染等都是产品可能的进化方向。如果将所有产品作为一个整体，低成本、高功能、高可靠性、无污染等是产品的理想状态。产品处于理想状态的解称为理想解（IFR）。因此，每种产品都向着它的理想解进化。

理想解可采用与技术及实现无关的语言对需要创新的原因进行描述，创新的重要进展往往通过对问题深入的理解而取得。确定那些使系统不能处于理想化状态的元件是创新成功的关键。设计过程中从一个起点向理想解过渡的过程称为理想化过程。

理想解有以下 4 个特点：
（1）保持了原系统的优点。
（2）消除了原系统的不足之处。
（3）没有使系统变得更复杂（采用无成本或可用资源）。
（4）没有引入新的缺陷。

当确定了待设计产品或系统的理想解后，可用上述 4 个特点检查其有无不符之处，也要用理想化水平衡量公式检查理想解是否正确。

例 3-3　割草机的改进。

考虑将割草机作为工具，草坪上的草作为被割的目标。割草机在割草时会发出噪声、消耗能源、产生空气污染，高速飞出的草有时会伤害到操作者。现在的首要任务是改进已有的割草机，解决降低噪声的问题。

传统设计中，为了达到降低噪声的目的，设计人员要为系统增加阻尼器、减振器等子系统，这不仅增加了系统的复杂性，同时也降低了系统的可靠性。显然，这不符合理想解中的后两个特点。如果用理想解来分析问题，就会得到截然不同的创新方案。

首先应确定用户需要的究竟是什么？是非常漂亮整洁且不需要维护的草坪。割草机本身不是用户需要的一部分，只是维护草坪的一个工具，除了具有维护草坪整洁的一个有用功能之外，带来的是大量的无用功能。其次，从割草机与草坪构成的系统来看，其理想解为草坪上的草始终维持一个固定的高度。为此，就诞生了"漂亮草种"，这种草长到一定的高度就会停止生长。于是割草机不再需要，问题的理想解得以实现。

2. 理想解的确定

理想解的确定是解决问题的关键所在。对于很多的设计实例，理想解的正确描述会直接得出问题的解，其原因是与技术无关的理想解使设计者的思维跳出问题的传统解决方法，从而得到了与传统设计完全不同的根本解决思路。因此，运用最终理想解的一个原则是不要事先猜想理想结果是否能够实现。在阐述最终理想解时，不应有任何心理障碍。

确定理想解的基本步骤如下：
（1）设计的最终目的是什么？
（2）理想解是什么？
（3）达到理想解的障碍是什么？
（4）出现这种障碍的结果是什么？
（5）不出现这种障碍的条件是什么？创造这些条件存在的可用资源是什么？

例 3-4 农场养兔子的问题。

农场主有一大片农场，放养了大量的兔子。兔子需要吃到新鲜的青草，农场主既不希望兔子走得太远而不易被发现，又不希望花很多时间把鲜草送到兔子旁边。现应用上述五个步骤来分析该问题，并提出其理想解。

（1）问题的最终目的是什么？兔子能够吃到新鲜的青草。

（2）理想解是什么？兔子永远自己吃到青草。

（3）达到理想解的障碍是什么？放兔子的笼子不能移动。

（4）出现这种障碍的结果是什么？由于笼子不能移动，而可被兔子吃的草地面积不变，短时间内青草就被吃光了。

（5）不出现这种障碍的条件是什么？当兔子吃光笼子内的鲜草时，笼子移动到另一块有青草的地方。创造这些条件存在的可用资源是什么？笼子本身安上轮子，兔子自己可推动其运动到有青草的地方。即兔子本身就是可用资源，由此得到了问题的理想解。

例 3-5 自返式运输车。

传统的四轮运输车运送货物时，由人力推动或电力驱动。现欲改善其驱动状况，使其既不需人力也不需电力，而是利用车本身的结构特点驱动其载重前进，并使其在卸货后自动返回。操作人员仅停留在运输的起点和终点，将货物搬上车和卸下即可。自返式运输车的发明实际上就是追求最终理想解的过程。

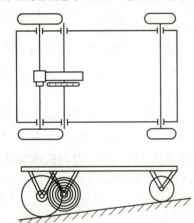

图 3-4 自返式运输车结构简图

自返式运输车的结构如图 3-4 所示。当车运送货物前进时，平卷簧卷紧以储存机械能，当到达目的地卸掉货物后，平卷簧恢复形变带动运输车自动返回。应用 TRIZ 理论进行自返式运输车的创新设计，改进了传统四轮车的结构，使其在功能原理上发生了根本的变化，不需要消耗外加能源和驱动力，而只是利用所运货物自身的重力进行驱动，并且车在前进的过程中又将其转化为机械能储存起来，在车卸掉重物返回时机械能又被释放出来，驱动车自动返回，彻底改变了运输货物需由人往返推拉或用电动绞车驱动的传统工作方式，提出了运输车的创新设计理念。由于自返式运输车只适用于斜坡地，当4个车轮直径相同时，车体将产生倾斜，不利于放置货物，为使所运送货物的承重面处于水平，前后车轮大小应不一样。

发明创造的理想状态是理想解的实现，尽可能使企业的产品接近于其理想解是产品创新的指导思想，确定所设计产品的理想解是设计人员综合素质的体现。

第二节 发明创造的可用资源

在产品的设计过程中，为了满足技术系统的功能，总是要利用各种资源。设计中的可用系统资源对创新设计起着重要的作用，当问题的解越接近理想解，系统资源的利用就越重要。对于任何系统，只要还没有达到理想解，就应该具有系统资源。在设计过程中，合理利用系统资源既可以使问题的解更容易接近理想解，还可能取得附加的、意想不到的效益。因此，对系统资源进行详细分析和深刻理解，对设计人员是十分必要的。

系统资源可分为内部资源与外部资源。内部资源是在冲突发生的时间、区域内存在的资源；外部资源是在冲突发生的时间、区域外部存在的资源。内部资源与外部资源又可分为直接应用资源、导出资源及差动资源三类，下面分别进行介绍。

一、直接应用资源

直接应用资源是指在当前存在状态下可被应用的资源，如物质、场（能量）、空间和时间资源都是可被许多系统直接应用的资源。例如：

物质资源：任何可以完成特定功能的物质资料，如木材可用作燃料。

能量资源：系统中存在的或能产生的能量流，如汽车发动机既可驱动后轮或前轮，又可驱动液压泵，使液压系统工作。

场资源：系统中存在的或能产生的场，如地球上的重力场及电磁场。

信息资源：即技术系统中能产生的或存在的信号，通常信息需通过载体表现出来，如汽车运行时所排废气中的油或其他颗粒，可表明发动机的性能。

空间资源：即位置、子系统的次序、系统及超系统，包括产品的中空部分或孔状空间、子系统之间的距离、子系统的相互位置关系、对称与非对称等，如仓库中多层货架中的高层货架。

时间资源：即没有充分利用或根本没有利用的时间间隔，它存在于系统启动之前、关闭之后或工程环节的循环之间，如双向打印机。

功能资源：即技术或其环境中能够产生辅助功能的能力，如人站在椅子上更换屋顶的灯泡时，椅子的高度是一种辅助功能。

二、导出资源

通过某种变换，使不能利用的资源成为可利用的资源，这种可利用的资源就称为导出资源。原材料、废弃物、空气、水等，经过处理或变换都可在设计的产品中使用，从而变成有用资源。在变成有用资源的过程中，常常需要物理状态的改变或借助于化学反应。

导出物质资源：通过对直接应用资源，如物质或原材料进行变换或施加作用所得到的物质。如毛坯是通过铸造得到的材料，相对于铸造的原材料已是导出资源。

导出能量资源：通过对直接应用能源进行变换或改变其作用的强度、方向及其他特性所得到的能量资源。如变压器将高压变为低压，这种低电压的电能成为导出资源。

导出场资源：通过对直接应用场资源进行变换或改变其作用的强度、方向及其他特性所得到的场资源。如云体与地球之间的静电场，在放电过程中转换为闪电，得到一种新的场形式，即电磁场。

导出信息资源：通过变换与设计不相关的信息，使之与设计相关。如地球表面电磁场的微小变化可用于发现矿藏。

导出空间资源：由于几何形状或效应的变化所得到的额外空间。如双面磁盘比单面磁盘存储信息的容量更大。

导出时间资源：由于加速、减速或中断所获得的时间间隔。如被压缩的数据可在较短时间内传递完毕。

导出功能资源：经过合理变化后，系统完成辅助功能的能力。如锻模经适当改进后，使锻件本身可以带有企业商标。

三、差动资源

通常物质与场的不同特性是一种可形成某种技术特征的资源，这种资源称为差动资源。差动资源一般分为差动物质资源和差动场资源。

1. 差动物质资源

（1）结构各向异性。各向异性是指物质在不同的方向上物理特性不同。这种特性有时是设计中实现某种功能所需要的，例如：

光学特性：金刚石只有沿对称面做出的小平面才能显示出其亮度。

电特性：石英板只有当其晶体沿某一方向被切断时才具有电致伸缩的性能。

声学特性：一个零件内部由于其结构有所不同，表现出不同的声学特性，使超声探伤成为可能。

力学性能：劈木材时一般是沿着最省力的方向劈。

化学性能：晶体的腐蚀往往是在有缺陷的点处首先发生。

几何性能：只有球形表面符合要求的药丸才能通过药机的分检装置。

（2）不同的材料特性。不同的材料特性可以在设计中用于实现不同的有用功能。例如，合金碎片的混合物可通过逐步加热到不同合金的居里点，然后用磁性分检的方法将不同的合金分开。

2. 差动场资源

场在系统中的不均匀性可以在设计中实现某些新的功能。

（1）场梯度的利用。在烟囱的协助下，地球表面与3200 m高空的压力差，使炉子中的空气流动。

（2）空间不均匀场的利用。为了改善工作条件，工作地点应处于声场强度低的位置。

（3）利用场的值与标准值的偏差。病人的脉搏与正常人的不同，医生通过对这种差异的分析可为病人看病。

四、资源利用

在设计中认真分析各种系统资源将有助于设计者开阔视野，使其跳出问题本身，这对于将全部精力都集中于特定的子系统、工作区间、特定的空间与时间的设计者解决问题特别重要。设计过程中所用到的资源不一定明显，需要认真挖掘才能成为有用资源。下面给出一些通用的建议：

（1）将所有的资源首先集中于最重要的动作或子系统。

（2）合理有效地利用资源，避免资源损失和浪费等。
（3）将资源集中到特定的空间与时间。
（4）利用其他过程中损失或浪费的资源。
（5）与其他子系统分享有用资源，动态地调节这些子系统。
（6）根据子系统隐含的功能，利用其他资源。
（7）对其他资源进行变换，使其成为有用资源。

不同类型资源的特殊性能有助于设计者克服资源的限制，从而更好地实现可用资源的利用。下面就空间资源、时间资源、材料资源和能量资源的有效利用给出一些建议。

1. 空间资源的利用

（1）选择最重要的子系统，将其他子系统放在不十分重要的空间位置上。
（2）最大限度地利用闲置空间。
（3）利用相邻子系统的某些表面，或一表面的反面。
（4）利用空间中的某些点、线、面或体积。
（5）利用紧凑的几何形状，如螺旋线。
（6）利用暂时闲置的空间。

2. 时间资源的利用

（1）在最有价值的工作阶段，最大限度地利用时间。
（2）使工作过程连续，消除停顿、空行程。
（3）变换顺序动作为并行动作，以节省时间。

3. 材料资源的利用

（1）利用薄膜、粉末、蒸汽等，将少量物质扩大到一个较大的空间中。
（2）利用与子系统混合的环境中的材料。
（3）将环境中的材料，如水、空气等，转变成有用的材料。

4. 能量资源的利用

（1）尽可能提高核心部件的能量利用率。
（2）限制利用成本高的能量，尽可能采用成本低廉的能量。
（3）利用最近的能量。
（4）利用附近系统浪费的能量。
（5）利用环境提供的能量。

当经过上述方法仍找不到理想的可用资源时，可以尝试下述建议：

（1）将两种或两种以上的不同资源结合。
（2）向更高级别的技术系统更进。
（3）分析当前所需资源是否必要，重新规范搜索方向。
（4）运用廉价、高效的资源，对主要的产品功能替换其他的物理工作原理。
（5）替换现有的技术动作，向相反的技术动作更进（如不再冷却子系统，而是加热它）。

思考题

3-1 什么是功能?怎样进行功能分解?请举例加以说明。
3-2 请说明理想化的概念及其含义。
3-3 如何对系统的理想化程度进行评价?增加理想化水平可用哪几种方法?
3-4 什么是理想解?它有哪些特点?如何确定理想解?
3-5 系统资源如何进行分类?什么是直接应用资源、导出资源和差动资源?
3-6 设计过程中如何有效地挖掘可用资源?

第四章

40 个发明创新原理及其应用

第一节 发明创新原理的由来

创新原理是建立在对上百万份发明专利分析的基础上，蕴含了人类发明创新所遵循的共性原理，是对人类解决创新问题共性方法的高度概括和总结。在人类发明创造的历史进程中，相同的发明问题以及为了解决这些问题所使用的创新原理，在不同的时期、不同的领域中反复出现，也就是说，解决创新问题的方法是有规律可循的。如果一个发明原理融合了物理、化学等科学，那么该原理将超越领域的限制，就可应用到其他行业中去。由此可见，如果跨行业间的技术能够充分地交流，就可以尽早地开发出优化的技术。因此创新原理作为符合客观规律的方法学，必然会具有普适意义，必然会在发明创新过程中得到实际的应用。

阿奇舒勒通过对大量发明专利的分析、研究和总结，发现了蕴含在这些发明创新现象背后的客观规律，提炼出了 TRIZ 理论中最重要的、具有普遍用途的 40 个发明创新原理，将创新的理论展现在世人面前，从此让创新过程有了方法学的引领。40 个发明创新原理开启了一扇解决发明问题的天窗，将发明从魔术推向科学，让那些似乎只有天才能从事的发明工作，成为一种人人都可以从事的职业，使原来认为不可能解决的问题可以获得突破性的解决，是用于解决冲突问题的行之有效的方法。如果我们掌握了这些原理，不仅可以提高发明的效率、缩短发明的周期，而且能使发明问题更具有可预见性。

当前，40 个发明创新原理已经从传统的工程领域扩展到微电子、医学、管理和文化教育等领域，这些发明原理的广泛应用，产生了大量的发明专利，强力地推动着人类文明的进展。学习并掌握这 40 条发明创新原理，对于解决生产、生活和科研中遇到的各种问题，有着重要的启示和神奇的促进作用。

第二节 发明创新原理及应用

在对全世界专利进行分析研究的基础上，TRIZ 理论提出了 40 条发明创造原理，见表 4-1。表中每条原理的前面有一个序号，此序号与下一章将要介绍的阿奇舒勒冲突矩阵中的号码是相对应的。实践证明，这些原理对于指导设计人员的发明创新具有非常重要的作用，下面结合工程实例对每条发明创新原理进行详细的介绍。

表 4-1　40 条发明创新原理

序号	原理名称	序号	原理名称	序号	原理名称	序号	原理名称
1	分割	11	预补偿	21	紧急行动	31	多孔材料
2	分离	12	等势性	22	变有害为有益	32	改变颜色
3	局部质量	13	反向	23	反馈	33	同质性
4	不对称	14	曲面化	24	中介物	34	抛弃与修复
5	合并	15	动态化	25	自服务	35	参数变化
6	多用性	16	未达到或超过的作用	26	复制	36	状态变化
7	嵌套	17	维数变化	27	用低成本、不耐用的物体代替贵重、耐用的物体	37	热膨胀
8	质量补偿	18	振动	28	机械系统的替代	38	加速强氧化
9	预加反作用	19	周期性作用	29	气动与液压结构	39	惰性环境
10	预操作	20	有效作用的连续性	30	柔性壳体或薄膜	40	复合材料

一、分割原理

（1）把一个物体分成相互独立的部分。

（2）把物体分成容易组装和拆卸的部分。

（3）增加物体相互独立部分的程度。

例 4-1　可拆卸铲斗唇缘设计（见图 4-1）。

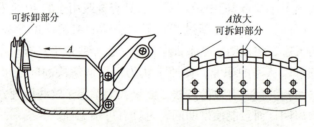

图 4-1　可拆卸铲斗

挖掘机铲斗的唇缘是由钢板制成的，只要它的一部分磨损或损坏，就必须更换整个唇缘。这是一项既费力又费时的工作，而且挖掘机也不得不停止工作。可使用分割原理来解决这一问题，将唇缘分割成单独可分离的几部分。这样，可以快速方便地将毁坏或磨损的部分更换掉。

二、分离原理

（1）将一个物体中的"干扰"部分分离出去。

（2）将物体中的关键部分挑选或分离出来。

如在飞机场环境中，为了驱赶各种鸟类，采用播放刺激鸟类的声音是一种方便的方法，这种特殊的声音使鸟与机场分离。再如，将产生噪声的空气压缩机放于室外。

三、局部质量原理

（1）将物体或环境的均匀结构变成不均匀结构。
（2）使组成物体的不同部分完成不同的功能。
（3）使组成物体的每一部分都最大限度地发挥作用。

如带有橡皮的铅笔，带有起钉器的榔头；瑞士军刀带有多种常用工具，如小刀、剪子、起瓶器、螺丝刀等；电缆电视集电话、上网和电视功能于一体；等等。

该原理在机械产品进化的过程中表现得非常明显，如机器由零部件组成，每个零部件在机器中都应占据一个最能发挥作用的位置。如果某零件未能最大限度地发挥作用，则应对其进行改进设计。

例 4-2 非圆齿轮传动机构与齿轮传动相比，具有实现非匀速比传动的特点，即当主动齿轮做匀速转动时，被动齿轮做变速运动，如图 4-2 所示。在此，通过齿轮结构的不均匀变化，满足了工作中提出的变速比要求。

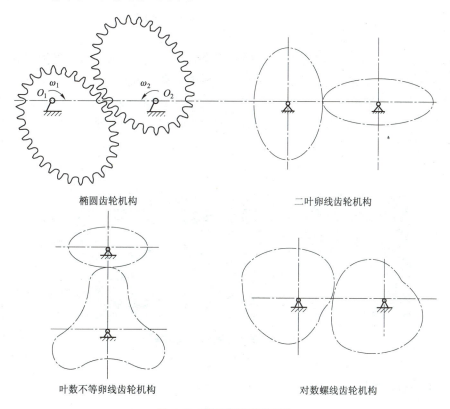

图 4-2　非圆齿轮传动机构

四、不对称原理

（1）将物体的形状由对称变为不对称。
（2）如果物体是不对称的，增加其不对称的程度。

例 4-3 考虑到外形美观，电动机和发电机的底座一般都设计成对称的形状。但是，因为它们需要旋转，左右底座所承受的载荷是不对称的。为了减少机器的质量，节约材料，不翻转部件所对应的底座可以设计得小一些，能支持它们实际上所必须承受的载荷就可以了，如图4-3所示。

图4-3　具有不对称结构的电动机

五、合并原理

（1）在空间上将相似的物体连接在一起，使其完成并行的操作。

（2）在时间上合并相似或相连的操作。

例4-4　在运输过程中，一般先用纸将玻璃片隔开，然后用纸片将其保护好放到一个木箱子里。尽管有这些预防措施，但是也经常发生玻璃破损的事件。

为了减少玻璃的破损，可以将玻璃当作一个固体块运输，而不是让它们处于分离状态。每片玻璃上都涂上一层油（见图4-4），然后将玻璃片粘在一起形成一个玻璃块，比起每片玻璃来说，玻璃块的强度要大很多。测试表明，即便将玻璃块从2 m高的地方丢下，造成的损失也很小；相反，一般的运输方法将会有一半多的玻璃受到不同程度的损伤。

图4-4　易于运输的"玻璃块"

六、多用性原理

使一个物体能够完成多项功能，可以减少原设计中完成这些功能所需物体的数量。如装有牙膏的牙刷柄；能用作婴儿车的儿童安全座椅；小型货车的座位通过调节有时可以实现坐、躺、支撑货物等多种功能；等等。

七、嵌套原理

（1）将一个物体放在第二个物体中，将第二个物体放在第三个物体中，按照这种方式一直进行下去。

（2）使一个物体穿过另一个物体的空腔。
如收音机伸缩式天线；伸缩式钓鱼竿；伸缩教鞭；笔筒里放有铅芯的自动铅笔；等等。

八、质量补偿原理

（1）用另一个能产生提升力的物体补偿第一个物体的质量。
（2）通过与环境相互作用产生空气动力或液体动力的方法补偿第一个物体的质量。
如在圆木中注入发泡剂，使其更好地漂浮；用气球携带广告条幅。

例 4-5 具有球形重物的速度调节器常被用来调节回转速度（图 4-5）。

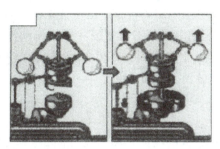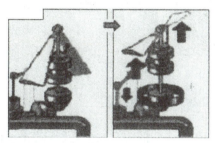

图 4-5　具有机翼状重物的速度调节器

通过减小零件的尺寸（或零件质量）来改进传统设计。比如：速度调节器上的球形重物可以改作成机翼形，这样就会增加调节器的提升力。

九、预加反作用原理

（1）预先施加反作用，用来消除不利影响。
（2）如果一个物体处于或将处于拉伸状态，应预先增加压力。

例 4-6 用割草机修剪的草坪不是很平整，因为草有一定的硬度，而且割草机工作时其刀片接触到了即将要割的草，使草向前倾斜，这样就会使草在不同的高度上被修剪。当然修剪出的草坪就会参差不齐（见图 4-6）。

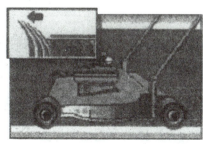

图 4-6　改进后的割草机可以修剪出平整的草坪

为了得到平整的草坪，新设计的割草机有一个专用部件，可以在即将修剪的草上预加反作用力，使其向前倾斜，由于草具有一定的硬度，所以被释放后能产生足够的内部惯性力，使其反弹回来，这样割草机的刀片接触到的草就是直立的草，所有的草是在同一垂直高度上被修剪，所以修剪的草坪就会很平整。

十、预操作原理

（1）在操作开始前，使物体局部或全部产生所需的变化。

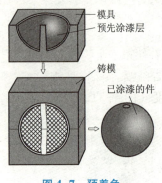

图 4-7 预着色

（2）预先对物体进行特殊安排，使其在时间上有准备，或已处于易操作的位置。

例 4-7 预着色（见图 4-7）。代替手工用刷子对塑料件进行着色，其中一种方法是机械着色。

建议应用预操作原理与合并原理来改善着色过程。在分开的铸模的孔洞中预先加染料套（甚至预先将染料注入塑料中）。普通的印刷油墨（具有成型胶片样的流动性）就可以这样应用。合模后注入塑料。零件的颜料具有较好的黏附性，因为颜料扩散到了表面内部。

十一、预补偿原理

采用预先准备好的应急措施补偿可靠性相对较低的物体。如飞机上的降落伞、航天飞机的备用输氧装置。

例 4-8 汽车安全气囊（见图 4-8）设计。

如果碰撞发生在车前部，安全带可以保护驾驶员。然而，安全带对侧面碰撞不起作用。建议使用侧面安全气囊。紧缩的气囊放在座位的后面。侧面碰撞时，气囊因充气而膨胀，这样可以避免乘客受伤。

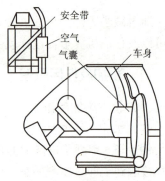

图 4-8 汽车安全气囊

十二、等势性原理

改变工作条件，使物体不需要被升起或降低。如与冲床工作台高度相同的工件输送带，将冲好的零件输送到另一工位。

例 4-9 汽车旋转装置（见图 4-9）设计。

如果要到汽车下面修理汽车，汽车必须停放在敞开的隧道上，或固定到液压平台上。而且进行修理时，机修工必须在头顶上操作，这样既不方便也不安全。建议使用等势原理，将汽车固定在一个环形的旋转装置上，这样汽车就能够随意旋转甚至可以倒置，从而很好地改善了修理条件。

十三、反向原理

（1）将一个问题中所规定的操作改为相反的操作。

（2）使物体中的运动部分静止，静止部分运动。

（3）使一个物体的位置倒置。

如为了拆卸处于紧配合的两个零件，采用冷却内部零件的方法，而不采用加热外部零件的方法；机械加工中使工件旋转，而使刀具固定；为了有效地训练运动员，可以

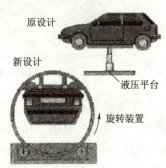

图 4-9 汽车旋转装置

使用健身器材中的跑步机；通过将一个部件或机器总成翻转，以便于安装紧固件；等等。

十四、曲面化原理

（1）将直线或平面部分用曲线或曲面代替，立方体用球体代替。
（2）采用辊、球和螺旋。
（3）用旋转运动代替直线运动，采用离心力。

例 4-10 当土豆收割机的滚筒运动时，它的形状会和变化的地面始终保持相应的一致（见图 4-10）。

图 4-10　与地形保持一致的滚筒

滚筒可以成为一个旋转的双曲面体，这个双曲面由两个直立的盘子组成，用木棍通过圆周上的点互相连接起来。两个盘子可以相对旋转，通过机械轴可以将这两个盘子和收割机连接起来。当盘子相对旋转时，滚筒外部的轮廓就会随着地形的改变而改变。

十五、动态化原理

（1）使一个物体或其环境在操作的每一阶段自动调整，以达到优化的性能。
（2）把一个物体划分成具有相互关系的元件，元件之间可以改变相对位置。
（3）如果一个物体是静止的，使之变为运动的或可变的。

例 4-11 螺旋角可变的螺杆输送机（见图 4-11）设计。

传送矿物或化学药品之类的松散材料，传统的装置是螺杆输送机。为了更好地控制材料的输送速度和相对于不同密度的材料进行调节，希望输送机螺杆的螺旋角是可调的。建议使用变参数原理和动态原理设计输送机。螺杆的表面使用如橡胶之类的弹性材料制成。两个螺旋弹簧控制螺旋的形状。弹簧沿着旋转轴的伸长／压缩可控制螺杆的螺旋角，从而控制松散材料的传送速度。

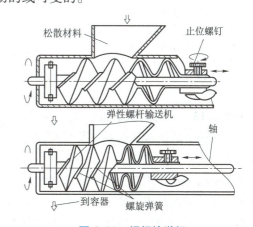

图 4-11　螺杆输送机

十六、未达到或超过的作用原理

要想 100% 达到所希望的效果是困难的，而稍微未达到或稍微超过预期的效果将大大简化问题。

如缸筒外壁需要刷涂料时,可将缸筒浸泡在盛涂料的容器中完成,但取出缸筒后,其外壁粘涂料太多,通过快速旋转可以甩掉多余的涂料。

十七、维数变化原理

(1) 将一维空间中运动或静止的物体变成二维空间中运动或静止的物体,将二维空间中的物体变成三维空间中的物体。

(2) 将物体用多层排列代替单层排列。

(3) 使物体倾斜或改变方向。如自卸车。

(4) 利用给定表面的反面。如叠层集成电路。

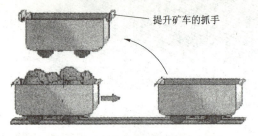

图 4-12　进入垂直面的矿车

例 4-12　设计矿车进入垂直面(见图 4-12)的方法。

当空矿车和负载矿车在矿井中需要对调时,通过增加隧道宽度来解决是不理想的。因为隧道宽度的增大会使隧道顶部安全性降低。建议应用维数变化原理、动态原理和分离原理来解决。可以通过垂直面来重新排列矿车,如图 4-12 所示将空车抓到负载车的上面,负载车向前行,在合适位置将空车放下。这样矿车队列变得更为动态化,此过程中所有矿车就像一堆纸牌一样易操作。通过这种方法,可以大大改善矿井工人的安全。

十八、振动原理

(1) 使物体处于振动状态。如电动雕刻刀具具有振动刀片、电动剃须刀。

(2) 如果振动存在,增加其频率,甚至可以增加到超声。

(3) 使用共振频率。如利用超声共振消除胆结石或肾结石。

(4) 使用电振动代替机械振动。如石英晶体振动驱动高精度表。

(5) 使用超声波与电磁场耦合。如在高频炉中混合合金。

例 4-13　产品计数装置(见图 4-13)设计。

流水线上的机械计数系统长时间使用就会磨损,同时由于灰尘的积累,光学装置的可靠性将会降低。建议用气流和产品间相互作用产生的声波来计数。让产品沿着一个路径传送,到达终点后和气流接近。产品和气流相互作用产生声波,声波通过麦克风转变成电信号,电信号可用来计数。

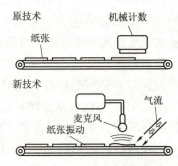

图 4-13　产品计数装置

十九、周期性作用原理

（1）用周期性运动或脉动代替连续运动。如用鼓槌反复地敲击某物体。
（2）对周期性的运动改变其运动频率。如通过调频传递信息。
（3）在两个无脉动的运动之间增加脉动。

例 4-14 控制振动的方法（见图 4-14）。

如何控制车床进行金属切削时的振动呢？建议用机械振动原理和周期性作用原理。按预先确定的频率，短时间周期性地停止切削操作。切削数圈后，撤回刀具。切削圈数与车床的振动阻尼（刚度、转速和固有阻尼）及工件的材料有关。这种方法也可以防止切屑堆积在刀具边缘。

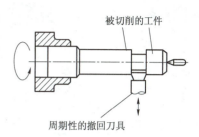

图 4-14 控制切削振动

二十、有效作用的连续性原理

（1）不停顿地工作，物体的所有部件都应满负荷地工作。
（2）消除运动过程中的中间间歇。如针式打印机的双向打印。
（3）用旋转运动代替往复运动。

例 4-15 设计连续工作方式（见图 4-15）。

由于机器需要等待新毛坯进入工作面，所以流水线的生产效率受到限制。建议加工毛坯时，让毛坯与工装一同运动。这项技术可用于回转机械中。由于减少了空转时间，使得旋转流水线的生产效率得到提高。

二十一、紧急行动原理

以最快的速度完成有害的操作，如修理牙齿的钻头高速旋转，以防止牙组织升温。

例 4-16 采用高速切断管路的方法（见图 4-16）。

传统方法截断大直径薄壁管路时，管路变形与过度挤压是个大缺陷。建议使用加速原理，刀具以极快的速度切削使管路没有时间变形。

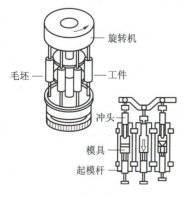

图 4-15 连续工作

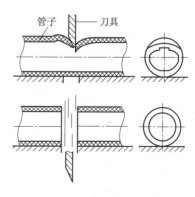

图 4-16 高速切断管路

二十二、变有害为有益原理

（1）利用有害因素，特别是对环境有害的因素，获得有益的结果。

（2）通过与另一种有害因素结合来消除一种有害因素。

（3）加大一种有害因素的程度使其不再有害。如森林灭火时用逆火灭火，"以毒攻毒"。

例 4-17 不平坦的地基容易造成建筑物的倾斜，使墙壁上产生危险的压力，在这种情况下，通常需要拆掉建筑物重建，这是一种很不经济的解决方案。

建议方法是沿最大压力线将建筑物分成两部分，每一部分根据实际压力进行加固。这样，有害因素的影响就变成了有益因素，因为受压区域可以很容易地根据墙壁石膏的裂纹判断出来，进而确定切割线（见图 4-17）。

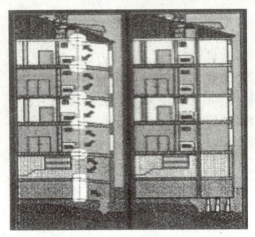

图 4-17 应用"变有害为有益"原理确定切割线

二十三、反馈原理

（1）引入反馈以改善过程或动作。如加工中心的自动检测装置；自动导航系统。

（2）如果反馈已经存在，改变反馈控制信号的大小或灵敏度。

例 4-18 轧钢机钢板厚度控制（见图 4-18）。

控制被轧钢板的厚度，重要的是控制钢板温度。最终的厚度是温度和接近辊子的板的厚度共同作用的结果。建议使用反馈控制输出厚度。可以将接近辊子的钢板的厚度与加热器（电子枪）电子束的进给速度结合起来，电子束通过钢板被传感器监控。钢板越厚，接收到的辐射密度越低。那么可发信号降低电子束的进给速度以增加钢板的温度。这种反馈控制改善了输出厚度的精度。

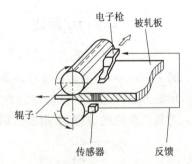

图 4-18 轧钢机钢板厚度控制

二十四、中介物原理

（1）使用中介物传送某一物体或某一种中间过程。如机械传动中的惰轮。

（2）将一容易移动的物体与另一物体暂时结合。如机械手抓取重物并将其移动到另一处，用钳子、镊子帮助或代替人手抓取物体。

二十五、自服务原理

（1）使一物体通过附加功能产生自己服务于自己的功能。

（2）利用废弃的材料、能量与物质。如钢厂余热发电装置。

例 4-19 自服务挖掘机（见图4-19）。

给挖掘机的铲斗提供气体润滑以减少土壤和铲斗的摩擦，也可以防止卸土时土壤附着在铲斗上。然而在发动机上安装压缩机会增加能量的消耗。建议使用自服务原理来解决问题。用作业时挖掘机悬臂的运动来给铲斗提供空气。这要通过在悬臂上安装一个双作用的气缸来实现。

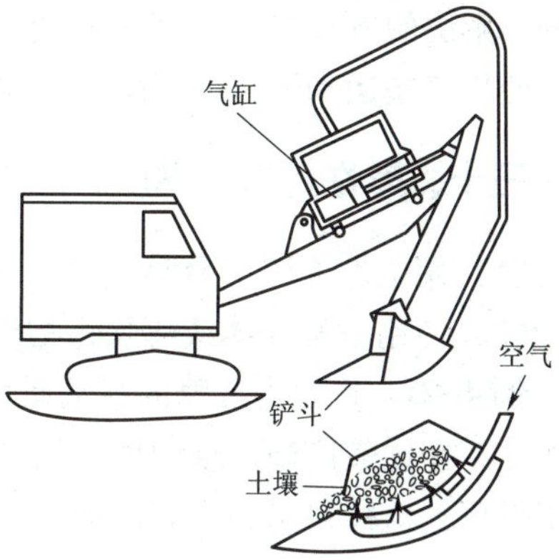

二十六、复制原理

（1）用简单、低廉的复制品代替复杂的、昂贵的、易碎的或不易操作的物体。

图 4-19 自服务挖掘机

（2）用光学拷贝或图像代替物体本身，可以放大或缩小图像。

（3）如果已使用了可见光复制，那么可用红外线或紫外线代替。

如通过虚拟现实技术可以对未来的复杂系统进行研究；通过模型的试验来代替对真实系统的试验；通过看一名教授的讲座录像可代替亲自参加他的讲座；利用红外线成像探测热源；等等。

二十七、用低成本、不耐用的物体代替贵重、耐用的物体原理

用一些低成本物体代替昂贵物体，用一些不耐用物体代替耐用物体。如一次性的纸杯子、一次性的餐具、一次性尿布、一次性拖鞋等。

二十八、机械系统的替代原理

（1）用视觉、听觉、嗅觉系统代替部分机械系统。

（2）用电场、磁场及电磁场完成物体间的相互作用。

（3）将固定场变为移动场，将静态场变为动态场，将随机场变为确定场。

（4）将铁磁粒子用于场的作用之中。

例 4-20 磁场移去弹性外壳（见图4-20）。

从成型机的轴上移去弹性外壳使用的机械装置控制的推动器。这种装置可靠性低，而且弹性外壳经常被刺穿。建议使用机械替代原理提高推动器的效率，即用永久磁铁作为推动器放在磁场中提供动力。其反作用力由一个外部磁场（电磁铁）控制。

二十九、气动与液压结构原理

物体的固体零部件可以用气动或液压部件代替，将气体或液体用于膨胀或减振。

如发生交通事故时，由于惯性作用，司机会受到强烈的撞击。尽管安全带可以起到一定的防护作用，但这是远远不

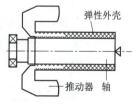

图 4-20 脱壳装置

够的。解决的方法之一是使用安全气囊。当汽车受到撞击时它会迅速膨胀以保护司机的安全。使用气垫运动鞋，可以减少运动对足底的冲击。

三十、柔性壳体或薄膜原理

（1）用柔性壳体或薄膜代替传统结构。
（2）使用柔性壳体或薄膜将物体与环境隔离。

例 4-21 货舱内货物的移动是航行中的一种潜在危险。防止货物移动的一种方法是将其放在一个比较广阔的空间里，用带有弹性衬垫的材料密封好货物，然后抽出里面的空气，产生低压，这样衬垫的内表面就可以贴近货物了，防止货物移动（见图 4-21）。

图 4-21 应用柔性壳体或薄膜原理防止货物移动

三十一、多孔材料原理

（1）使物体多孔或通过插入、涂层等增加多孔元素。如在一结构上钻孔，以减轻质量。
（2）如果物体已是多孔的，用这些孔引入有用的物质或功能。如利用一种多孔材料吸收接头上的焊料。

为了实现更好的冷却效果，机器上的一些零部件内充满了一种已经浸透冷却液的多孔材料。在机器工作过程中，冷却液蒸发，可以提供均匀冷却功能。

三十二、改变颜色原理

（1）改变物体或环境的颜色。如在洗相片的暗房中要采用安全的光线。
（2）改变一个物体的透明度，或改变某一过程的可视性。
（3）采用有颜色的添加物，使不易观察到的物体或过程被观察到。
（4）如果已增加了颜色添加剂，则采用发光的轨迹。

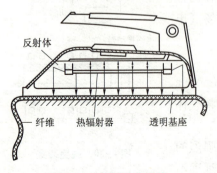

图 4-22 新型熨斗设计

例 4-22 轻便辐射熨斗的设计（见图 4-22）。
如何改善普通家用熨斗的设计？建议使用改变颜色（透明）原理、改变维数原理来改善设计。用难熔的、透明的玻璃制成基座。被熨的织品直接通过热辐射加热，而不是通过金属基座加热。新设计的熨斗质量轻、加热快，能渗透到织品的整个表面。这样的熨斗既轻便，又节约时间。

三十三、同质性原理

采用相同或相似的物体制造与某物体相互作用的物体。如用金刚石切割钻石。

如存放在一般容器里的高纯度铜都很容易被污染,进而降低本身所固有的属性。为了避免出现这种情况,可以将高纯度铜存储在以同质材料制成的容器里,保证被储存的高纯度铜不被污染。

三十四、抛弃与修复原理

(1) 当一个物体完成了其功能或变得无用时,抛弃或修复该物体中的一个物体。如用可溶解的胶囊作为药面的包装;可降解餐具等。

(2) 立即修复一个物体中所损耗的部分。如割草机的自刃磨刀具。

例 4-23 某些零部件内部流道非常复杂,有很多复杂的凹槽,这些凹槽是很难加工的(见图 4-23)。

图 4-23 利用"抛弃与修复"原理形成复杂凹槽

解决的方法是:先把电线弯成所需形状,然后紧贴在板面上以形成这些凹槽,再在各条电线之间的空余地方添加熔融的金属或环氧树脂。当添加物变硬后,利用化学腐蚀的方法把其余的电线除掉就形成了所需要的复杂的内部凹槽。

三十五、参数变化原理

(1) 改变物体的物理状态,即让物体在气态、液态、固态之间变化。
(2) 改变物体的浓度和黏度。如液态香皂的黏度高于固态香皂,且使用更方便。
(3) 改变物体的柔性。如用三级可调减振器代替轿车中不可调减振器。
(4) 改变温度。如使金属的温度升高到居里点以上,金属由铁磁体变为顺磁体。

例 4-24 通过将颗粒材料和液体相混合的方法,可以实现材料按颗粒大小逐渐分层。具有不同颗粒的材料与液体混合后,颗粒材料逐渐沉淀,大颗粒会逐渐沉到最底端,依次是比较小的颗粒。尽管如此,我们仍然很难移走材料层,因为轻微的动作都会引起不同颗粒的材料再次混合。但如果我们将已经分开的材料冻结,那么就会很容易地分开颗粒层了(见图 4-24)。

三十六、状态变化原理

在物质状态变化过程中实现某种效应。如利用水在结冰时体积膨胀的原理。

图 4-24 利用冻结的方法移走分离层

例 4-25 水冻结的时候体积膨胀很大，但是产生的压力很有限。已设计的冰压设备可以用来克服这个缺陷。该设备包括 3 个形状相同尺寸不同的锥形瓶，每次只冻结一个锥形瓶。第一个瓶子里的冻结水通过一个小孔在其余两个瓶子里产生很大的压力；然后，第二个瓶子里的冻结水会在第三个瓶子里产生很大的压力；最终第三个瓶子里的冻结水会产生很大的压力。这种压力可以被用在钢板冲床上，压力可达几千吨。而整个冰压设备（不包括冷藏库）的质量只有几千克重，携带方便（见图 4-25）。

图 4-25 利用状态变换原理实现增压

三十七、热膨胀原理

（1）利用材料的热膨胀或热收缩特性。如装配过盈配合的两个零件时，将内部零件冷却，外部零件加热，然后装配在一起并置于常温中。

（2）使用具有不同热膨胀系数的材料。如双金属片传感器。

为了控制温室天窗的闭合，在天窗上连接了双金属板。当温度改变时双金属板就会相应地弯曲，这样就可以控制天窗的闭合。

三十八、加速强氧化原理

使氧化从一个级别转变到另一个级别，如从环境气体到充满氧气，从充满氧气到纯氧气，从纯氧到离子态氧。

例 4-26 用乙炔切割钢板时，在气体压力下熔化的金属会带着火星飞溅出来。

解决的方法是：可以在乙炔气流周围环绕一层纯氧，当切割中心火焰温度达到 1500℃ 时，飞溅出来的金属熔物就会在纯氧层里燃烧而不会再带着火星飞溅出来（见图 4-26）。

三十九、惰性环境原理

（1）用惰性环境代替普通环境。如为了防止白炽灯灯丝的氧化，让其置于氩气中。
（2）让一个过程在真空中发生。

例 4-27　清洁过滤器（见图 4-27）。

图 4-26　利用纯氧消除火星

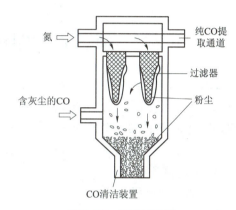

图 4-27　清洁过滤器

在冶金生产中，往往是用从熔炉气体中分离出的一氧化碳在燃烧室中燃烧来加热水和金属。在给燃烧室供气之前，应先将灰尘过滤掉。如果过滤器被阻塞，就应该使用压缩空气将灰尘清除。然而，这样形成的一氧化碳和空气的混合物容易发生爆炸。建议使用惰性气体代替空气，例如将氮气通过过滤器以保证过滤器的清洁和工作过程的安全。

四十、复合材料原理

将材质单一的材料改为复合材料。例如玻璃纤维与木材相比较轻，其在形成不同形状时更容易控制。用玻璃纤维制成的冲浪板，由于比木制板更轻，可灵活控制运动方向，也易于制成各种形状。

例 4-28　一般使用轻且薄的材料制作防火服，然而轻薄材料的隔热性能一般都比较低，其解决方法是采用聚乙烯复合材料。

聚乙烯纤维层是由弹性体或弹性材料组成的，这些材料可以在外界温度升高的同时逐渐膨胀，这样就可以有效地起到隔热的作用，是制作防火服的合适材料之一（见图 4-28）。

上述这些原理都是通用发明创新原理，未针对具体领域，其表达方法是描述可能解的概念。如建议采用柔性方法，问题的解是在某种程度上改变已有系统的柔性或适应性，因此设计人员应根据建议提出已有系统的改进方案，这样才有助于问题的迅速解决。还有一些原理范围很宽，应用面很广，既可应用于工程，又可用于管理、广告和市场等领域。

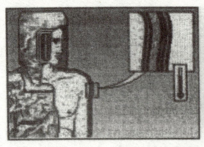
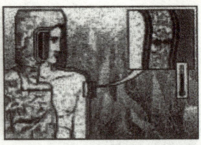

图 4-28　复合材料制作的防火服

第三节　发明创新原理使用窍门

TRIZ 理论给出了解决技术矛盾的 40 条发明创新原理，但这些发明创新原理被使用的频率并不一样。经统计，有的经常在已有的专利中得到应用，而有的却极少用到。下面由高到低列出了它们被使用频率的次序，可以直观看出，第 35 条发明创新原理"参数变化"即物体的物理和化学状态的变化是应用频率最高的原理。

35. 参数变化原理

10. 预操作原理

1. 分割原理

28. 机械系统的替代原理

2. 分离原理

15. 动态化原理

19. 周期性作用原理

18. 振动原理

32. 改变颜色原理

13. 反向原理

26. 复制原理

3. 局部质量原理

27. 用低成本、不耐用的物体代替贵重、耐用的物体原理

29. 气动与液压结构原理

34. 抛弃与修复原理

16. 未达到或超过的作用原理

40. 复合材料原理

24. 中介物原理

17. 维数变化原理

6. 多用性原理

14. 曲面化原理

22. 变有害为有益原理

39. 惰性环境原理

4. 不对称原理

30. 柔性壳体或薄膜原理

37. 热膨胀原理

36. 状态变化原理

25. 自服务原理

11. 预补偿原理

31. 多孔材料原理

38. 加速强氧化原理

8. 质量补偿原理

5. 合并原理

7. 嵌套原理

21. 紧急行动原理

23. 反馈原理

12. 等势性原理

33. 同质性原理

9. 预加反作用原理

20. 有效作用的连续性原理

对有些想走捷径的发明人来说,可以直接使用频率次序靠前的若干项来尝试进行创新构思,解决技术系统中的问题和冲突。

为了方便发明人有针对性地利用40条发明创新原理,德国TRIZ专家统计出40条发明创新原理中特别适用于走捷径可立即求解、有利于设计场合、有利于大幅降低成本的三大类发明原理,现介绍如下:

(1) 第一类走捷径可立即求解的就是本节提到的前10条使用频率高的发明原理。

(2) 下面列出的13条发明原理可以成功地应用于设计场合,分别是:

1. 分割原理

2. 分离原理

3. 局部质量原理

4. 不对称原理

26. 复制原理

6. 多用性原理

7. 嵌套原理

8. 质量补偿原理

13. 反向原理

15. 动态化原理

17. 维数变化原理(主要是扩大)

24. 中介物原理

31. 多孔材料原理

(3) 进一步还有下列10条发明原理可以大幅度降低产品的成本:

1. 分割原理

2. 分离原理（取消某一部分）

3. 局部质量原理

6. 多用性原理

10. 预操作原理

16. 未达到或超过的作用原理

20. 有效作用的连续性原理

25. 自服务原理

26. 复制原理

27. 用低成本、不耐用的物体代替贵重、耐用的物体原理

例 4-29 某制造厂长期以来一直生产直径为 10 英寸①、长为 2 英寸的小型玻璃过滤器（见图 4-29（a））。现在该厂拿到新的订单，需要生产直径为 2 英尺②、长为 10 英尺的大型玻璃过滤器。需要使非常细小的过滤孔均匀地分布在过滤器的每一部分。令人为难的是，怎样才能经济地生产出这种新型过滤器？这些小孔还需要直通过滤器并均匀分布。

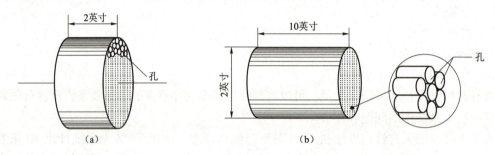

图 4-29 玻璃过滤器

（a）小型玻璃过滤器；（b）大型玻璃过滤器

本题的任务是制造出含有成千上万个小孔的长型、大型玻璃过滤器。以前该公司制造过可以钻孔的短过滤器——此过程比较简单，现在新的要求比较复杂，且制造过程也复杂得多。

对照 40 个发明原理，分析每一个原理，考虑可以采取的合适建议。刚开始我们会发现这些方法乍看起来非常烦琐。现在用 3 min 时间来审视每一个原理，检查可以用来解决问题的前提条件，这样最多用 1~2 h 便可找到最有效的原理。用这种方法，选出下列原理作为解决该问题最合适的方法：

原理 1（①、③）分割；

原理 10（①）预操作；

原理 13（①）反向（反过来做）；

原理 28（①、②）机械系统的替代；

原理 35（①）参数变化（性能转换）；

原理 40 复合材料。

---

① 1 英寸 = 2.54 厘米。

② 1 英尺 = 0.304 8 米。

现在分析以上选定的原理：

原理1（①、③）分割：意味着将过滤器分成很多部分。

原理10（①）预操作：提出将孔在做成过滤器之前做出。

原理13（①）反向（反过来做）：表示将制作过程反过来——不是钻孔（去除材料），而是用很多部分来组合成过滤器（加入材料）。

原理28、35和40可由自己进行分析和应用，这里不再一一介绍。

由此可见，过滤器应该由很多分割的部分组合在一起（原理1），这应该在它还没有成为过滤器之前就完成（原理10）。原理13将这一系列概念合起来，不是通过去除某些部分（钻孔），而是增加材料使其提供孔的作用。换言之，改变去掉东西而使其起到孔的作用的方法，用增加东西（合并、组合、捆绑）的办法使其得到孔的效果。

基于原理1、10、13可知，玻璃过滤器应该用捆扎在一起的玻璃纤维制成（见图4-29 (b)）。纤维间的间隙成为孔而不必钻孔。可以通过改变玻璃纤维的粗细和大小来制作各种型号的过滤器。

如果按照本节所讲的使用发明原理的窍门，根据使用频率通过分析前10个原理就能达到上述目的；根据有利于设计和降低成本的要求，通过分析14个创新原理也能快速达到目的。可见，灵活地利用发明原理的使用窍门，可以提高创新设计的效率，从而快速地实现产品的创新设计。

思考题

4-1 试述TRIZ创新原理的由来。

4-2 结合日常生活和生产实践，针对每个创新原理，请举出一个应用实例。

4-3 结合个人经历，谈谈如何正确运用TRIZ创新原理。

4-4 通过实例说明哪几条发明原理可以成功地应用于设计场合？

第五章

设计中的冲突及其解决原理

第一节 冲突的概念及其分类

一、冲突的概念

任何产品都包含一个或多个功能，因此产品是功能的实现载体。为了实现这些功能，产品由具有相互关联的多个零部件组成。为了提升产品的市场竞争力，需要不断根据市场的潜在需求对产品进行改进设计。当改变某个零部件的设计，即提高产品某方面的性能时，可能会影响到与其相关联的零部件，结果可能使产品另外一些方面的性能受到影响。如果这些影响是负面影响，则设计出现了冲突。例如，为了实现轴上零件的固定，当采用螺母固定时，需要在轴上加工螺纹，虽然达到了固定的目的，却削弱了轴的强度。

冲突普遍存在于各种产品设计中，而创新正是在解决冲突中产生的。当产品一个技术特征参数的改进对另一个技术特征参数产生负面影响时，就产生了冲突。按传统设计中的折中法，冲突并没有得到彻底解决，只是在冲突双方取得了折中方案，即降低冲突的程度。TRIZ 理论认为，产品创新的核心是解决设计中的冲突，产生新的有竞争力的解，未克服冲突的设计不是创新设计。产品进化过程就是不断地解决产品所存在冲突的过程，一个冲突解决后，产品进化过程处于停顿状态；之后的另一个冲突解决后，产品移到一个新的状态。设计人员在设计过程中不断地发现并解决冲突，是推动产品向理想化方向进化的动力。

二、冲突的分类

发明问题的核心就是解决冲突，而解决冲突所应遵循的原则是：改进系统中的一个零部件性能的同时，不能对系统中其他零部件的性能造成负面影响。冲突可分为物理冲突和技术冲突，对于物理冲突可以采用分离原理寻找解决方案；对于技术冲突，则利用冲突矩阵找到相应的发明原理，找出解决冲突的方法。冲突解决流程如图 5-1 所示。

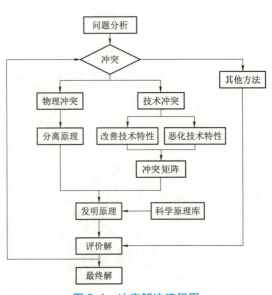

图 5-1 冲突解决流程图

第二节 物理冲突及其解决原理

一、物理冲突的概念及类型

物理冲突是指为了实现某种功能,一个子系统或元件应具有一种特性,但同时出现了与该特性相反的特性。当对一个子系统具有相反的要求时就出现了物理冲突。例如:为了容易起飞,飞机的机翼应有较大的面积,但为了高速飞行,机翼又应有较小的面积,这种要求机翼同时具有大的面积与小的面积的情况,对于机翼的设计就是物理冲突,解决该冲突是机翼设计的关键。又如,现在手机要求整体体积越小越好,便于携带和更美观,同时又要求显示屏和键盘设计得越大越好,便于观看和操作,所以对手机的体积设计具有大、小两个方面的要求,这就是手机设计中的物理冲突。

物理冲突出现的情况有以下两种:

(1) 一个子系统中有害功能降低的同时导致该子系统中有用功能的降低。

(2) 一个子系统中有用功能加强的同时导致该子系统中有害功能的加强。

物理冲突的表达方式较多,设计者可以根据特定的问题,采用容易理解的表达方式描述即可。

二、物理冲突的解决原理

物理冲突的解决方法一直是 TRIZ 理论研究的重要内容,阿奇舒勒在 20 世纪 70 年代提出了 11 种解决方法,20 世纪 80 年代 Glazunov 提出了 30 种解决方法,20 世纪 90 年代 Savransky 提出了 14 种解决方法。现代 TRIZ 理论在总结物理冲突各种解决方法的基础上,提出了采用分离原理解决物理冲突的设计思想,其核心思想是实现矛盾双方的分离,其解决问题的模式如图 5-2 所示。分离原理可以分为四种基本类型,即空间分离原理、时间分离原理、条件分离原理以及整体与部分的分离原理,下面对这些分离原理分别加以介绍。

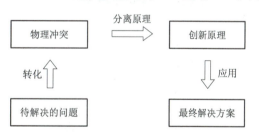

图 5-2 物理冲突的解题模式

1. 空间分离原理

所谓空间分离原理是指将冲突双方在不同的空间上分离,以降低解决问题的难度。当关键子系统的冲突双方在某一空间中只出现一方时,空间分离是可能的。应用该原理时,首先应回答如下的问题:

(1) 是否冲突一方在整个空间中"正向"或"负向"变化。

(2) 在空间中的某一处,冲突的一方是否可以不按一个方向变化。

如果冲突的一方可不按一个方向变化,利用空间分离原理解决冲突是可能的。

例 5-1 自行车采用链轮与链条传动是一个采用空间分离原理的典型例子。在链轮与链条发明之前,自行车存在两个物理冲突:其一,为了高速行走需要一个直径大的车轮,而为了乘坐舒适，需要一个小的车轮，车轮既要大又要小形成了物理冲突；其二，骑车人既要快蹬脚蹬，以提高速度，又要慢蹬以感觉舒适。链条、链轮及飞轮的发明解决了这两组物理冲突。首先，链条在空间上将链轮的运动传给飞轮，飞轮驱动自行车后轮旋转；其次，链轮直径大于飞轮直径，链轮以较慢的速度旋转将导致飞轮以较快的速度旋转。因此，骑车人可以较慢的速度蹬踏脚蹬，自行车后轮将以较快的速度旋转，自行车车轮直径也可以较小，使乘坐舒适。

又如，为了使煎锅很好地加热食品，要求煎锅是热的良导体，而为了避免从火上取下煎锅时烫手，又要求煎锅是热的不良导体。为了解决这一冲突，设计了带手柄的煎锅，把对导热的不同要求分隔在锅的不同空间。

2. 时间分离原理

所谓时间分离原理是指将冲突双方在不同的时间段上分离，以降低解决问题的难度。当关键子系统的冲突双方在某一时间段上只出现一方时，时间分离是可能的。应用该原理时，首先应回答如下问题：

（1）是否冲突一方在整个时间段中"正向"或"负向"变化。

（2）在时间段中冲突的一方是否可不按一个方向变化。

如果冲突的一方可不按一个方向变化，利用时间分离原理是可能的。

例5-2 一加工中心用快速夹紧机构，在机床上加工一批零件时，夹紧机构首先在一个较大的行程内做适应性调整，加工每一个零件时要在短行程内快速夹紧与快速松开以提高工作效率。同一子系统既要求快速又要求慢速，出现了物理冲突。因为在较大的行程内适应性调整与在之后的短行程快速夹紧与松开发生在不同的时间段，可直接应用时间分离原理来解决冲突。该机构的设计简图如图5-3所示。图中长行程适应性调整由手柄完成，短行程快速夹紧与松开由液压系统完成。

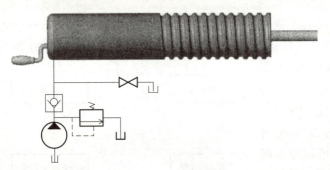

图5-3 快速夹紧机构原理图

3. 条件分离原理

所谓条件分离原理是指将冲突双方在不同的条件下分离，以降低解决问题的难度。当关键子系统的冲突双方在某一条件下只出现一方时，条件分离是可能的。应用该原理时，首先应回答如下问题：

（1）是否冲突一方在所有的条件下都要求"正向"或"负向"变化。

（2）在某些条件下，冲突的一方是否可不按一个方向变化。

如果冲突的一方可不按一个方向变化，利用基于条件的分离原理是可能的。

例5-3 对输水管路而言，冬季如果水结冰，管路将被冻破。采用弹塑性好的材料制成的管路可以解决该问题。

4. 整体与部分的分离原理

所谓整体与部分的分离原理是指将冲突双方在不同的层次上分离，以降低解决问题的难度。当冲突双方在关键子系统的层次上只出现一方，而该方在子系统、系统或超系统层次上不出现时，整体与部分的分离是可能的。

例 5-4 "柔性"虎钳的应用。我们知道，虎钳的功能是提供一种均匀分布的夹紧力（一种牢固的、平直的夹紧力），因而用普通的虎钳很难夹紧具有复杂形状的零件。为了达到此目的，虎钳的子系统需要具备某种手段来满足夹紧形状不规则的零件的要求（一种柔性的夹紧面）。其解决方案为，在虎钳口的平面与零件不规则曲面之间放置多个竖立的硬管，每个硬管都可以水平地自由移动，以便在压力增加的时候符合工件的外形，将夹紧力均匀地作用于零件上，如图 5-4 所示。

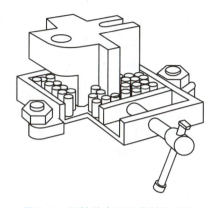

图 5-4 刚性的虎钳以柔性的方式夹紧形状复杂的零件

例 5-5 一个欧洲鞋业公司遇到的难题。

某欧洲鞋业公司生产一种知名品牌的运动靴。由于其运动靴的质量非常好，因此订货的主要客户都是欧美较大的超市。为了降低生产成本，该公司把生产地点转移到了东南亚某个国家。

在靴子的生产过程中，生产工艺和质量控制得非常严格，一切似乎都很顺利。但是没过多久，问题就出现了：管理者很快发现当地少数工人有偷靴子的行为。管理者曾经多次公开警告，包括使用降薪、开除等管理手段，但是始终难以奏效，因为这个牌子的运动靴太有名气了，对当地的某些"鞋迷"来说吸引力很大。

我们现在来分析一下这个欧洲鞋业公司遇到的问题：由于生产过程需要降低人工成本，因此需要让东南亚国家的当地工人生产靴子，但是因为有当地工人偷靴子现象，所以又不能让当地工人生产靴子。在这里，"既要"又"不要"让当地工人生产靴子的冲突出现了，这是一个典型的物理冲突。

解决这个冲突的资源，实际上就是这双靴子的本身——你想到了解决方案了吗？

在咨询了技术创新专家之后，该公司最后选择了这样的生产方案：生产地点还是选择在东南亚，但是在某个国家生产左靴子，在另外一个国家生产右靴子，在第三个国家生产靴带子。对于生产地点来说，应用的是空间分离原理；对于靴子来说，应用的是整体与部分的分离原理。从此以后，工厂里丢靴子的现象基本上就没有了。

同理，在生产诸如枪械等军工产品的时候，也常常采用把枪栓、撞针等零部件异地生产的方法，以避免在某一地枪支零部件丢失以后被窃贼组装成整枪的危险。

三、物理冲突的 11 种分离方法

1. 相反需求的空间分离

从空间上进行系统或子系统的分离，以在不同的空间实现相反的需求。

比如，在采矿过程中，喷洒弥散的小水滴是一种去除空气中粉尘很有效的常用方法，但是小水滴会产生水雾，影响可见度。为了解决这个问题，建议使用大水滴锥形环绕小水滴的喷洒方式。

2. 相反需求的时间分离

从时间上进行系统或子系统的分离，以在不同的时间段实现相反的需求。

比如，根据焊接的缝隙宽窄的变化，调整焊接电极的波形带宽，从而使电极的波形带宽随时间变化，以获得最佳的焊接效果。

3. 系统转换 1a

将同类或异类系统与超系统结合。

比如，在多地震地区，用电缆将各种建筑物连接起来，通过各个建筑物的自由振动情况对地震进行监测和分析预报。又如，将多台计算机连接起来形成网络，不仅可以进行更加复杂的计算，还可以共享资源。

4. 系统转换 1b

从一个系统转变到相反的系统，或将系统和相反的系统进行组合。

比如，为了止血，可以在伤口处贴上含有不相容血型血的纱布垫。这是因为，不同血型的血液相遇后，会发生凝血反应。

5. 系统转换 1c

整个系统具有特性"F"，同时，其子系统具有相反的特性"$-F$"。

比如，自行车的链轮传动结构中的链条，其链条中的每个链节是刚性的，多个链节连接组成的整个链条却具有柔性。

6. 系统转换 2

将系统转变成继续工作在微观级的系统。

比如，在用于分离液体的设备中，有一个膜状结构，在电场的作用下，这种膜只允许特定的液体通过。

7. 相变 1

改变一个系统的部分相态，或改变其环境。

比如，氧气以液态形式进行存储、运输、保管，以便节省空间，使用时在压力释放下转化为气态。

8. 相变 2

改变动态系统的部分相态（依据工作条件来改变相态）。

比如，热交换器包含镍钛合金箔片，在温度升高时，交换镍钛合金箔片位置，以增加冷却区域。

9. 相变 3

联合利用相变时的现象。

比如，为了增加铸模的内部压力，可以预先在铸模内部填充一种物质，这种物质一旦接触到液态金属就会气化。

10. 相变 4

以双态的物质代替单相态的物质。

比如，抛光液由含有铁磁研磨颗粒的液态石墨组成。

11. 物理-化学转换

物质的创造-消灭,是作为合成-分解、离子化-再结合的一个结果。

比如,热导管的工作液体在管中受热区蒸发并产生化学分解。然后,化学成分在受冷区重新恢复到工作液体。

四、利用分离原理实现创新

例 5-6 受油机受油探头喷嘴的创新设计。

加油机在高空中给受油机进行加油时受油探头要伸到受油机的锥套中。由于加油机和受油机在飞行中存在相对位移,会使受油探头振动。轻微的振动不会影响加油的正常进行,但是在有的情况下,剧烈的振动就有可能使受油机的受油探头喷嘴断裂,或者使受油机的结构受损,甚至会发生整个受油机机毁人亡的事故。这就要求在发生剧烈振动时,受油探头喷嘴即可折断,以使加油机和受油机分离。

这就产生了物理矛盾:要求受油机受油探头喷嘴的强度既要强,以保证加油过程的顺利进行;又要弱,以便在剧烈振动的情况下使加油机和受油机分离。

可以运用条件分离原理,使用一些经过特殊设计的螺栓来紧固受油探头头部。这些螺栓具有一定的强度,可以保证轻微振动下受油探头加油的正常进行;当振动幅度比较大,超过了受油探头紧固连接的许可受力限度时,受油探头头部的连接螺栓会自动断裂,从而使加油机和受油机分离。这种设计有效地解决了受油探头头部的连接螺栓的强度既要高又要低的问题。

例 5-7 燃气灶燃气输入控制装置的创新设计。

分析问题:燃具工作时燃气的输入量大小希望可控,从而减少能源的浪费。当加热锅时,应加大燃气输入量,当锅是空的或锅不在相应位置时,应仅输入少量燃气,起保温或保持炉火燃烧的功能。

物理冲突提取:根据条件的不同,希望燃气输入可大可小,构成物理冲突。

现使用分离原理中的条件分离原理来解决。宁波有位发明人用了一种巧妙的方法解决了此问题并申请了发明专利。专利的名称为大小火自控装置,如图 5-5 所示。

当锅被取走或锅内食物较轻时,移动杆受弹簧推力向上移动,移动杆上控制孔与输气管道上的孔几乎封合,燃气输入会变小。当锅内装有食物放在此燃具上时,移动杆受锅的重力下移量增加,控制孔与主管上的孔口相连部分变大,输气量也随之变大。

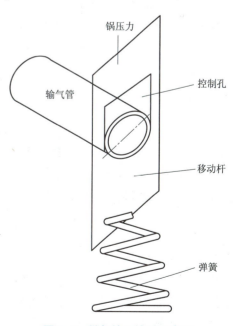

图 5-5 燃气输入控制示意图

第三节　分离原理与发明创新原理的综合应用

在解决实际问题的过程中，一方面由于技术冲突与物理冲突可以相互转化，许多技术冲突通过分解细化后可以转化为物理冲突，此时在使用发明创新原理外也可以用分离原理来解决；另一方面，通过前人的研究和总结发现，每条分离原理都与一些发明创新原理之间存在一定的关系，利用这些发明创新原理可以为物理冲突的解决提供更广阔的思路，从而更好更快地获得问题的解决方案。因此在解决物理冲突时，分离原理可以和 40 个发明创新原理综合使用，现介绍如下。

一、空间分离原理

空间分离原理可以与以下 10 个发明创新原理综合使用：
发明创新原理 1：分割原理。
发明创新原理 2：分离原理。
发明创新原理 3：局部质量原理。
发明创新原理 4：不对称原理。
发明创新原理 7：嵌套原理。
发明创新原理 13：反向原理。
发明创新原理 17：维数变化原理。
发明创新原理 24：中介物原理。
发明创新原理 26：复制原理。
发明创新原理 30：柔性壳体或薄膜原理。

例如，"鸳鸯火锅"就是利用了分割原理解决了吃火锅时"火锅既要辣，又要不辣"的物理冲突。

二、时间分离原理

时间分离原理可以与以下 12 个发明创新原理综合使用：
发明创新原理 9：预加反作用原理。
发明创新原理 10：预操作原理。
发明创新原理 11：预补偿原理。
发明创新原理 15：动态化原理。
发明创新原理 16：未达到或超过的作用原理。
发明创新原理 18：振动原理。
发明创新原理 19：周期性作用原理。
发明创新原理 20：有效作用的连续性原理。
发明创新原理 21：紧急行动原理。
发明创新原理 29：气动与液压结构原理。
发明创新原理 34：抛弃与修复原理。
发明创新原理 37：热膨胀原理。

例如，折叠伞采用了嵌套原理、动态化原理，解决了"用时大，不用时小"的物理冲突。

三、条件分离原理

条件分离原理可以与以下 13 个发明创新原理综合使用：

发明创新原理 1：分割原理。

发明创新原理 5：合并原理。

发明创新原理 6：多用性原理。

发明创新原理 7：嵌套原理。

发明创新原理 8：质量补偿原理。

发明创新原理 13：反向原理。

发明创新原理 14：曲面化原理。

发明创新原理 22：变有害为有益原理。

发明创新原理 23：反馈原理。

发明创新原理 25：自服务原理。

发明创新原理 27：用低成本、不耐用的物体代替贵重、耐用的物体原理。

发明创新原理 33：同质性原理。

发明创新原理 35：参数变化原理。

例如，为了解决"既要在水中行进，而又最好不在水中行进以减少阻力"的物理冲突，可采用物理或化学参数改变原理，在船头和船身的两侧预留一些气孔，以一定的压力从气孔中往水里打入气泡，在水与船体间形成气垫以降低水的密度和黏度，从而减少阻力。

四、整体与部分的分离原理

整体与部分的分离原理可以与以下 9 个发明创新原理综合使用：

发明创新原理 12：等势性原理。

发明创新原理 28：机械系统的替代原理。

发明创新原理 31：多孔材料原理。

发明创新原理 32：改变颜色原理。

发明创新原理 35：参数变化原理。

发明创新原理 36：状态变化原理。

发明创新原理 38：加速强氧化原理。

发明创新原理 39：惰性环境原理。

发明创新原理 40：复合材料原理。

例如，为了解决传统固定电话"话筒必须与机身连在一起以保持通话"和"话筒不要与机身连在一起以增加灵活性"的物理冲突，采用机械系统的替代原理，用电磁场代替话筒和机身之间的电线连接，从而设计出了无绳电话。

第四节 技术冲突及其解决原理

一、技术冲突的概念

技术冲突是指一个作用同时导致有用及有害两种结果,也可指有用作用的引入或有害效应的消除导致一个或几个子系统或系统变坏。技术冲突通常表现为一个系统中两个子系统之间的冲突。技术冲突出现的几种情况如下:

(1) 一个子系统中引入一种有用功能后,导致另一个子系统产生一种有害功能,或加强了已存在的一种有害功能。

(2) 消除一种有害功能导致另一个子系统有用功能变坏。

(3) 有用功能的加强或有害功能的减少使另一个子系统或系统变得更加复杂。

当改善系统某部分或参数时,不可避免地出现系统其他部分或参数恶化的情况。例如,为了提高机床工作台的承载能力,需要加大加厚工作台尺寸,这样将导致工作台重量的增加,加大了工作台运动惯性,恶化了工作台加减速性能。因而,这里便存在机床工作台承载能力与加减速性能之间的技术矛盾。又如,要想提高轴的强度,就会增加其截面积,从而导致轴的质量增加。

例 5-8 波音公司改进 737 飞机的设计时,需要将使用中的发动机改为功率更大的发动机。发动机功率越大,工作时需要的空气就越多,发动机机罩的直径就必须增大。而发动机机罩直径的增大,机罩离地面的距离就会减少,但该距离的减少是设计所不允许的。

上述的改进设计中已出现了一个技术冲突:既希望发动机吸入更多的空气,但是又不希望发动机机罩与地面的距离减少。不同领域中,人们所面临的创新问题不同,其中所包含的冲突也千差万别。要想解决这些冲突,首先要对它们进行统一的描述。

二、技术冲突的一般化处理

通过对不同领域中各种冲突的分析与研究,TRIZ 理论提出了 39 个通用工程参数来描述技术冲突。实际应用中,首先要把组成冲突的双方内部性能用这 39 个工程参数中的某两个来表示,目的是把实际工程设计中的冲突转化为一般的或标准的技术冲突。

1. 通用工程参数

39 个通用工程参数中常用到运动物体与静止物体两个术语:运动物体是指受到自身或外力的作用后,可以改变所处空间位置的物体。静止物体是指受到自身或外力的作用后,并不改变其所处空间位置的物体。表 5-1 是 39 个通用工程参数的名称汇总及简单解释。

表 5-1 39 个通用工程参数名称汇总及其解释

编号	参数名称	解释
1	运动物体的重量	运动物体的重量指重力场中的运动物体作用在阻止其自由下落的支撑物上的力,重量也常常表示物体的质量
2	静止物体的重量	静止物体的重量指重力场中的静止物体作用在阻止其自由下落的支撑物上或者放置该物体的表面上的力,重量也常常表示物体的质量

续表

编号	参数名称	解释
3	运动物体的长度	运动物体的长度指运动物体上的任意线性尺寸,而不一定是自身最长的长度。它不仅可以是一个系统的两个几何点或零件之间的距离,而且可以是一条曲线的长度或一个封闭环的周长
4	静止物体的长度	静止物体的长度指静止物体上的任意线性尺寸,而不一定是自身最长的长度。它不仅可以是一个系统的两个几何点或零件之间的距离,而且可以是一条曲线的长度或一个封闭环的周长
5	运动物体的面积	运动物体的面积指运动物体被线条封闭的一部分或者表面的几何度量,或者运动物体内部或者外部表面的几何度量。面积是以填充平面图形的正方形的个数来度量的。面积不仅可以是平面轮廓的面积,也可以是三维表面的面积,或一个三维物体所有平面、凸面或凹面的面积之和
6	静止物体的面积	静止物体的面积指静止物体被线条封闭的一部分或者表面的几何度量,或者静止物体内部或者外部表面的几何度量。面积是以填充平面图形的正方形的个数来度量的。面积不仅可以是平面轮廓的面积,也可以是三维表面的面积,或一个三维物体所有平面、凸面或凹面的面积之和
7	运动物体的体积	运动物体的体积以填充运动物体或者运动物体占用的单位立方体个数来度量。体积不仅可以是三维物体的体积,也可以是与表面结合、具有给定厚度的一个层的体积
8	静止物体的体积	静止物体的体积以填充静止物体或者静止物体占用的单位立方体个数来度量。体积不仅可以是三维物体的体积,也可以是与表面结合、具有给定厚度的一个层的体积
9	速度	速度指物体的速度或者效率,或过程、作用与完成过程、作用的时间之比
10	力	力指系统间相互作用的度量。在经典力学中,力是质量与加速度之积。在 TRIZ 理论中,力是试图改变物体状态的任何作用
11	应力、压强	应力、压强指单位面积上的作用力,也包括张力。例如,房屋作用于地面上的力;液体作用于容器壁上的力;气体作用于气缸-活塞上的力。压强也可以表示无压强(真空)
12	形状	形状指一个物体的轮廓或外观。形状的变化可能表示物体的方向变化,或者表示物体在平面和空间两种情况下的形变
13	结构的稳定性	结构的稳定性指物体的组成和性质(包括物理状态)不随时间变化而变化的性质,它表示了物体的完整性或者组成元素之间的关系。磨损、化学分解及拆卸都代表稳定性的降低,而增加物体的熵,则是增加物体的稳定性
14	强度	强度指物体受外力作用时,抵制使其发生变化的能力;或者在外部影响下抵抗破坏(分裂)和不发生形变的性质
15	运动物体的作用时间	运动物体的作用时间指运动物体具备其性能或者完成作用的时间、服务时间以及耐久时间等。两次故障之间的平均时间,也是作用时间的一种度量
16	静止物体的作用时间	静止物体的作用时间指静止物体具备其性能或者完成作用的时间、服务时间以及耐久时间等。两次故障之间的平均时间,也是作用时间的一种度量
17	温度	温度表示物体所处的热状态,反映在宏观上是指系统热动力平衡的状态特征,也包括其他热学参数,比如影响温度变化速率的热容量
18	照度	照度指照射到物体某一表面上的光通量与该表面面积的比值,也可以理解为物体的适当亮度、反光性和色彩等
19	运动物体的能量消耗	运动物体的能量消耗指运动物体完成指定功能所需的能量,其中也包括超系统提供的能量。经典力学中,能量指作用力与距离的乘积

续表

编号	参数名称	解　释
20	静止物体的能量消耗	静止物体的能量消耗指静止物体完成指定功能所需的能量，其中也包括超系统提供的能量。经典力学中，能量指作用力与距离的乘积
21	功率	功率指物体在单位时间内，完成工作量或者消耗的能量
22	能量损失	能量损失指做无用功消耗的能量。为减少能量损失，有时需要应用不同的技术手段，来提高能量利用率
23	物质损失	物质损失指物体在材料、部件或者子系统上，部分或全部、永久或临时的损失
24	信息损失	信息损失指系统数据或者系统获取数据部分或全部、永久或临时的损失，经常也包括气味、材质等感性数据
25	时间损失	时间损失指一项活动的持续时间、改善时间的损失，一般指减少活动内容时所浪费的时间
26	物质的量	物质的量指物体（或系统）的材料、物质、部件或者子系统的数量，它们一般能被全部或部分、永久或临时地改变
27	可靠性	可靠性指物体（或系统）在规定的方法和状态下，完成指定功能的能力。可靠性常常可以被理解为无故障操作概率或无故障运行时间
28	测量精度	测量精度指对系统特性的测量结果与实际值之间的偏差程度，减小测量中的误差可以提高测量精度
29	制造精度	制造精度指所制造的产品在性能特征上，与技术规范和标准所预定内容的一致性程度
30	作用于物体的有害因素	作用于物体的有害因素指环境或系统对于物体的（有害）作用，它使物体的功能参数退化
31	物体产生的有害作用	物体产生的有害作用指使物体或系统的功能、效率或质量降低的有害作用，这些有害作用一般来自物体或者与其操作过程有关的系统
32	可制造性	可制造性指物体或系统在制造过程中的方便或者简易程度
33	操作流程的方便性	操作流程的方便性指在操作过程中，如果需要的人数越少，操作步骤越少，以及所需工具越少，同时又有较高的产出，则代表方便性越高
34	可维修性	可维修性是一种质量特性，包括方便、舒适、简单、维修时间短等
35	适应性、通用性	适应性、通用性指物体或系统积极响应外部变化的能力；或者在各种外部影响下，具备以多种方式发挥功能的可能性
36	系统的复杂性	系统的复杂性指系统元素及其相互关系的数目和多样性。如果用户也是系统的一部分，将会增加系统的复杂性。人们掌握该系统的难易程度是其复杂性的一种度量
37	控制和测量的复杂度	控制或者测量一个复杂系统，需要高成本、较长时间和较多人力去完成。如果系统部件之间关系太复杂，也使得系统的控制和测量困难。为了降低测量误差而导致成本提高的程度，也是一种测试复杂度增加的度量
38	自动化程度	自动化程度指物体或系统，在无人操作的情况下，实现其功能的能力。自动化程度的最低级别，是完全手工操作方式；中等级别，则需人工编程，根据需要调整程序，来监控全部操作过程。而最高级别的自动化，则是由机器自动判断所需操作任务，自动编程和自动对操作进行监控
39	生产率	生产率指在单位时间内，系统执行的功能或者操作的数量；或者完成一个功能或操作所需时间，以及单位时间的输出；或者单位输出的成本等

为了应用方便和便于理解，上述 39 个通用工程参数可分为如下三类：
（1）通用物理及几何参数：No. 1~12，No. 17~18，No. 21。
（2）通用技术负向参数：No. 15~16，No. 19~20，No. 22~26，No. 30~31。
（3）通用技术正向参数：No. 13~14，No. 27~29，No. 32~39。

负向参数是指这些参数变大时，使系统或子系统的性能变差。如子系统为了完成特定的功能所消耗的能量（No. 19~20）越大，则说明这个子系统设计得越不合理。

正向参数是指这些参数变大时，使系统或子系统的性能变好。如子系统的可制造性（No. 32）指标越高，则子系统制造的成本就越低。

2. 应用实例

例 5-9　很多铸件或管状结构是通过法兰连接的，为了进行设备维护，法兰连接处常常还要被拆开。有些连接处还要承受高温、高压，并要求密封良好。有的重要法兰需要多个螺栓连接，如一些汽轮涡轮机的法兰需要 100 多个螺栓连接。但为了减轻重量，减少安装或维护时间及减少拆卸的时间，则螺栓越少越好。传统的设计方法是在螺栓数目与密封性之间取得折中方案。

分析后可发现本例中存在的技术冲突是：
（1）如果密封性良好，则操作时间变长且结构的重量增加。
（2）如果重量轻，则密封性变差。
（3）如果操作时间短，则密封性变差。
用 39 个通用工程参数描述，希望改进的特性是：
（1）静止物体的重量。
（2）操作流程的方便性。
（3）系统的复杂性。
以上三种特性改善将导致如下特性的降低：
（1）结构的稳定性。
（2）可靠性。

3. 技术冲突与物理冲突

技术冲突和物理冲突都反映的是技术系统的参数属性。技术冲突总是涉及两个基本参数 A 与 B，当 A 得到改善时，B 变得更差。物理冲突仅涉及系统中的一个子系统或部件，而对该子系统或部件提出了相反的要求。技术冲突的存在往往隐含着物理冲突的存在，有时物理冲突的解比技术冲突的解更容易获得。

例 5-10　用化学的方法为金属表面镀层的过程为：将金属制品放置于充满金属盐溶液的池子中，溶液中含有镍、钴等金属元素。在化学反应过程中，溶液中的金属元素凝结到金属制品表面形成镀层。温度越高，镀层形成的速度越快，但温度高，使有用的元素沉淀到池子底部与池壁的速度也越快。而温度低又大大降低生产率。

该问题的技术冲突可描述为：两个通用工程参数即生产率（A）与物质损失（B）之间的冲突。如加热溶液使生产率（A）提高，同时物质损失（B）增加。

为了将该问题转化为物理冲突，选温度作为另一参数（C）。物理冲突可描述为：溶液温度（C）增加，生产率（A）提高，物质损失（B）增加；反之，生产率（A）降低，物质损失（B）减少；溶液温度既应该高，以提高生产率，又应该低，以减少物质损失。

三、技术冲突的解决原理

1. 概述

在技术创新的历史中，人类已完成了很多产品的设计，一些设计人员或发明家已经积累了很多发明创新的经验。进入21世纪，技术创新已逐渐成为企业市场竞争的焦点。为了指导技术创新，一些研究人员开始总结前人发明创新的经验。这种经验的总结分为以下两类：适用于本领域的经验与适用于不同领域的通用经验。

第一类经验主要由本领域的专家、研究人员本身总结，或是与这些人员讨论并整理总结出来的。这些经验对指导本领域的产品创新有一定的参考意义，但对其他领域的创新意义不大。

第二类经验由研究人员对不同领域的已有创新成果进行分析、总结，得到具有普遍意义的规律，这些规律对指导不同领域的产品创新具有重要的参考价值。

TRIZ的技术冲突解决原理属于第二类经验，这些原理是在分析全世界大量专利的基础上提出的。通过对专利的分析，TRIZ研究人员发现，在以往不同领域的发明中所用到的规则并不多，不同时代、不同领域的发明，这些规则被反复应用。每条规则并不限定于某一领域，它融合了物理的、化学的、几何学的和各工程领域的原理，适用于不同领域的发明创新。

2. 40条发明创新原理

在对全世界专利进行分析研究的基础上，TRIZ理论提出了40条发明创新原理（见表4-1）。实践证明，这些原理对于指导设计人员的发明创新具有非常重要的作用，是解决技术冲突的行之有效的方法。在实际应用中，技术冲突的解题过程是：先将一个用通俗语言描述的待解决的具体问题，转化为利用39个通用工程参数描述的技术冲突，即标准的问题模型；然后针对这种类型的问题模型，进一步利用解题工具即冲突矩阵，找到针对问题的创新原理；依据这些创新原理，经过演绎与具体化，最终找到解决具体问题的一些可行方案。解决技术冲突的一般解题模式如图5-6所示。

图5-6 技术冲突的解题模式

第五节 利用冲突矩阵实现创新

一、冲突矩阵的基本组成

在设计过程中，如何选用发明创新原理产生新概念是一个具有现实意义的问题。通过多年的研究、分析和比较，阿奇舒勒提出了冲突矩阵。该矩阵将描述技术冲突的39个通用工程参数与40条发明创新原理建立了对应关系，很好地解决了设计过程中选择发明创新原理的难题。

冲突矩阵是一个 40 行 40 列的矩阵，如图 5-7 所示，该图为冲突矩阵简图（详细情况可参见附录 B）。其中第一行或第一列为按顺序排列的 39 个通用工程参数的序号，矩阵中的第一列所代表的工程参数是希望改善的一方，第一行所描述的工程参数为冲突中可能引起恶化的一方。除了第一行与第一列外，其余 39 行 39 列形成一个矩阵，矩阵元素中或空、或为负号、或有几个数字，这些数字表示推荐采用的 40 条发明创新原理的序号。冲突矩阵表共包括 1 521 个单元格，其中 1 236 个单元格内有数字。每个单元格最多有 4 个发明创新原理，这些原理既可以单独使用，也可以组合使用。在没有数字的单元格中，空的单元格是指相同参数的交叉点，表示系统冲突是由一个因素引起的，属于物理冲突，不在技术冲突的应用范围之内；负号单元格表示没有找到合适的发明创新原理来解决冲突问题，这只是表示研究的局限，并不代表不能够使用这些发明创新原理。

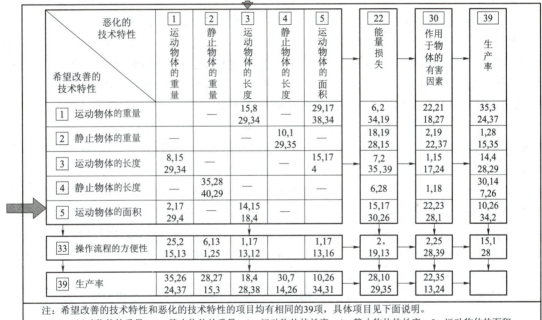

图 5-7　冲突矩阵表

应用该矩阵的过程是：首先在 39 个通用工程参数中，确定使产品某一方面质量提高及降低（恶化）的工程参数 A 及 B 的序号，然后由参数 A 及 B 的序号从第一列及第一行中选取对应的序号，最后在两序号对应行与列的交叉处确定一特定矩阵元素，该元素所给出的数字为推荐解决冲突可采用的发明创新原理序号。如希望质量提高与降低的工程参数序号分别为 No.5 及 No.3，在矩阵中，第五行与第三列交叉处所对应的矩阵元素如图 5-7 所示，该矩阵元素中的数字 14、15、18 及 4 为推荐的发明创新原理序号，应用这 4 个或其中的某几个就可以解决由工程参数 No.5 和 No.3 产生的冲突了。

二、利用冲突矩阵实现创新

TRIZ 的冲突理论似乎是产品创新的灵丹妙药。实际上，在应用该理论之前的前处理与应用后的后处理仍然是问题的关键。

当针对具体问题确认了一个技术冲突后，要用该问题所处的技术领域中的特定术语描述该冲突。然后，要将冲突的描述翻译成一般术语，由这些一般术语选择通用工程参数。由通用工程参数在冲突矩阵中选择可用的发明创新原理。一旦某一个或某几个发明创新原理被选定后，必须根据特定的问题将发明创新原理转化并产生一个特定的解。对于复杂的问题，一条原理是不够的，原理的作用是使原系统向着改进的方向发展。在改进过程中，对问题的深入思考、创新性和经验都是必需的。

应用技术冲突矩阵解决问题的步骤可分为以下 6 步：

（1）确定技术系统的名称和主要功能。对技术系统进行详细的分解，划分系统的级别，列出超系统、系统、子系统各级别的零部件，以及各种辅助功能。对技术系统、关键子系统、零部件之间的相互依赖关系和作用进行描述。定位问题所在的系统和子系统，对问题进行准确的描述。避免对整个产品或系统笼统地描述，以具体到零件级为佳，建议使用"主语+谓语+宾语"的工程描述方式，定语修饰词尽可能少。

（2）确定技术系统应改善的特性。确定并筛选待设计系统被恶化的特性。因为提升欲改善的特性的同时，必然会带来其他一个或多个特性的恶化，因此要对应筛选并确定出这些恶化的特性。对所确定的参数，对应表 5-1 所列的 39 个通用工程参数进行重新描述。对工程参数的冲突进行描述，欲改善的工程参数与随之被恶化的工程参数之间存在的就是冲突，注意冲突的表达不要过分专业化，这样有利于冲突的解决。对冲突进行反向描述，假如降低一个被恶化的参数的程度，欲改善的参数将被削弱，或另一个恶化的参数将被加强。

（3）查找阿奇舒勒冲突矩阵表，由冲突双方确定相应的矩阵元素，从而得到阿奇舒勒冲突矩阵所推荐的发明创新原理序号。

（4）按照序号查找发明创新原理，得到发明创新原理的名称，查找发明创新原理的详解。结合专业知识将所推荐的发明创新原理逐个应用到具体的问题上，探讨每个原理在具体问题上如何应用和实现。

（5）如果所查到的发明创新原理都不适用于具体的问题，则需要重新定义工程参数和冲突，再次应用和查找冲突矩阵。

（6）如此反复直到筛选出最理想的解决方案，随后可进入产品的方案设计阶段。

通常所选定的发明创新原理多于一个，这说明前人已用这几个原理解决了一些特定的技术冲突。这些原理仅仅表明解的可能方向，即应用这些原理过滤掉了很多不太可能的解的方向，尽可能将所选定的每条原理都用到待设计过程中去，不要拒绝采用推荐的任何原理。假如所有可能的解都不满足要求，那么对冲突重新定义并求解。

例 5-11 呆板手的创新设计。

呆板手在外力的作用下可用来拧紧或松开一个六角螺栓或螺母。由于螺栓或螺母的受力集中到两条棱边，容易产生变形，从而使螺栓或螺母的拧紧或松开困难，如图 5-8 所示。

呆板手已有多年的生产及应用历史，在产品进化曲线上应该处于成熟期或退出期，但对于传统产品很少有人去考虑设计中的不足并且改进设计。按照 TRIZ 理论，处于成熟期或退出期的改进设计，必须发现并解决深层次的冲突，提出更合理的设计概念。目前的呆板手容易损坏螺母/螺栓的棱边，新的设计必须克服以前设计的缺点。下面应用冲突矩阵解决该问题。

图 5-8　呆板手受力情况

首先从 39 个通用工程参数中选择能代表技术冲突的一对特性参数。

（1）质量提高的参数：物体产生的有害作用（No.31），减少对螺栓/螺母棱边磨损。

（2）带来负面影响的参数：制造精度（No.29），新的改进可能使制造困难。

将上述的两个通用工程参数 No.31 和 No.29 代入冲突矩阵，可以得到如下四条推荐的发明创新原理，分别为：

原理 4 不对称，原理 17 维数变化，原理 34 抛弃与修复、原理 26 复制。

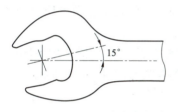

图 5-9　新型呆板手

对原理 17 及原理 4 两条发明创新原理进行深入分析表明，如果呆板手工作面的一些点能与螺母/螺栓的侧面接触，而不是与其棱边接触，问题就可以解决。美国专利 US Patent 5406868 正是基于这两条原理设计出如图 5-9 所示的新型呆板手。

例 5-12　振动筛在选矿、化工原料分选、粮食分选以及垃圾的分选中都是主要的设备。其中筛网的损坏是设备报废的原因之一，尤其对筛分垃圾的振动筛更是如此。分析其原因，分别确定对设备有利和有害的环节，并寻求解决问题的方法。

经分析，筛网面积大、筛分效率高，是有利的一个方面；但由此筛网接触物料的面积也就增大，则物料对筛网的伤害也就增大。

将分析的结果用抽象的技术参数描述，有利的因素是第 5 条参数，即"运动物体的面积"；有害的因素则是第 30 条"作用于物体的有害因素"。根据冲突解决原理矩阵可确定原理解为 22、1、33、28。

其中第一条发明创新原理是"分割"，根据这条原理，设计时可考虑将筛网制成小块状，再连接成一体，局部损坏，局部更换。第 33 条是"同质性"，即采用相似或相同的物质制造与某物体相互作用的物体。分析这条原理，用于筛分垃圾的振动筛筛网易损的主要原因是物料的粘湿性与腐蚀性。参考发明创新原理，采用同质性材料制作筛网，例如耐腐蚀的聚氨酯。经过这样的改进，取得了很好的应用效果。

TRIZ 理论对解决创新问题的思路有明确的方向指导性。但是仅有解决问题的思路和方向还是不够的，从问题解决思路到解决问题的具体方案之间，还有一个复杂的创新过程，即如何构建一个可行的解决方案。根据已得到通用问题的通用解决方案，经过创新设计得到特定实际问题的实际解决方案，需要设计者具有大量的知识和经验。具体而言，这些知识和经验包括科学原理、技术知识、社会知识、实践经验、成功案例等，因此知识是创新的源泉。

例 5-13　管子与管接头连接的创新设计。

改进家用电加热热水器管子和管接头的连接，以方便的方式实现连接并防止管道内液体泄漏。

（1）分析问题。家用电加热热水器中常用管子与管接头连接，两者头部分别加工成螺纹，用生料作为螺纹连接的填充材料进行密封。热水器经常在用与不用之间切换，生料温度随水温经常变化，导致生料老化失效。为了改善性能，可采用增加生料用量和加大管子与管接头的旋入程度，或者提高螺纹尺寸的精度来解决。但会造成其他常见的失效形式，如管接头开裂等。

（2）TRIZ方法解决问题。提取通用工程参数，组建冲突对，搜索解决冲突的发明创新原理。

参照TRIZ提出的39个通用工程参数，可靠性（编号为27）与系统的复杂性（编号为36），两者之间构成冲突，即采取现有措施，可靠性即密封性能提高的同时带来了系统复杂程度的提高。

对照TRIZ给出的冲突矩阵表，在27行36列的格子中，找到解决冲突的发明创新原理为13（反向）、35（参数变化）和1（分割）。

（3）原理的筛选和具体化。原理13和原理1都很难使用到本问题中。拟采用原理35，参数变化是指几何、化学和物理参数的变化。

工程技术人员经搜索自身头脑中的已有知识，认为几何参数的变化是指采用不同的螺纹，甚至于在管子与管接头端部取消螺纹；化学和物理学上的参数变化可采用其他材料和塑料管件来实现。

如图5-10所示，用金属制成电加热套，通电加热到某温度时传感器工作切断电流。人工把塑料管子和弯头插入加热套两端1~2 s，管件受热面塑料融化成厚糊状，拔出管件，立即把管子与弯头相互插入对接成整体。

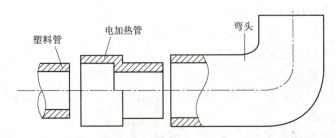

图5-10　电加热热水器管子和管接头的连接

（4）效果。本方法已由美国Shmith公司在其生产的电加热热水器中采用，在中国维修时可见到。本方法还有个附加优点，既省去了传统方法必需的活接头，又进一步降低了成本。

例5-14　折叠嵌套拖鞋与折叠嵌套方桌的创新设计。

经常出差、旅行的人们，希望能自带一双合脚的拖鞋，但由于拖鞋形状的问题，放置于旅行箱很占地方。利用TRIZ方法，来考虑一种简单的解决方法。需要改善的工程参数是8静止物体的体积，即拖鞋的体积要小。会损害的工程参数为12物体的形状。查技术冲突矩阵得到解决方法即创新原理7（嵌套）、原理2（分离）、原理35（参数变化）。

尝试原理7：根据该原理，考虑让拖鞋突出部分嵌套进拖鞋主体部分即鞋底。图5-11

所示为日本某设计师设计的便携拖鞋。在组装之前，拖鞋与普通鞋垫没什么区别，可以很方便地塞进旅行箱，带上五六双也没有问题。在使用时，只要将两头微微翘起的环状边缘向内拉起并扣在一起，一双漂亮的拖鞋就瞬间现身了。

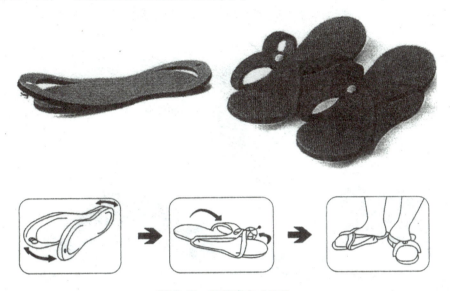

图 5-11　折叠嵌套式拖鞋

同样，可以设计出方便携带与存放的折叠嵌套桌，如图 5-12 所示。从图 5-11 与图 5-12 的比较可以看出，前者是拖鞋，后者是方桌，它们相互可谓风马牛不相及，但解决冲突的技术原理是一样的，这也再次说明了 TRIZ 方法的奇妙之处。

图 5-12　折叠嵌套式方桌

例 5-15　医用药箱版瑞士军刀的创新设计。

我们知道，瑞士军刀利用的是合并、折叠嵌套的多用途设计理念，对应 40 项发明创新原理的第 5 项"合并原理"和第 7 项"嵌套原理"。同理,可以设计一套新型的紧急医疗用"瑞士军刀",如图 5-13 所示。只要将其部件一一打开,就会发现这原来是一款微型医药箱,内有创可贴、急救药物、消毒喷雾和哨子,小小的空间一点也不浪费,满满当当。正如该产品广告中所写:"移除的是刀光剑影的锋利,留下的是满满的爱与和平"。

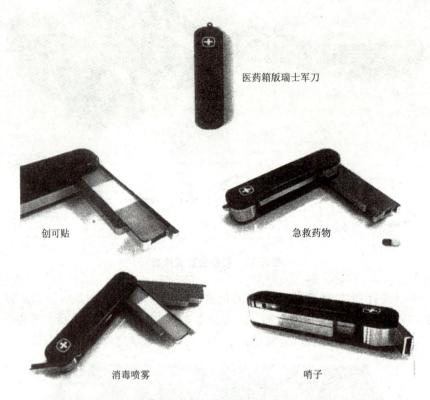

图 5-13　医用药箱版瑞士军刀

例 5-16　免充气空心轮胎的创新设计。

应用背景:徐州有位发明家通过观察发现,现有的自行车、残疾人用车的轮胎都必须时常充气;而一旦轮胎被意外戳破或刮破,给日常生活带来了不便和烦恼。那么用实心轮胎能解决这个问题吗?的确可以。但实心轮胎如同飞机起落架轮胎一样,不仅造价贵,还十分笨重。于是,该发明家想:能否发明一种既不需要充气,又能在一定承重条件下保持较大弹性的轮胎呢?

现用 TRIZ 理论来进行分析。对照 39 个通用工程参数,可采用实心轮胎参数 27 可靠性得到改善,而由于采用实心轮胎导致参数 1 运动物体的重量的恶化。参数 27 和参数 1 之间构成冲突。通过查询冲突矩阵表可得对应的发明创新原理为 3(局部质量)、8(质量补偿)、10(预操作)和 40(复合材料)。

对照这四条原理,可以构思出免充气轮胎的方案。首先取消内胎,只用外胎。在具体设计制造时,先用钢丝包裹橡胶做成一个环形的框架,从框架的径向截面看,是一个网络状结构。在该环形框架表面再敷一层较厚的橡胶外胎层,就成为一只免充气轮胎。采用钢丝包裹橡胶符合原理 40,即复合材料。在网状结构中,钢丝和橡胶只分布在网状的网线上,网线间的孔是空白的，符合原理 3，即局部质量。同时网状结构的网线布置以考虑能使轮胎承受压力为主，符合原理 8 和原理 10。图 5-14 表示了三种轮胎，分别为充气轮胎、实心轮胎和免充气轮胎。实验数据表明，免充气自行车轮胎的寿命可超过充气轮胎。在免充气的自行车轮胎上扎若干小孔，根本不影响其正常工作。目前，该产品已经行销海内外。

图 5-14　三种不同原理的轮胎

（a）充气轮胎；（b）实心轮胎；（c）免充气轮胎

例 5-17　清除飞机跑道上的积雪。

分析问题：当下大雪后，需要及时清除飞机跑道上的积雪。通常清除道路上的积雪可采用加助融剂的方法，但此方法不适合于飞机跑道，因为雪融化后的水分会对飞机在跑道上的行驶安全构成威胁。如图 5-15 所示，可以用装在汽车上的强力鼓风机产生的空气流来驱赶积雪。但当积雪量大的时候效果并不明显，此时必须加大气流的流量和压力，因而需要极大的动力。现用 TRIZ 理论来解决此技术难题。

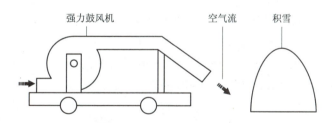

图 5-15　积雪量大时鼓风机不能有效除雪

TRIZ 理论提供了 40 条发明创新原理，在使用时可以不强求构造冲突对，而直接从 40 条发明创新原理中寻找答案。联想目前比较常见的铲除物体的方法，如用冲击钻开挖路面，用嘴突然吹气去除理发后留在颈项上的头发，用手拍打地毯去除地毯里的灰尘，可考虑采用 40 条发明创新原理中的第 19 条"周期性作用原理"来实现创新设计。只要在鼓风机上加装脉冲装置，使空气按脉冲方式喷出，就能有效地把积雪吹离跑道，还可以通过优化选用最佳的脉冲频率、空气压力和流量。工程实践证明，脉冲气流除雪效率是连续气流除雪的两倍，图 5-16 形象地表示了这一效果。

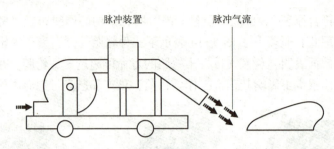

图 5-16　使用脉冲装置更有效地除雪

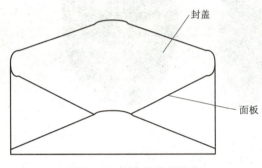

图 5-17　原有的信封样式

例 5-18　信封开口的创新设计。

应用背景：通常文具店出售的信封样式如图 5-17 所示，不同大小和格式的信件或文档有与之相匹配的信封。大页面的文件可用比稍大些的信封封装以便拆开。人们往往认为撕开胶粘的信封是很快捷方便的，但是这种方法通常会把信封内的文件撕坏或使信封开口变粗糙。如果借助某种辅助工具在剪开前抖动信封，就可既不损坏文件又获得好看的开口。但是，该方法给用户带来了不便。因此，设计一种能快捷可靠地拆开的信封很有必要。

问题描述：怎样用最少的时间安全快捷地取出信封内的文件或资料。

运用技术冲突分析该问题：节约拆信时间与降低拆信的可靠性之间的冲突，该冲突是节约时间导致拆信的可靠性下降。我们用 39 个通用工程参数中的两个来表示它们，需要改善的特性为 25 时间损失，系统恶化的特性为 27 可靠性。查冲突矩阵表，对应第 25 行第 27 列可得发明创新原理为原理 10（预操作）、原理 30（柔性壳体或薄膜）、原理 4（不对称）。在这 3 个原理中，重点考虑前两个原理。

利用发明创新原理寻找解决方案：根据原理 10 和原理 30 进行分析，可得到一种快捷安全的信封设计方案。改进后的信封设计是一种带有"撕带"的信封，人们只要轻轻一拉"撕带"，就可以很轻松地拆开信封，既不会损坏信封内的信件，又很好地保持了信封的整洁。该方案已经申报美国专利，如图 5-18 所示。

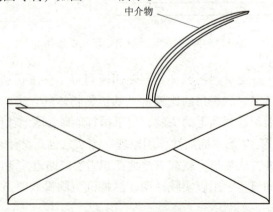

图 5-18　利用 TRIZ 理论改进后的信封设计方案

5-1 为什么要定义39个通用工程参数?

5-2 什么是技术冲突?有什么特点?请举例说明。

5-3 什么是物理冲突?如何解决物理冲突?请举例说明物理冲突的解决方法。

5-4 物理冲突与技术冲突的区别是什么?

5-5 请叙述技术冲突的解题步骤。

5-6 简述冲突矩阵表的作用,并通过实例说明其使用方法。

5-7 请找出解决"力与可靠性"之间的技术冲突的发明创新原理。

第六章

物场模型分析与标准解法

解决技术冲突需要通过冲突矩阵来找到对应的发明创新原理,再根据发明创新原理进行发明创造。然而只有能迅速地确定技术冲突类型,才能在矩阵中找到相对应的发明创新原理,这需要工作人员的经验和判断力,但是在许多未知领域却无法确定技术冲突的类型,所以需要另一种工具来引领我们找到技术冲突的类型,于是 TRIZ 理论又引入了物场模型。

物场模型是 TRIZ 理论中一种重要的问题描述和分析工具,用来建立与现存技术系统问题相联系的功能模型。在解决问题过程中,可以根据物场模型所描述的问题,来查找相对应的一般解法和标准解法。因此熟练使用该工具,可以实现创新设计。

第一节 物场模型的概念与分类

一、物场模型的概念

系统的作用就是为了实现某种确定的功能,产品是功能的实现。所谓功能,是指系统的输出与输入之间正常的、期望存在的关系。系统的功能可以是一个比较大的总功能,也可以是分解到子系统的功能,还可以一直分解下去,直至达到底层的功能为止。底层的功能结构上比较简单,容易进行理解和表达。

阿奇舒勒通过对功能的研究,发现并总结出 3 条定律:

(1) 所有的功能都可以分解为 3 个基本元件 (S_1, S_2, F)。

(2) 一个存在的功能必定由 3 个基本元件组成。

(3) 将相互作用的 3 个基本元件进行有机组合将形成一个功能。

理想的功能是场 F 通过物质 S_2 作用于物质 S_1 并改变 S_1。其中,物质的定义取决于每个具体的应用,可以是材料、工具、零件、人或者环境等。S_1 是系统动作的接受者,S_2 通过某种形式作用在 S_1 上。完成某种功能所需的方法或手段就是场,它可以给系统提供能量,促使系统发生反应,从而实现某种效应。作用在物质上的能量或场主要有:Me——机械能,Th——热能,Ch——化学能,E——电能,M——磁场,G——重力场等。

为了表达方便,功能用一个三角形来进行模型化,三角形下边的两个角是两个物体(或称为物质),上角是作用或效应(或称为场)。物体可以是工件或工具,场是能量形式。通常任何一个完整的系统功能,都可以用一个完整的物场三角形进行模型化,称为物场分析模型,如图 6-1 所示。如果是一个复杂的系统,可以

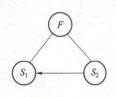

图 6-1 物场分析模型

用多个物场三角形来进行模型化。

物场模型的三元件之间的关系可以用图 6-2 中四种不同的连接线表示。

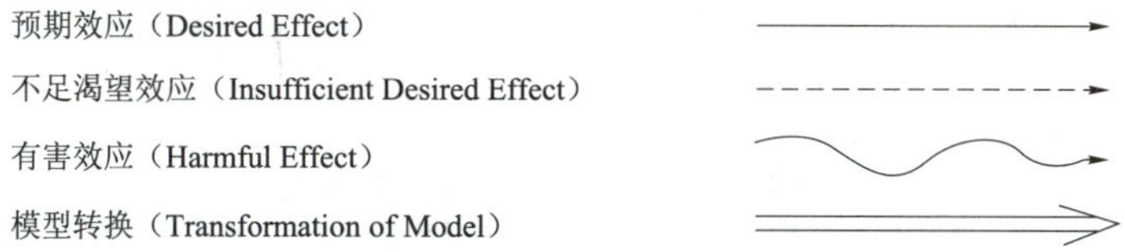

预期效应（Desired Effect）　　　　　　　———————→

不足渴望效应（Insufficient Desired Effect）　— — — — →

有害效应（Harmful Effect）　　　　　　　～～～～→

模型转换（Transformation of Model）　　　⇒

图 6-2　表示元件关系的连接线

二、物场模型的分类

根据对众多发明实例的研究，TRIZ 理论把物场模型分为以下四类。

1. 有效完整模型

该功能中的三元件都存在，且都有效，能实现设计者追求的效应。

2. 不完整模型

组成功能的三元件中部分元件不存在，需要增加元件来实现有效完整功能，或者用一种新功能代替。

3. 非有效完整模型

功能中的三元件都存在，但设计者追求的效应未能完全实现。如产生的力不够大，温度不够高等，需要改进以达到要求。

4. 有害完整模型

功能中的三元件都存在，但产生了与设计者追求的效应相冲突的效应。创新的过程中要消除有害效应。

如果三元件中的任何一个元件不存在，则表明该模型需要完善，同时也就为发明创造、创新性思索指明了方向；如果具备所需的三元件，则物场模型分析就可以为我们提供改进系统的方法，从而使系统更好地完成功能。

TRIZ 中重点关注的是不完整模型、非有效完整模型和有害完整模型，针对这三种模型，提出了物场模型分析的一般解法和 76 个标准解法。

三、物场模型的解题模式

利用物场模型方法对技术系统进行分析后，可以将其归纳到不同的类别中。对于每种类别来说，它们都有自己特别的、规范的解题方法，即为标准解。显然，标准解具有特定性、通用性和普遍性等特点，这些特点使得物场分析与标准解作为一类 TRIZ 解题方法，在解决实际问题时更具有广泛性。由于物场模型揭示了技术系统结构上的内涵和特点，而标准解是利用物场分析方法解决发明问题的一个工具，因此我们可以借助物场模型分析与标准解这个 TRIZ 解题方法，从技术系统的结构角度出发，得到物场分析与标准解的解题模式，如图 6-3 所示。

下面首先介绍物场模型的一般解法，然后在本章后面将专门介绍物场模型分析的 76 个标准解法。

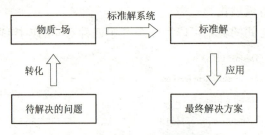

图 6-3 物场模型的解题模式

第二节 物场分析的一般解法

针对物场模型的不同类型，TRIZ 理论提出了相对应的 6 个一般解法，下面分别进行介绍。

一、不完整模型

一般解法 1：

（1）补齐所缺失的元件，增加场 F 或工具 S_2，构成完整模型，如图 6-4 所示。

（2）系统地研究各种能量场，如研究机械能—热能—化学能—电能—磁能。

图 6-4 补充元件

二、有害完整模型

有害效应的完整模型，元件齐全，但 S_1 和 S_2 之间的相互作用结果是有害的或不希望得到的，因此场 F 是有害的。

一般解法 2：

加入第三种物质 S_3，S_3 用来阻止有害作用。S_3 可以是通过 S_1 或 S_2 改变而来，或者是 S_1/S_2 共同改变而来，如图 6-5 所示。

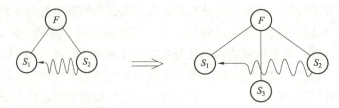

图 6-5 加入 S_3 阻止有害作用

一般解法 3：

（1）增加另外一个场 F_2 来抵消原来有害场 F 的效应，如图 6-6 所示。

(2) 系统地研究各种能量场，如研究机械能—热能—化学能—电能—磁能。

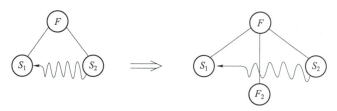

图 6-6 加入 F_2 消除有害效应

三、非有效完整模型

非有效完整模型是指构成物场模型的元件是完整的，但有用的场 F 效应不足，比如太弱或太慢等。

一般解法 4：

用另一个场 F_2（或者 F_2 和 S_3 一起）代替原来的场 F_1（或者 F_1 及 S_2），如图 6-7 所示。

图 6-7 用 F_2（S_3）替代 F_1（S_2）

一般解法 5：

（1）增加另外一个场 F_2 来强化有用的效应，如图 6-8 所示。

（2）系统地研究各种能量场，如研究机械能—热能—化学能—电能—磁能。

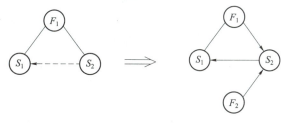

图 6-8 另外加入场 F_2

一般解法 6：

（1）插进一个物质 S_3 并加上另一个场 F_2 来提高有用效应，如图 6-9 所示。

（2）系统地研究各种能量场，如研究机械能—热能—化学能—电能—磁能。

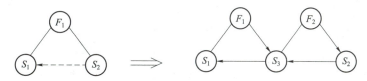

图 6-9 加入 S_3 和 F_2

综上所述，物场模型的一般解法共有六种。只要能够恰当地运用这六种解法，或者将这六种解法有机地组合起来，就可以产生极大的效应。应用这六种解法，可以有效地解决那些不太复杂的问题，从而避免动用过于复杂的模型，如 76 个标准解。

第三节　物场模型的构建及应用

一、物场模型的构建步骤

一个完整的模型是两种物质和一种场的三元有机组合。创新问题被转化成这种模型，目的是为了阐明两种物质和场之间的相互关系。当然，复杂的系统可以相应用复杂的物场模型进行描述。通常构建物场模型有以下 4 个步骤。

第一步：识别元件。

定义模型中的 3 个基本元件，在此需要注意的是场或者作用在两个物体上，或者和物体 S_2 组合成一个系统。

第二步：构建模型。

在完成以上两步后，应该对系统的完整性、有效性进行评估。如果缺少组成系统的某元件，那么就要尽快确定它。

第三步：从一般解法或 76 种标准解中选择合适的解作为解决方案。

该步骤要求从 TRIZ 理论所提供的一般解法或 76 个标准解法中选择一个或几个适合解决该问题的方案。需要注意的是，不要轻易排除可能的解，看似不适合的解可能会从另一个角度得到很好的运用。

第四步：进一步发展所得解的概念，以获得最佳解决方案，从而达到系统的有效和完善。

注意，在第三步和第四步中，要充分挖掘和利用其他知识性工具。

最后，可结合具体的领域知识，实现具体解，使问题得到解决。

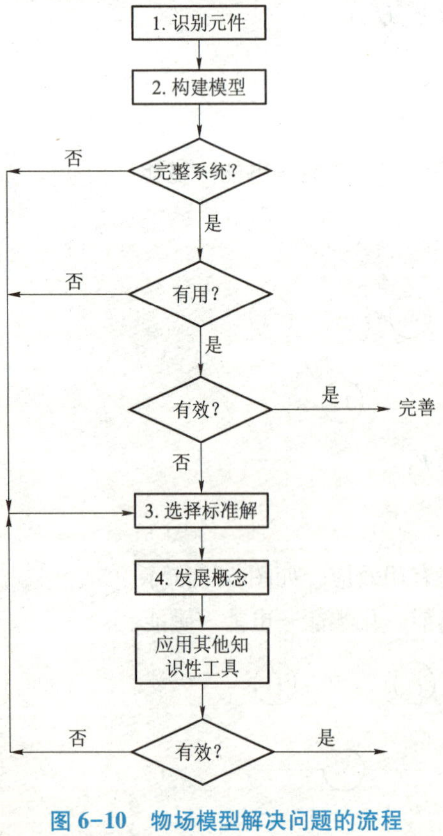

图 6-10 所示为利用物场模型解决问题的流程图，该图明确地指出了设计人员如何运用物场模型实现创新。从图中可以看出，其中的分析性思维和知识性工具之间有一个固定的转化关系。

这个循环过程不断地在第三步和第四步之间往复进行，直到建立一个完整的模型。其中的第三步使设计人员的思维有了重大的突破。为了构建一个完整的系统，在可能的条件下，设计人员应该尽可能考虑多种选择方案。下面通过一个例子来介绍物场模型分析方法的应用。

工艺上常用电解法生产纯铜，在电解过程中，

图 6-10　物场模型解决问题的流程

少量的电解液会残留在纯铜的表面。在存储过程中,电解质蒸发并在纯铜表面形成氧化斑点。这些斑点将造成很大的经济损失,因为每片纯铜上都存在不同程度的缺陷。为了减少这种损失,在对纯铜进行存储前,每片纯铜都要清洗,但是要彻底清除纯铜表面的电解质仍然很困难,因为纯铜表面的毛孔非常细小。那么,怎样才能改善清洗过程,使纯铜得到彻底的清洗呢?下面应用物场模型分析方法来解决该问题。

1. 识别元件

$$电解质 = S_1$$
$$水 = S_2$$
$$机械清洗过程 = F_{Me}$$

2. 构建模型

图 6-11 为该系统的物场模型,在现有的情况下,系统不能满足渴望效应的要求,因为纯铜表面会变色。因此本问题属于第三类模型,是非有效完整模型。

3. 从一般解中选择一个合适的解

对于非有效完整模型有 3 个一般解法,其中一般解法 5 是在模型场中插入一种附加场以增强这种效应(清洗),如图 6-12 所示。

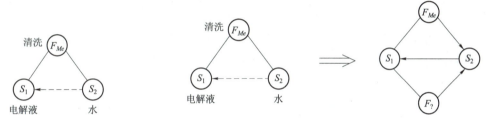

图 6-11　不能满足渴望效应的物场模型　　　图 6-12　附加一种场以加强这种效应

4. 进一步发展这种概念,以支持所得解决方案

事实上,还有几种场可以用来加强清洗的效应,如利用超声波、热水的热能、表面活性剂能去除污点的化学特性、磁场磁化水,进而改善清洗过程。以上各种能量形式,对改善清洗效果都是有效的,但都没有达到理想解。TRIZ 要求对问题进行彻底解决,追求获得最终理想解。

现在考虑另一种一般解法,从而再循环进行第三步中的过程。对在第三步中描述的每一种一般解,其相关的概念都应该在第四步中得到继续的发展,探求所有的可能性。对每一种情况都要想一想究竟是为什么。

5. 从一般解中选择另一个不同的解

利用一般解法 6,插入物质 S_3 和另一种场 F_{Th} 来提高有用效应,如图 6-13 所示。

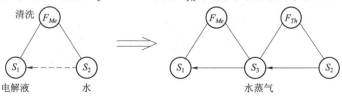

图 6-13　从一般解中选择另一种解决方法

6. 发展一种概念以支持解

F_{Th} 是热能，S_3 是水蒸气（见图 6-13）。应用过热水蒸气（水在一定的压力下，温度可达 100 ℃ 以上）。水蒸气将被迫进入纯铜表面非常细小的毛孔中，使电解质离开纯铜表面，从而将其彻底排出微孔。

把一个复杂的问题分成许多简单易解的问题，在技术领域里是一种常规的做法。物场模型分析方法，首先可以用在复杂的大问题上，同时也可用在简单的小问题上。灵活地运用物场分析，把实际工作中需要解决的问题用物场模型描述，明确物场模型中三元件的相互关系，把需要解决的问题模式化，然后用一般解法和 76 种标准解就可以实现创新设计，从而解决技术冲突。

二、利用物场模型实现创新

例 6-1 钢丸发送机弯管部分的磨损问题。

钢丸发送机的弯管部分是强烈磨损区，如图 6-14 所示，而在弯管部分添加保护层的效果很有限，那么如何解决这个问题呢？

对发送机进行物场分析可知，钢丸为目标物 S_1，管子为工具 S_2，F 为机械力。分析发现管子和钢丸间既有好的作用（管子为钢丸导向），又有坏的作用（钢丸冲击和磨损弯管部分）。为解决这一问题，根据标准增加一个修正物 S_3，S_3 可以是钢丸、管子或这两者。

解决方案：经过分析，选取 $S_3=S_1$，即用钢丸本身兼做保护层。实施办法为，在弯管外放置磁体，将飞行中的钢丸吸附在弯管内壁，形成保护层，如图 6-15 所示。

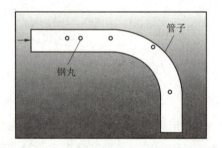
图 6-14 弯管部分是强烈磨损区

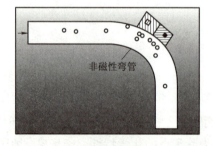
图 6-15 用钢丸自身保护弯管部分

由此可见，如果物场结构中两物体间既有好的作用又有坏的作用，而且没有必要保持两物质的直接接触，且不希望或不允许引入新的物质，则将两物质加以修正，组合成第三个物质，可使问题得以解决。

例 6-2 过滤器的清理问题。

为了清除燃气中的非磁性尘埃，使用多层金属网的过滤器。这些过滤器能令人满意地挡住尘埃，但也因此而难以清理。为了清理尘埃，必须经常关闭过滤器，长时间地向相反方向鼓风。如何解决经常关闭过滤器这个问题呢？

经过物场分析，问题是这样解决的：利用铁磁颗粒替代过滤器的多层金属网，铁磁颗粒在铁磁两级之间形成多孔结构。借助于磁场接通与关闭来有效地控制过滤器。当捕捉尘埃时（接通时），过滤器孔变小；清理尘埃时（关闭时），过滤器孔变大。

在该问题中，已经给出了一个完整的物场模型：S_1（尘埃），S_2（多层金属网），F（由空气流形成的力场)。解决方法如下：

(1) 把 S_2 碎化为铁磁颗粒 S'_2。
(2) 场的作用不指向 S_1（制品），而指向 S'_2。
(3) 场本身不是机械场 [F（机械）]，而是磁场 [F（磁场）]。这一解决方法可用图 6-16 表示。

图 6-16　原物场与新物场模型

由此可见，物场发展规则是一种有力的解决方案：S'_2（工具）分散程度增加，物场有效性也随之提高；场作用于 S'_2（工具）比作用于 S_1（制品）有效；在物场中电场（电磁场、磁场）比非电场（机械场、热场等）有效。实际上几乎用不着证明，S'_2 颗粒越小，控制工具的灵活性越高。同样明显的是，改变工具（它取决于人）比改变制品（它往往是天然物）有利。

第四节　物场分析的标准解法系统

一、标准解法系统的由来

在研究物场模型中发现：技术系统构成的 3 个要素——物质 S_1、物质 S_2 和场 F 三者缺一不可，否则就会造成系统的不完善，或当系统中某一物质所特定的机能没有实现时，系统内部就会产生各种冲突（技术难题）。为了解决系统产生的问题，可以引入另外的物质或改进物质之间的相互作用，并伴随能量（场）的生成、变换、吸收等，物场模型也从一种形式变换为另一种形式。因此各种技术系统及其变换都可用物质和场的相互作用形式表述，将这些变化的作用形式归纳总结后，就形成了发明问题的标准解法系统。发明问题的标准解法系统可以用来解决技术系统内的冲突，同时也可以根据用户的需求进行全新的产品设计。这样的解法规则，阿奇舒勒一共发现总结了 76 个，由于这些规则对于不同工程领域的问题是通用的，所以称为标准解法系统。

二、标准解法系统的内容

在物场模型分析的应用过程中，由于面临的问题广泛而复杂，物场模型的确立和使用有相当的困难，所以 TRIZ 理论为物场模型提供了模式的解法，即为标准解法。它适用于解决标准问题并能快速获得解决方案，因此在产品设计中通常用来解决概念设计的开发问题。标准解法是阿奇舒勒后期进行 TRIZ 理论研究的重要成果，也是 TRIZ 高级理论的精华之一。

标准解法系统中包括了 76 个标准解法，共分为 5 级，18 个子级。各级中解法的先后顺序也反映了技术系统必然的进化过程和进化方向。

第 1 级中的解法聚焦于建立和拆解物场模型，包括创建需要的效应或消除不希望出现的效应的系列法则，每条法则的选择和应用将取决于具体的约束条件。

第2级由直接进行效应不足的物场模型的改善，以及提升系统性能但实际不增加系统复杂性的方法所组成。

第3级包括向超系统和微观级转化的法则。这些法则继续沿着（第2级中开始的）系统改善的方向前进。第2级和第3级中的各种标准解法均基于以下技术系统进化路径：增加集成度再进行简化的法则；增加动态性和可控性进化法则；向微观级和增加场应用的进化法则；子系统协调性进化法则等。

第4级专注于解决涉及测量和探测的专项问题。虽然测量系统的进化方向主要服从于共同的一般进化路径，但这里的专项问题有其独特的特性。尽管如此，第4级的标准解法与第1级、第2级、第3级中的标准解法有很多还是相似的。

第5级包含标准解法的应用和有效获得解决方案的重要法则。一般情况下，应用第1~4级中的标准解法会导致系统复杂性的增加，因为给系统引入了另外的物质和效应是极有可能的。第5级中的标准解法将引导大家如何给系统引入新的物质又不会增加任何新的东西。换句话说，这些解法专注于对系统的简化。

标准解法可帮助发明者获得20%以上困难问题的高水平解决方案。此外，还可以用来进行对各种系统进化的有限预测，以发现某些非标准问题的部分解，并进行改进以获得新的解决方案。

在1~5级的各级中，又分为数量不等的多个子级，共有18个子级，每个子级代表着一个可选的问题解决方向。在应用前，需要对问题进行详细的分析，建立问题所在系统或子系统的物场模型，然后根据物场模型所表述的问题，按照先选择级再选择子级，使用子级下的几个标准解法来获得问题的解。标准解法系统的1~5级具体分布如表6-1~表6-5所示。

表6-1 标准解法第1级

标准解编号	问题描述	案例说明
1.1	建立物场模型	
1.1.1 完善一个不完整的物场模型	标准解法1：在建立物场模型时，如果发现仅有一种物质S_1，那么就要增加第二种物质S_2和一个相互作用场F，只有这样才可以使系统具备必要的功能	用锤子S_2钉钉子S_1。作为一个完整的系统，必须有锤子S_2、钉子S_1和锤子作用于钉子上的机械场F，才能实现钉钉子的功能
1.1.2 内部合成物场模型	标准解法2：如果系统中已有的对象无法按需要改变，可以在S_1或者S_2中引入一种永久的或者临时的内部添加物S_3，帮助系统实现功能	喷漆时，在油漆S_2中添加稀料S_3
1.1.3 外部合成物场模型	标准解法3：同1.1.2相同的情况下，也可以在S_1或者S_2的外部引入一种永久的或者临时的外部添加物S_3，帮助系统实现功能	可以通过在滑雪橇S_2上涂上蜡S_3，来改善滑雪橇和雪S_1所组成的技术系统的功能
1.1.4 向环境物场模型跃迁	标准解法4：同1.1.2相同的情况下，如果不允许在物质的内部引入添加物，可以利用环境中已有的（超系统）资源实现需要的变化	航道中的航标S_1摇摆得太厉害，可以利用海水（超系统）作为镇重物

续表

标准解编号	问 题 描 述	案 例 说 明
1.1.5 通过改变环境向环境物场模型跃迁	标准解法5：同1.1.2相同的情况下，如果不允许在物质的内部或外部引入添加物，可以通过在环境中引入添加物来解决问题	办公室中的计算机设备 S_2 发热量较大，造成室温增加。可以在办公室 S_1 内加上空调（改进的系统），以较好地调节室温
1.1.6 向具有物质最小作用的物场跃迁	标准解法6：有时候很难精确地达到需要的量，通过多施加需要的物质，然后把多余的部分去掉	人们在一个方框中倒入混凝土 S_1，很难用抹子 S_2 直接做出一个很平的表面。如果把混凝土加满方框并超出一部分，那么在去掉多余部分的过程中，就不难抹出一个比较理想的平面来
1.1.7 向具有施加于物质最大作用的物场跃迁	标准解法7：如果由于各种原因不允许达到要求作用的最大化，那么让最大化的作用通过另一个物质 S_2 传递给 S_1	蒸锅不能直接放到火焰上来蒸煮食物 S_1，但是可以在蒸锅里加水 S_2，利用火焰来加热蒸锅里的水，然后通过水 S_2 再把热量传递给食物 S_1。因为加热食物的温度不可能超过水的沸点，所以不会烧焦食物
1.1.8 引入保护性物质	标准解法8：系统中同时需要很强的场和很弱的场，那么在给系统施以很强的场的同时，在需要较弱场作用的地方引入物质 S_3 来起到保护作用	用火焰给小玻璃药瓶 S_2 封口，因为火焰的热量很高，因而会使药瓶内的药物 S_1 分解。但是，如果将药瓶盛药物的部分放在水 S_3 里，就可以使药物保持在安全的温度之内，免受破坏
1.2	拆解物场模型	
1.2.1 通过引入外部物质消除有害效应	标准解法9：当前系统中同时存在有用的和有害的作用时，如果无法限制 S_1 和 S_2 接触，可以在 S_1 和 S_2 之间引入 S_3，从而消除有害作用	医生需要用手 S_2 在病人身体 S_1 上做外科手术时，手有可能对病人的身体带来细菌感染。带上一双无菌手套 S_3 就可以消除细菌带来的有害作用
1.2.2 通过改变现有物质来消除有害效应	标准解法10：同1.2.1，但是不允许引入新的物质 S_3。此时可改变 S_1 或 S_2 来消除有害效应，如利用空穴、真空、空气、气泡、泡沫等，或者加入一种场。这个场可以实现所需添加物质的作用	冰鞋 S_1 在冰面 S_2 上滑冰时，冰的坚硬表面 F_1 有助于冰鞋的平滑运动；冰鞋与冰面之间的摩擦 F_2 妨碍了连续滑动。但摩擦使冰发热，产生水（改进的 S_2），水大幅度降低了摩擦并有利于滑动
1.2.3 排除有害效应	标准解法11：如果由某个场对物质 S_1 产生了有害作用，可以引入物质 S_2 来吸收有害作用	为了消除来自太阳电磁辐射 F 对人体 S_1 的有害作用（紫外线灼伤或者产生皮肤癌），可在皮肤的暴露部分涂上防晒霜 S_2
1.2.4 用场抵消有害效应	标准解法12：如果系统中同时存在有用作用和有害作用，而且 S_1 和 S_2 必须直接接触。这个时候，通过引入 F_2 来抵消 F_1 的有害作用，或将有害作用转换为有用作用	在脚腱拉伤后，脚部必须固定起来。绷带 S_2 作用于脚 S_1 起到固定的作用（机械场 F_1）。但是，如果肌肉长期不用将会萎缩，造成有害作用，为防止肌肉的萎缩，在物理治疗阶段向肌肉加入一个脉冲的电场 F_2
1.2.5 用场来切断磁影响	标准解法13：系统内的某部分的磁性物质可能导致有害作用。此时可以通过加热，使这一部分处于居里点以上，从而消除磁性，或者引入一种相反的磁场消除原磁场	让带铁磁介质的研磨颗粒，在旋转磁场的作用下打磨工件的内表面。如果是铁磁材料的工件，其本身对磁场的响应会影响加工过程。其解决方案是提前将工件加热到居里温度以上

表 6-2 标准解法第 2 级

标准解编号	问题描述	案例说明
2.1	转化成合成的物场模型	
2.1.1 向链式物场模型跃迁	标准解法 14：将单一的物场模型转化成链式物场模型。转化的方法是引入 S_3，让 S_2 产生的场 F_2 作用于 S_3，同时 S_3 产生的场 F_1 作用于 S_1	人们用锤子砸石头，完成分解巨石的功能。为了增强分解功能，可以通过在锤子 S_2 和石头 S_1 之间加入凿子 S_3。锤子 S_2 的机械场 F_2 传递给凿子 S_3，然后凿子 S_3 的机械场 F_1 传递给石头 S_1
2.1.2 向双物场模型跃迁	标准解法 15：双物场模型是指现有系统的有用作用 F_1 不足，需要进行改进，但是又不允许引入新的元件或物质。这时，可以加入第二个场 F_2，来增强 F_1 的作用	用电镀法生产铜片，在铜片表面会残留少量的电解液 S_1。用水 S_2 清洗（F_1）的时候，不能有效地除掉这些电解液。解决方案是增强第一个场，即在清洗的时候，加入机械振动或者在超声波 F_2 清洗池中清洗铜片
2.2	加强物场模型	
2.2.1 使用可控的场加强物场模型	标准解法 16：用更加容易控制的场，来代替原来不容易控制的场，或者叠加到不容易控制的场上。可以按以下路线取代一个场：重力场—机械场—电场或磁场—辐射场	磁悬浮列车利用磁场 F_2 代替了传统火车的机械场 F_1，作为车体 S_1 与轨道 S_2 之间的支撑
2.2.2 向带有工具分散物质的物场模型转化	标准解法 17：提高完成工具功能的物质分散（分裂）度	标准的钢筋混凝土由钢筋加混凝土组合而成。用一系列钢丝段代替较粗的钢筋可以制造出"针式"混凝土。采用这种材料可以增强结构能力
2.2.3 向具有毛细管多孔物质的物场转化	标准解法 18：在物质中增加空穴或毛细结构。具体做法是，固体物质—带一个孔的固体物质—带多个孔的固体物质（多孔物质）—毛细管多孔物质—带有限孔结构（和尺寸）的毛细管多孔物质	提议采用基于多孔硅的毛细管多孔结构代替一组针状电极，作为平面显示器的阴极
2.2.4 向动态化物场模型转化	标准解法 19：如果物场系统具有刚性、永久和非弹性元件，那么就尝试让系统具有更好的柔韧性、适应性和动态性来改善其效率	给风力发电站的风轮机安装铰链结构，有助于风轮机在风的作用下随时保持顺风方向
2.2.5 向结构化的物场跃迁	标准解法 20：用动态场替代静态场，以提高物场系统的效率	利用驻波来固定液体中的微粒
2.2.6 向结构物场模型转化	标准解法 21：将均匀的物质空间结构变成不均匀的物质空间结构	从均质固体切削工具向多层复合材料的、自锐化切削工具跃迁，可增加成品的数量和质量
2.3	通过协调频率加强物场模型	

续表

标准解编号	问题描述	案例说明
2.3.1 向 F、S_1、S_2 具有匹配频率的物场模型转化	标准解法22：将场 F 的频率与物质 S_1 或者 S_2 的频率相协调	振动破碎机 S_2 的振动频率 F 必须与被破碎材料 S_1 的固有频率一致
2.3.2 向 F_1、F_2 具有匹配频率的物场模型转化	标准解法23：让场 F_1 与场 F_2 的频率相互协调与匹配	机械振动 F_1 通过产生一个与其振幅相同但是方向相反的振动 F_2 来消除
2.3.3 向具有合并作用的物场转化	标准解法24：两个独立的动作，可以让一个动作在另外一个动作停止的间隙完成	当信息由两个频道 F_1 和 F_2 在同一频带内从发射器 S_2 向接收器 S_1 传输时，一个频道的传输发生在另一个频道的停顿期间
2.4	利用磁场和铁磁材料加强物场模型	
2.4.1 向原铁磁场跃迁	标准解法25：在物场中加入铁磁物质和磁场	为了将海报贴在表面上，采用铁磁表面和小磁铁代替图钉或者透明胶带
2.4.2 向铁磁场跃迁	标准解法26：将标准解法2.2.1（应用更可控的场）与2.4.1（应用铁磁材料）结合在一起	橡胶模具的刚度，可以通过加入铁磁物质，通过磁场来进行控制
2.4.3 基于铁磁流体的铁磁场	标准解法27：运用磁流体。磁流体可以是悬浮有磁性颗粒的煤油、硅树脂或者水的胶状液体	计算机马达的多孔旋转轴承中，用铁磁流体代替纯润滑剂，可使其保留在轴和轴承支架之间的缝隙中，同时还可以提供毛细力
2.4.4 基于磁性多孔结构的铁磁场	标准解法28：应用包含铁磁材料或铁磁液体的毛细管结构	过滤器的过滤管中，填充铁磁颗粒，形成毛细多孔一体材料。利用磁场，可以控制过滤器内部的结构
2.4.5 在 S_1 或 S_2 中引入添加物的外部复杂铁磁场模型	标准解法29：转变为复杂的铁磁场模型。如果原有的物场模型中，禁止用铁磁物质替代原有的某种物质，可以将铁磁物质作为某种物质的内部添加物引入系统	为了让药物分子 S_2 到达身体需要的部位 S_1，在药物分子上附加铁磁微粒。并且，在外界磁场 F_1 的作用下，引导药物分子转移到特定的位置
2.4.6 与环境一起的铁磁场模型	标准解法30：在标准解法2.4.5的基础上，如果物质内部也不允许引入铁磁添加物，则可以在环境中引入，用磁场来改变环境的参数	将一个内部有磁性颗粒物质的橡胶垫 S_3 摆放在汽车 S_1 的上方。这个垫子可以保证在修车时，工具 S_2 能被吸附住而随手可得。这样就不需要人们在汽车外壳内填入防止工具滑落的铁磁物质了
2.4.7 使用物理效应的铁磁场	标准解法31：如果采用了铁磁场系统，应用物理效应可以增加其可控性	磁共振成像
2.4.8 动态化铁磁场模型	标准解法32：应用动态的、可变的（或者自动调节的）磁场	将表面有磁性微粒的弹性球体放在一个不规则空心物体内部来测量其壁厚，通过放在外部的感应器来控制这个"磁性球"，使其与待测空心物体的内壁紧贴合在一起，从而达到精确测量的目的

续表

标准解编号	问 题 描 述	案 例 说 明
2.4.9 向有结构化场的铁磁场跃迁	标准解法33：利用结构化的磁场来更好地控制或移动铁磁物质颗粒	可以在聚合物中掺杂传导材料来提高其传导率。如果材料是磁性的，就可以通过磁场来排列材料的内部结构，这样使用材料很少，而传导率更高
2.4.10 向节律匹配的铁磁场跃迁	标准解法34：铁磁场模型的频率协调。在宏观系统中，利用机械振动来加速铁磁颗粒的运动，在分子或者原子级别，通过改变磁场的频率，利用测量对磁场发生响应的电子的共振频率频谱来测定物质的组成	每个原子都有各自的共振频率。这种利用了元件节律匹配的测量技术，称为电子自旋共振（ESR）
2.4.11 向电磁场跃迁	标准解法35：应用电流产生磁场，而不是应用磁性物质	在常规的电磁冲压中，金属部件采用了强大的电磁铁，该磁铁可产生脉冲磁场。脉冲磁场在坯板中产生涡电流，其磁场排斥使它们产生感应的脉冲磁场，排斥力足以将坯板压入冲压模
2.4.12 向采用电流变液体的电磁场跃迁	标准解法36：通过电场，可以控制流变体的黏度	在车辆的减振器中使用电流变液体取代标准油，原因是标准油的黏度随着温度的上升而降低

表6-3 标准解法第3级

标准解编号	问 题 描 述	案 例 说 明
3.1	向双系统或者多系统转化	
3.1.1 将多个技术系统并入一个超系统	标准解法37，系统进化方式1a：创建双系统和多系统	在薄玻璃上打孔是很困难的事情，因为即使非常小心，也很容易把薄薄的玻璃弄碎。可以用油做临时的粘贴物质，将薄玻璃堆砌在一起，变成一块"厚玻璃"，就便于加工了
3.1.2 改变双系统或者多系统之间的连接	标准解法38：改变双系统或者多系统之间的连接	面对复杂的交通状况，应在十字路口的交通指挥灯系统里，实时地输入一些当前交通流量的信息，更好地控制各种复杂的交通变化
3.1.3 由相同元件向具有改变特征元件的跃迁	标准解法39，系统进化方式1b：增加系统之间的差异性	将起钉器与射钉枪进行组合，可以得到一个既可以钉钉子，又可以起钉子的工具，该工具的功能比一个单独的射钉枪更强大
3.1.4 由多系统向单系统的螺旋进化	标准解法40：经过进化后的双系统和多系统再次简化成为单一系统	新型家用的立体声系统，是由一个外壳中加入多个音频设备组成
3.1.5 系统及其元件之间的不兼容特性分布	标准解法41，系统进化方式1c：部分或者整体表现相反的特性或功能	自行车的每节链条是刚性的，但是总体上却是柔性的

续表

标准解编号	问 题 描 述	案 例 说 明
3.2	向微观级进化	
3.2.1 引入"聪明"物质来实现向微观级的跃迁	标准解法42，系统进化方式2：转换到微观级别	传动系统是从利用有限的、锯齿状的轮状物进行传动，到利用无限的、细小的油来进行传动，例如由齿轮传动到液压传动

表 6-4　标准解法第 4 级

标准解编号	问 题 描 述	案 例 说 明
4.1	间接方法	
4.1.1 以系统的变化替代检测和测量问题	标准解法43：改变系统，从而使原来需要测量的系统，现在不再需要测量	加热系统的温度自动调节装置，可以用一个双金属片来制成
4.1.2 测量系统的复制品或者图像	标准解法44：用针对对象复制品、图像或图片的操作替代针对对象的直接操作	测量金字塔的高度，完全可以通过测量塔的阴影长度来算出
4.1.3 测量对象变化的连续检测	标准解法45：应用两次间断测量，代替连续测量	柔性物体的直径应该实时地进行测量，从而看出它与相互作用对象之间的匹配是否完好。但是实时测量不容易进行，可以通过测量它的最大直径和最小直径，确定其变化范围来进行判断
4.2	建立新的测量物场模型	
4.2.1 测量物场模型的合成	标准解法46：如果非物场系统 S_1 十分不便于检测，就要通过完善基本物场或双物场结构来求解	如果塑料袋上有个很小的孔难于被发现，可以先给塑料袋内填充空气，然后再将塑料袋放在水里。稍微施加压力，水中就会出现空气泡，从而指示出塑料袋泄漏孔的位置
4.2.2 引入易检测的添加物实现向内部复杂物场的转化	标准解法47：测量引入的附加物。如引入的附加物与原系统的相互作用产生变化，可以通过测量附加物的变化，再进行转换	很难通过显微镜观察的生物样品可以通过加入化学染色剂来进行观察，以了解其结构
4.2.3 引入到环境中的添加物可控制受测对象状态的变化	标准解法48：如果不能在系统中添加任何东西，可以在外部环境中加入物质，并测量或者检测这个物质的变化	为了检测内燃机的磨损情况，需要测量被磨损掉的金属的总量。被磨损下来的金属微粒是混在发动机的润滑油中的，润滑油可以被看作为环境。建议在润滑油中加入荧光粉，金属颗粒会抑制荧光粉发光，据此得出测量值
4.2.4 环境中产生的添加物可控制受控物体状态的变化	标准解法49：如果系统或环境不能引入附加物，可以将环境中已有的东西进行降解或转换，变成其他的状态，然后测量或检测这种转换后的物质的变化	云室可以用来研究粒子的动态性能。在云室内，液氢保持在适当的压力和温度下，以便液氢正好处于沸点附近。当外界的高能量粒子穿过液氢时，液氢就会局部沸腾，从而形成一个由气泡组成的高能量粒子路径轨迹。此路径轨迹可以被拍照

续表

标准解编号	问题描述	案例说明
4.3	增强测量物场模型	
4.3.1 通过采用物理效应强制测量物场	标准解法50：利用在系统中发生的已知的效应，并检测因此效应而引发的变化，从而知道系统的状态，提高检测和测量的效率	通过测量导电液体电导率的变化，来测量液体的温度
4.3.2 受控物体的共振应用	标准解法51：如果不能直接测量或者必须通过引入一种场来测量时，可以通过让系统整体或部分产生共振，通过测量共振频率来解决问题	使用音叉来为钢琴调律。钢琴调律师需要调节琴弦，通过音叉与琴弦的频率发生共振，来进行调谐
4.3.3 附带物体共振的应用	标准解法52：若不允许系统共振，可以通过与系统相连的物体或环境的自由振动，获得系统变化的信息	非直接法测量物体的电容量。将未知电容量的物体，插入到已知感应系数的电路中。然后改变电路中电压的频率，寻找产生谐振的共振频率。据此，可以计算出物体的电容量
4.4	测量铁磁场	
4.4.1 向测量原铁磁场跃迁	标准解法53：增加或者利用铁磁物质、系统中的磁场，从而方便测量	交通管理系统中使用交通灯进行指挥。如果还想知道车辆需要等候多久，或者想知道车辆已经排了多长，可以在路面下铺设一个环形感应线圈，从而轻易地检测出上面车辆的铁磁成分，经过转换后得出测量结果
4.4.2 向测量铁磁场跃迁	标准解法54：在系统中增加磁性颗粒，通过检测其磁场以实现测量	通过在流体中引入铁磁颗粒，以提高测量的精确度
4.4.3 向复杂化的测量铁磁场跃迁	标准解法55：如果磁性颗粒不能直接加入到系统中，可建立一个复杂的铁磁测量系统，将磁性物质添加到系统已有的物质中	通过在非磁性物体表面涂敷含有磁性材料和表面活化剂细小颗粒的物体，检测该物体的表面裂纹
4.4.4 通过在环境中引入铁磁粒子向测量铁磁场跃迁	标准解法56：如果不能在系统中引入磁性物质，可以在环境中引入磁性物质	船的模型在水上移动的时候，会出现波浪。为了研究波浪的形成原因，可以将铁磁微粒添加到水中，辅助测量
4.4.5 物理科学原理的应用	标准解法57：通过测量与磁性相关的自然现象，比如说居里点、磁滞现象、超导消失、霍尔效应等	磁共振成像就是利用调频振动磁场探测特定细胞核的振动所产生的影像的颜色来说明细胞核的浓度
4.5	测量系统的进化趋势	
4.5.1 向双系统和多系统跃迁	标准解法58：向双系统、多系统转化。如果一个测量系统不具有高的效率，则应用两个或者更多的测量系统	为了测量视力，验光师使用一系列的设备，来测量人眼对某物体的聚焦能力

续表

标准解编号	问 题 描 述	案 例 说 明
4.5.2 向测量派生物跃迁	标准解法59：不直接测量，而是在时间或者空间上，测量待测物的第1级或者第2级的衍生物	测量速度或者加速度，而不是直接去测量距离

表 6-5 标准解法第 5 级

标准解编号	问 题 描 述	案 例 说 明
5.1	引入物质	
5.1.1 将空腔引入 S_1 或 S_2，以改进物场元件的相互作用	标准解法60：应用"不存在的物体"替代引入新的物质。比如增加空气、真空、气泡、泡沫、水泡、空穴、毛细管等；用外部添加物代替内部添加物；用少量高活性的添加物；临时引入添加剂等	对于水下保暖衣来说，如果仅通过增加衣服厚度的方法来改善保暖性，整个衣服就会变得很厚重。可以在其中加入泡沫结构，既不增加衣服厚度，还可以使衣服变得轻薄
5.1.2 将产品 S_0 分成相互作用的若干部分	标准解法61：将物质分割为更小的组成部分	降低气流产生噪声 S_1 问题的标准解决方案是将基本气流 S_0 分成两股气流 S_{01} 和 S_{02}，从不同的方面形成涡流，并相互抵消
5.1.3 引入的物质使物场的相互作用正常并自行消除	标准解法62：添加物在使用完毕之后自动消失	用冰把粗糙物体表面打磨光滑
5.1.4 用膨胀结构和泡沫使物场的相互作用正常化	标准解法63：如果条件不允许加入大量的物质，则加入虚空的物质	在物体内部增加空洞，以减轻物体的重量
5.2	引入场	
5.2.1 使用技术系统中现有的场不会使系统变得复杂化	标准解法64：应用一种场，来产生另外一种场	电场产生磁场
5.2.2 使用环境中的场	标准解法65：利用环境中已存在的场	电子设备在使用时产生大量的热。这些热可以使周围空气流动，从而冷却电子设备自身
5.2.3 使用技术系统中现有物质的备用性能作为场资源	标准解法66：应用能产生场的物质	医生将放射性的物质植入到病人的肿瘤位置，来杀死癌细胞，而后再进行清除
5.3	相变	
5.3.1 改变物质的相态	标准解法67，相变1：改变相态	为了大幅提高气体的传输效率，使用液化气体代替压缩气体

续表

标准解编号	问题描述	案例说明
5.3.2 两种相态相互转换	标准解法68，相变2：双相互换	在滑冰过程中，通过将刀片下的冰转化成水，来减小摩擦；然后水又结成冰
5.3.3 将一种相态转换成另一种相态，并利用伴随相转移出现的现象	标准解法69，相变3：利用相变过程中伴随出现的现象	暖手器里面有一个盛有液体的塑料袋，袋内有一个薄金属片。在释放热量过程中，薄金属片在液体中弯曲，可以产生一定的声信号，触发液体转变为固体。当全部液体转变为固体后，人们将暖手器放回热源中加热，固体即可还原为液体
5.3.4 转换到物质的双相态	标准解法70，相变4：转化为双相状态	在切割区域涂覆一层泡沫，刀具能穿透泡沫持续切削；而噪声、蒸汽等却不能穿透这层泡沫，这可用于消除噪声
5.3.5 利用系统部件（相位）之间的交互作用	标准解法71：利用系统的相态交互，增强系统的效率	白兰地经过两次蒸馏后，放在木桶中进行保存。这时，木材和液体之间相互作用
5.4	运用自然现象	
5.4.1 利用可逆性物理转换	标准解法72：状态的自动调节和转换。如果一个物体必须处于不同的状态，那么它应该能够自动从一种状态转化为另外一种状态	变色太阳镜在阳光下颜色变深；在阴暗处又恢复透明
5.4.2 出口处场的增强	标准解法73：将输出场放大	真空管、继电器和晶体管，都可以利用很小的电流来控制很大的电流
5.5	产生物质的高级和低级方法	
5.5.1 通过降解更高一级结构的物质来获取所需的物质	标准解法74：通过分解来获得物质粒子（离子、原子、分子等）	如果系统需要氢，但系统本身又不允许引入氢的时候，可以向系统引入水，再将水电解转化成氢和氧
5.5.2 通过合并较低等级结构的物质来获得所需要的物质	标准解法75：通过组合，获得物质粒子	树木吸收水分、二氧化碳，并且运用太阳光进行光合作用，得以生长壮大
5.5.3 介于前两个解法之间	标准解法76：应用5.5.1和5.5.2。如果一个高级结构的物质需要分解，但是又不能分解，就应用次高水平的物质。另外，如果需要把低级结构的物质组合起来，就可以直接应用较高级结构的物质	如需要传导电流，可先将物质变成导电的离子和电子。离子和电子脱离电场之后，还可以重新结合在一起

三、应用标准解法的步骤

物场分析模型的标准解分为5级、18个子级，共76个标准解法，给实际问题提供了丰富的解决方法。通过物场分析，可以快速有效地使用标准解法来解决那些设计和技术难题。

但是，由于标准解法数量较多，使用起来不是很容易和方便，如何快速找到合适的标准解法，成为使用者的一个难题。对于初学者来说，更是无从下手。而且，如果选择不当，还会导致使用者走上弯路，从而降低了应用标准解法解决问题的效率。其实，在人们对其不断地使用和实践的过程中，已经总结出了一整套的使用步骤与流程，让发明问题标准解的使用能够循序渐进，变得比较容易操作。因此，使用标准解法解决问题时必须遵循一定的步骤，下面给出应用标准解法求解的 4 个步骤。

1. 确定所面对的问题类型

首先要确定所面对的问题是属于哪一类的问题，是要对系统进行改进，还是对某件物体有测量或探测的需求。问题的确定过程是一个复杂的过程，可以按照下列顺序进行：

（1）问题工作状况的描述，以图文并茂的方式介绍问题状况的描述为最好。

（2）将产品或系统的工作过程进行分析，尤其是物流过程需要表达清楚。

（3）组件模型分析包括系统、子系统、超系统这 3 个层面的组件，以确定可用资源。

（4）功能结构模型分析是将各个元件间的相互作用表达清楚，用物场模型的作用符号进行标记。

（5）确定问题所在的区域和组件，划分出相关的元件，作为下一步工作的核心。

2. 对技术系统进行改进

如果面临的问题是要求对技术系统进行改进，则应按下列顺序进行：

（1）建立现有技术系统的物场模型。

（2）如果是不完整物场模型，应用标准解法第 1.1 级中的 8 个标准解法。

（3）如果是有害效应的完整物场模型，应用标准解法第 1.2 级中的 5 个标准解法。

（4）如果是效应不足的完整物场模型，应用标准解法第 2 级中的 23 个标准解法和标准解法第 3 级中的 6 个标准解法。

3. 对某个组件进行测量或探测

如果问题是对某个组件有测量或探测的需求，应用标准解法第 4 级中的 17 个标准解法。

4. 标准解法简化

当获得了对应的标准解法和解决方案时，应检查模型（即技术系统）是否可以应用标准解法第 5 级中的 17 个标准解法来进行简化。标准解法第 5 级也可以被认为是否有强大的约束限制着新物质的引入和交互作用。

在应用标准解法的过程中，必须紧紧围绕技术系统所存在问题的最终理想解，并考虑系统的实际限制条件，灵活地进行运用，并追求最优化的解决方案。在很多情况下，综合应用多个标准解法，对问题的彻底解决具有积极的意义，特别是第 5 级中的 17 个标准解法。

四、标准解法的应用流程

上述发明问题 76 个标准解法的应用步骤，可以用流程图来表示，如图 6-17 所示。

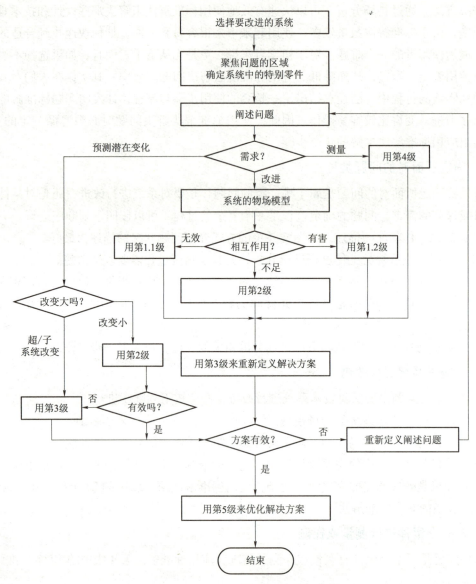

图 6-17 发明问题标准解法的应用流程

五、利用标准解法实现创新

例 6-3 飞机发动机罩的改进设计。

1. 问题描述

飞机发动机罩主要用来给飞机提供足够的空气,满足飞机起飞的要求。随着人们对飞机要求的提高,飞机发动机的功率越来越大,发动机需要的进风量就更大,这就要求机罩的体积增大。但是,机罩越大,它离地面的距离就越近,在飞机起飞降落时容易发生各种危险。

2. 建立物场模型

该问题的物场模型如图 6-18 所示,S_1 为机罩,S_2 为地面,机罩 S_1 体积的增大,虽然可以为发动机提供更大的进风量,但是会在地面 S_2 和机罩 S_1 之间引入有害作用。该物场模型属于具有有害效应的完整物场模型。

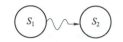

图 6-18 机罩有害效应物场模型

3. 求标准解对系统进行改进

由于系统涉及有害效应,所以应用标准解法第 1 级(标准解法 1.2)中的 5 个标准解法。经过分析,该问题不允许引入新的物质,可以采用标准解法 10 来解决问题,即可以通过改变 S_1 和 S_2 来消除有害作用。具体措施为:

(1)对 S_2 的改变。考虑改变地面形态,如改变跑道两侧地面的形状,来提高采风量。

(2)对 S_1 的改变。改变机罩形状,将圆形机罩变为椭圆形或方形。改变机罩位置,考虑到机罩与地面的关系,提升机罩在飞机上的位置,调高机罩。

综合以上分析,可以采取调高机罩位置或改变机罩形状的方法来解决这个问题。图 6-19 是改进后的设计方案示意图与改进前的比较。改进后的方案把发动机罩的底部由曲线变为直线,解决了既增加空气吸入量,又不减小罩与地面距离的问题。

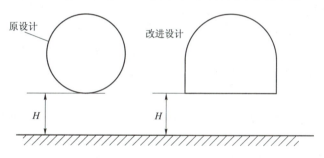

图 6-19 飞机发动机罩改进设计方案示意图

思考题

6-1 什么是物场模型?如何对其进行分类?

6-2 物场模型的一般解法有哪些?举例说明其应用。

6-3 发明问题的标准解法可以解决哪些问题?

6-4 76 个标准解法共分哪几级,各级都侧重解决哪些问题?

6-5 说明发明问题标准解法的应用步骤,并举例说明标准解法的应用。

第七章

发明问题解决算法

第一节 ARIZ 概述

ARIZ 是俄文发明问题解决算法的缩写（英文缩写为 AIPS），是发明问题解决过程中应遵循的理论方法和步骤。ARIZ 是基于技术系统进化法则的一套完整的问题解决程序，是 TRIZ 理论的核心分析工具之一，集成了 TRIZ 理论中大多数观点和工具。最初由阿奇舒勒于 1977 年提出，随后经过多次改进才形成比较完善的理论体系，即 ARIZ-85。对于某些复杂问题，由于定义冲突或建立物场模型较为困难，因而不能直接应用冲突矩阵或物场分析求解。在这种情况下，可以考虑使用 ARIZ 来解决问题。

ARIZ 采用一套逻辑过程逐步将初始问题程序化，其目标是建立相应的物理冲突或技术冲突，并解决这些冲突。该算法主要针对问题情况复杂、冲突及其相关部件不明确的技术系统。它通过对初始问题进行一系列变形、再定义等非计算性的逻辑过程，实现对问题的逐步深入分析和转化，而最终解决问题。该算法尤其强调问题冲突与理想解的标准化，一方面技术系统向理想解的方向进化，另一方面如果一个技术问题存在需要克服的冲突，该问题就变成一个创新问题。应用 ARIZ 取得成功的关键在于没有理解问题的本质前，要不断地对问题进行细化，一直到确定了物理冲突为止。

一、ARIZ 的理论基础

ARIZ 的重要思想是将非标准问题通过各种方法进行变换，转化为标准问题，然后利用 TRIZ 中的标准解来获得相应的解决方案。其理论基础由以下 3 条原则构成。

1. 转化原则

ARIZ 是通过确定和解决引起问题的技术冲突，对发明问题进行转化的一套连续的程序。具体的过程为：首先利用 ARIZ 将系统中一个状况模糊的原始发明问题"缩小"化；其次是定义系统的技术冲突和物理冲突，并为冲突建立对应的"问题模型"；最后是分析该问题模型，定义问题所包含的时间和空间，利用标准解或物场分析方法，从而获得系统的最终理想解。

2. 抑制或激发原则

设计者一旦采用了 TRIZ 来解决问题，就必须克服其惯性思维，以激发其想象力。因为 TRIZ 是一个作用广泛、应用灵活的分析工具，而惯性思维很可能将设计者引入到一个牛角尖中，为创造性问题的解决带来很大的障碍。ARIZ 的固定步骤次序和非专业术语的使用，有助于抑制惯性思维、激发想象力，从而避免了常见的错误；同时可以激发设计者突破专业领域的限制，增加解决问题的信心和能力，引导其思维向着有利于问题解决的方向发展。从这个意义上讲，ARIZ 是学习和掌握 TRIZ 理论所不可缺少的工具。

固定步骤能够帮助 ARIZ 的使用者，为掌握 ARIZ 提供具体而详细的路径。大量的工程实例表明，利用非专业术语可以大大提高设计的成功性。例如，在设计破冰船时，设计小组最初一筹莫展，因为他们一直想制造一艘能够打破坚冰的新型船。后来有人提出用"物体"代替"破冰船"这一术语，解决措施随之出现，即这一"物体"也可能只需穿过冰面，而不需要打破坚冰。

3. 发展原则

ARIZ 并非一个僵化不变的体系，而是一个不断地吸取新知识的体系。从 1977 年诞生后，TRIZ 的专家们一直在不断地对其进行修订和完善。如今，ARIZ 仍然随着科技的发展而与时俱进，新的知识库可以大大拓展 ARIZ 解决发明问题的能力，某些解决方案已经成为扩充的 ARIZ 的一部分。而经过发展、扩充后的 ARIZ 也不断促进技术的进步，二者形成一种良性循环。

二、ARIZ 的基本特点

TRIZ 理论的研究者从不同的角度给出了 ARIZ 的一些特点，这些特点主要是：

（1）ARIZ 是一种引导我们进行全面思考的工具，但是并不能用它来代替思维过程。在利用 ARIZ 进行思考时，一定要非常仔细地阅读 ARIZ 中的每一个步骤，并按照其引导进行思考。同时，应将在思考过程中想到的所有想法都记录下来，包括那些表面上看起来可笑的、荒诞不经的"胡思乱想"。

（2）ARIZ 不是一个方程式，直接将问题作为变量代进去是得不到答案的。ARIZ 是一个包含了多个步骤的、相对复杂的解题流程。在这个流程中，阿奇舒勒将经典 TRIZ 中的多种解题工具、重要理论概念和一些实用的创造性思维方法有机地结合起来，通过分析问题的技术冲突来转换发明问题，并最终解决问题。因此，它能够使一个人拥有很多发明家的经验，并不断提高运用这些经验的能力。

（3）从有效性和复杂性来看，冲突矩阵、分离原理和标准解系统等 TRIZ 工具与 ARIZ 正好相反。不加选择地使用这种极端强大，但是又非常复杂、难用的工具，会令使用者失望。只有将 ARIZ 用于求解那些真正特殊的问题，才是合理的。根据阿奇舒勒的研究，在工程实践中所遇到的问题，只有不到 5% 是属于这种类型的。

与其他 TRIZ 工具一样，利用 ARIZ 对问题进行求解，最后得到的只是一个概念解。如何利用这个概念解来解决实际问题，还需要设计人员具体问题具体分析，利用自己的专业领域知识，将获得的概念解逐步转化为可以实施的详细解决方案。

第二节　ARIZ-85 的基本步骤

阿奇舒勒提出的 ARIZ-85 共有 9 个关键步骤，这些步骤是：① 问题分析；② 问题模型的分析；③ 陈述最终理想解（IFR）和物理冲突；④ 运用物场资源；⑤ 知识库的应用；

⑥转化或替代问题；⑦原理解评价；⑧原理解最大化；⑨解决方案的专家分析。在每个步骤中都含有数量不同的多个子步骤，在解决实际问题的过程中，并没有强制要求按顺序走完所有的9个步骤，而是一旦在某个步骤中获得了问题的解决方案，就可以跳过中间的其他几个无关步骤，直接进入到后续的相关步骤来完成问题的解决。图7-1所示为利用ARIZ分析问题的流程图。

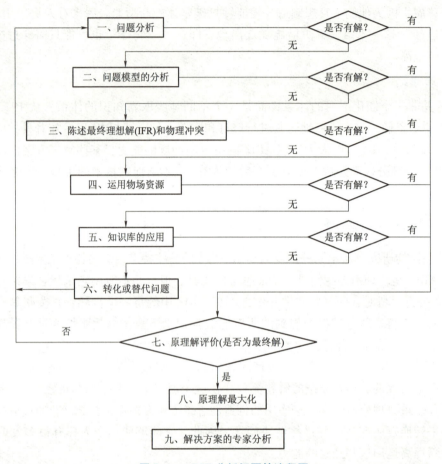

图7-1　ARIZ分析问题的流程图

图7-1中前5个步骤将初始问题转化为具体的冲突，并解决这些冲突；如果在前五步问题没有得到解决，步骤六重新定义问题并跳回到第一步，再次求解问题；当问题被解决后，可以应用步骤七来评价该解决方案；步骤八由问题特解中抽取出可用于解决其他问题的通用解法；步骤九主要是针对TRIZ专家，由专家分析应用ARIZ求解该问题的过程，以便不断改进和完善ARIZ。下面以ARIZ-85的理论体系为主，来介绍ARIZ的理论方法和基本步骤。

一、问题分析

问题分析的主要目的是将一个模糊不清的问题转化为一个描述明确的问题模型。在利用ARIZ对问题进行分析时，应尽量保持系统的稳定性，达到消除系统缺陷与完成改进的目的。同时，又可以通过引入约束、激化矛盾，发现技术系统中隐含的冲突。本步骤又可以细分为以下7个子步骤：①"缩小"问题的确定；②定义冲突的元素；③建立技术冲突图解模型；④ 选择并分析技术冲突图解模型；⑤ 强化技术冲突；⑥ 建立问题模型；⑦ 应用标准解系统。

1. "缩小"问题的确定

所谓"缩小"问题，是指将问题进行层层分解，剥离不必要的因素，只保留与该问题密切相关的因素，达到消除系统缺陷与完成改进的目的。把问题转化为"缩小"问题，可以在不改变系统的前提下，引导设计者在解决发明问题时明确冲突。

在陈述"缩小"问题时，需要找到系统中的技术冲突，必要时可对系统做最小的改动。正如前文所言，技术冲突突出表现为一些改进措施可能在技术系统中产生有害或有益的影响，这两种影响都是改进措施直接导致的结果。当然，技术系统进化的目的就在于最大限度地引入或者改善有利作用，同时最大限度地消除或减小有害作用。

例 7-1 天文望远镜无线电波接收系统。

射电天文望远镜是通过接收来自宇宙空间的无线电波，从而获得宇宙的相关数据。因此，射电望远镜需要配备体积较大的无线天线。避雷针（导体）可以保护射电望远镜的天线免受雷击。无线电波接收技术系统包括无线天线、无线电波、避雷针和闪电。在这个技术系统中，避雷针的数量和天线接收的无线电波的量之间存在冲突。

"缩小"化该问题之后，可以发现这个技术系统存在两个主要冲突：

技术冲突一（TC-1）：如果系统有较多的避雷针，可以有效保护天线免遭雷击。但是，避雷针会吸收无线电波，从而减少了天线可接收的无线电波的数量。

技术冲突二（TC-2）：如果系统只有极少数的避雷针，将不会吸收掉大量的无线电波，但在这种情况下，避雷针可能不足以完全保护天线免遭雷击。

必要时，可以对系统做最小的改动，在保护天线免遭雷击的同时又不吸收掉无线电波。

2. 定义冲突的元素

冲突元素一般指工件和工具。工件是指问题中需要"加工处理"的元素，例如，需要对元素进行制造、移动、调整、改进、保护、探测及测量等。工具则是指直接作用在工件上的元素。工具可以是环境中一些较为特殊的部分，也可以是装配中使用的标准零部件。需要注意的是，工具一定是"直接"作用而非"间接"作用。例如，钻孔时，直接起作用的工具是"钻头"而非"钻床"；黑暗中起照明作用的是"光"而非"手电筒"或"灯泡"等。

比如，在天线保护的例子中，工件是闪电和无线电波，工具是避雷针（导体）。

3. 建立技术冲突图解模型

通过研究，阿奇舒勒总结出一些典型的矛盾冲突模型，现将这些典型的矛盾冲突模型列于表 7-1 中。注意：如果非标准的图解模型更能够反映矛盾的本质，则允许使用那些非标准的图解模型。

表 7-1 典型矛盾冲突模型

序号	名称	图　解	说　明
1	反向作用	A → B	A 有用作用在 B 上，B 对 A 反向产生有害作用。必须消除有害作用保留有用作用

续表

序号	名称	图解	说明
2	成对作用 1	A→B（弧线箭头与波浪线）	A 有用作用在 B 上，同时也对 B 产生有害影响。必须消除有害作用保留有用作用
3	成对作用 2	A→B_1，A~B_2	A 有用作用在 B_1 上，同时对另外一个 B_2 产生有害作用。必须消除对 B_2 的有害作用，保留对 B_1 的有用作用
4	成对作用 3	A→B，A~C	A 有用作用在 B 上，有害作用在 C 上（A、B、C 组成系统）。必须在不破坏系统的条件下消除有害作用，保留有用作用
5	成对作用 4	A→B（带自身波浪线）	A 有用作用在 B 上，同时伴随着对 A 自己的有害作用。必须消除有害作用保留有用作用
6	互斥作用	A→B，C~B	A 有用作用在 B 上，C 的互斥作用也在 B 上（比如加工和测量是互斥的）。必须在不改变有用作用的同时，完成 C 对 B 的作用
7	不完整作用	A⇢B（虚线、虚线、波浪线多种）	A 提供有用作用给 B 的同时，要求两个不同的作用；或者 A 压根儿不能对 B 作用；有时 A 缺失，要求对 B 的作用，但不清楚如何获得。必须提供与"最简单"A 兼容的对 B 的作用
8	缺少作用	A~B	关于 A/B 相互作用的信息是缺失的。有时，只给出 B。必须获得需求的信息
9	失控作用	A⇢B	A 对 B 的作用是失控的同时要求可控作用。必须将 A 对 B 的作用控制下来

在例 7-1 天线保护的例子中，TC-1 和 TC-2 图解模型均为成对作用 3，其图解模型如图 7-2 和图 7-3 所示。图 7-2 的图解模型表示：在导体很多的情况下，导体对闪电的作用是足够的、有效的（用带箭头的实线表示），但是对无线电波产生了有害作用（用带箭头的实波浪线表示）；图 7-3 的图解模型表示：在导体很少的情况下，导体对闪电的作用是不足的（用带箭头的虚线表示），同时导体对无线电波不产生有害作用（用打叉的带箭头实波浪线表示）。具体的解决方案应为：在不破坏系统的条件下，消除有害作用并保留有利作用。

图 7-2　使用多数避雷针模型

A—避雷针；B—闪电；C—无线电波

图 7-3　使用少数避雷针模型

A—避雷针；B—闪电；C—无线电波

4. 选择并分析技术冲突图解模型

从多个技术冲突图解模型中，选择一个能够准确表达关键问题的模型。在例 7-1 天线保护的例子中，关键问题是接收无线电波。所以我们选用 TC-2 即少数避雷针，在这种情况下，导体（避雷针）的数量很少，所吸收的无线电波的量也非常少。选择并分析技术冲突图解模型的最终目的在于抓住主要矛盾，适当地忽略次要矛盾。

5. 强化技术冲突

通过指出元素的限制状态或限制作用来强化技术冲突，从而发现技术系统中隐含的冲突或矛盾。大多数的问题都包含"多量元素"对"少量元素""强的元素"对"弱的元素"等类型的技术冲突。对于"少量元素"的冲突，只可以转化成"没有元素"或"缺少元素"。在例 7-1 天线保护的例子中，我们可以考虑替代"少数装置"，在 TC-2 中有"缺失的装置"。

6. 建立问题模型

可以通过陈述"冲突的元素""冲突的强化规则"以及"将附加元素（X）引入系统来解决问题的效果（保持、消除、改进等）"三部分内容来建立问题模型。

比如在天线保护的例子中，已知：一个缺失的装置和闪电，缺失的装置不阻碍天线接收无线电波，但不能提供免遭雷击的保护。要求寻找 X，完成具有以上缺失装置的特性（不阻碍天线接收）同时也能保护天线免遭雷击的目的。

7. 应用标准解系统

考虑应用标准解系统来解决问题模型，如果能够获得恰当的解，则可以直接跳到步骤七；否则应进入下面的步骤二。

二、问题模型的分析

此步骤的主要目的是用来创建解决问题的空间、时间、物质和场等可用资源。主要包括定义操作区域（OZ）、定义操作时间（OT）、定义物质和场资源（SFR）3 个子步骤。其中，OZ 一般是在问题模型中由冲突所表明并呈现出来的范围；OT 由冲突发生中的持续时间 T_1 和冲突发生前的时间 T_2 组成，瞬时的或短暂的冲突通常可在 T_2 阶段进行有效的预防或消除；SFR 是已经存在的物质和场（或者根据问题描述容易获得的），主要有以下 3 种类型：

（1）内部 SFR，包括工具的 SFR 和工件的 SFR。此种类型在解决"缩小"问题时应优先考虑，因为理想的方法是以最小的资源付出来获得所需求的结果。

（2）外部 SFR，包括特定环境中的已知 SFR 和隐含于问题中的 SFR。如观察宇宙中的星系，宇宙是特定环境中已知的 SFR；地球上的物体总是受到重力场的作用，重力场就是隐含于问题中的 SFR。

（3）超系统的 SFR，包括其他系统的废旧资源以及极低成本的"外界"因素。

三、陈述最终理想解（IFR）和物理冲突

通过步骤三，可以使我们对最终理想解有一个形象化的描述，同时还将确定出阻碍实现

最终理想解的物理冲突。虽然并不一定总是能够实现理想解，但是最终理想解却给我们指出了获得强有力的解决方案的方向。本步骤又可细分为以下几个子步骤：确定初步的 IFR-1，强化的 IFR-1，描述技术系统存在的物理冲突或技术冲突，确定最终的 IFR-2 及使用标准解法解决新问题等。

1. 确定初步的 IFR-1

通过引入附加元素 X，不会造成系统的复杂化，也不会产生任何有害效应。在一定的操作空间和时间内，还有助于消除原有系统的有害作用。

2. 强化的 IFR-1

根据步骤二，列出系统内所有的可用资源清单，选择一种资源作为附加元素。选用顺序为：内部的 SFR、外部的 SFR 和超系统的 SFR。考虑如何利用附加元素达到理想解，可以先设想附加元素具有相反的两种状态或属性，然后忽略其可实现性，遍历所有资源后，选择一个最可能实现理想解的资源作为附加元素。

在例 7-1 天线保护的例子中，关于天线保护问题的模型中没有包含工具。根据分析，IFR-1 需要与环境进行结合，因此 X（元件）用"空气"来替代。

3. 描述技术系统存在的物理冲突或技术冲突

这里的物理冲突表示在操作区域内物理状态的相反需求，一个简短的物理冲突一般按照以下模式来阐述：为了执行相应的、有益的功能，元素（或其部分）应在操作区域内；为了防止相应的、有害的功能，又不应在操作区域内。在例 7-1 天线保护的例子中，空气柱在操作时间内应该是电传导的，以移走闪电；又应该是非导电的，以避免吸收无线电波。也就是说，自由电荷在雷击时必须在空气里，以提供电传导来移走闪电，其余时间又不能在那里，需要消除电传导性以避免吸收无线电波。

4. 确定最终的 IFR-2

其阐述模式为，在指定的操作时间和操作空间内，应该依靠自己提供相反的宏观状态或微观状态。比如，在例 7-1 天线保护的例子中，空气柱中的中性分子需要依靠自己在雷击时转化为自由电荷。闪电后释放电荷，需要依靠自己再转化为中性分子。

5. 使用标准解法解决新问题

同理，如果到达此步骤时，采用标准解法能够解决新问题即最终理想解 IFR-2，可以直接跳到后面的步骤七；若不能够解决这个新问题，则继续进入下一个步骤。

四、运用物场资源

步骤四由系统化的过程组成，这些过程将指引我们向着增加资源可用性的方向前进。具体方法是：通过对那些能够得到的、几乎免费的物场资源进行稍微的转换，使之成为可直接使用的资源。

1. 运用物场资源需要遵循的规则

1）单一规则

呈现某种单一状态的任何物质粒子 A 只能执行一种作用，若要同时执行另外一种作用，则需要引入另外一种物质粒子 B。

2)分组规则

为了使引入的（或原有的）物质粒子具有新的功能，可以通过一些途径或方法，使其中的一部分保持原来的状态，而其中另一部分改变状态，力图使其与存在的问题相适应。同时，因为改变了其中一部分物质粒子的状态，可能导致两部分不同状态的物质粒子相互作用，从而获得第三种附加的作用或物质粒子。

3)回归规则

当原有的（或引入的）物质粒子完成其功能，解决了相应问题之后，应当回归其原来的状态。

2. 运用物场资源的常见方法

1) 智能小矮人（Smart Little People，SLP）仿真

智能小矮人仿真是 ARIZ 中经常使用的一种引入物场资源的方法，它实质上是一种思考问题的方法。通过该方法将冲突要求想象成一幅小矮人执行功能的简图，其中小矮人代表问题模型中的可变元件。利用小矮人仿真，需要问题解决者的观察角度从宏观向微观转变，最终再从微观转变为宏观。

在例 7-1 天线保护的例子中，为了解决技术冲突，采用小矮人仿真方法来创建一幅小矮人执行功能的简图。在图 7-4 中，选择的空气中的小矮人（方框中具有填充色的小矮人），与未被选择的空气中的小矮人（方框外面没有填充色的小矮人）一样。每一个小矮人手拉手，因为他们的手都在忙碌着，所以不能捕捉到闪电粒子（图 7-4 中更小的闪电中的小矮人），闪电粒子可以从空气中自由通过。这表明，选择的空气与普通的空气一样，均为中性，因而不能导电，不能实现保护天线的功能。显然，该系统只有一种物质粒子，根据分组规则，可以将这种粒子分成两组，使其中一组粒子保持原状态，而其中另一部分改变状态。应用分组规则后的空气小矮人冲突模型如图 7-5 所示。在图 7-5 中，小矮人分成两组，一组小矮人仍然保持其原来的状态（中性），与图 7-4 中相应的小矮人相同；另一组为方框中的小矮人，改变了状态——他们没有手拉手。这一改变表明他们具备捕捉闪电离子的能力。由此可见，转变空气分子的状态可能会解决这个问题。

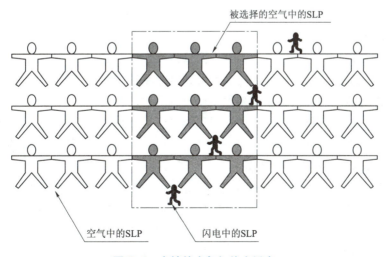

图 7-4 中性的空气智能小矮人

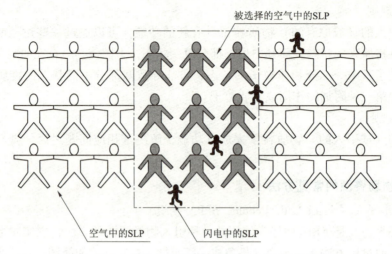

图 7-5 被选择的非中性的空气智能小矮人可以捕捉闪电

剩下的问题就是如何改变选择的空气状态问题，即考虑如何使空气具备捕捉闪电的能力。根据物理知识，可以考虑采用降低选择的空气气压，以便能够将其进行电离分解。

利用 SLP 解决问题时，相应的简图非常重要。一幅优秀的简图应该是，即使没有文字也可以清楚地表达问题求解者的意图，并且能够提供相关物理冲突的附加信息，从而为问题的解决指明途径。

2）由 IFR 退回的策略

当我们能够想象到最终的解决方案时，寻找获得最终解决方案的路径便成为关键，此时从 IFR "退回"或许有助于获得最终解决方案的路径。例如要求两个连接件互相接触，从 IFR "退回"则可以认为，工件之间存在间隙，问题转变为怎样消除这些间隙。消除间隙的方法有很多种，它远比考虑怎样让工件保持接触要容易，或者远比让工件保持接触更能让问题求解者有思路。这种"退回"策略有助于我们更好地认清问题的本质，从而为解决这些问题铺平道路。在许多工程实际问题中，都有着类似的原理或途径，因此采用由 IFR "退回"的策略，寻找获得最终理想解的路径是一种相当普遍的方法。

3）使用真空区

真空是一种非常重要的物质资源，其主要优点在于，当真空与其他物质资源混合时，既可能改变原有物质资源的状态或性能，又不会在技术系统中引入新的有害功能或作用。利用真空这个突出的优点，可以重新审视多种物质资源。可以将固体看成固体填充物与真空区域的混合体。当然，这种固体中的真空区域很可能已经被液体或气体填充。同理，可以将液体看成液体填充物和真空区域的混合体，只是这种真空区域往往已经被气体填充——如其不然，水中就不可能存在鱼、虾等生物了。

比如，在例 7-1 天线保护的问题中，稀薄的空气可认为是空气和真空区的混合物，物理学告诉我们：降低气体的压力可以降低气体放电所需的电压。现在，我们可以得到这样一个完整的概念解：一个透明的避雷导体由绝缘的密封管制成，将密封管内部的气体压力设定为某个数值。在该数值下，闪电的电场能够以最小的气体电离梯度使密封管中的气体产生放电现象。

4）使用物质资源的混合物

一般而言，采用当前可用资源已经不太可能解决发明问题时，通常需要问题求解者根据需要在系统中引入新的物质来解决问题。但引入新物质可能导致技术系统复杂化，一些有害的作用或功能也会随之而来。

集成两个系统来组成一个新的系统，其实质是保留新系统的边界。若将一本书看作是多系统，那么这本书的每一页纸可被看作是单系统；要保持新系统（这本书）的边界，需要引入第二种物质，一种边界物质，即使这种物质是空隙。在利用真空的策略中，将真空作为第二种边界物质引入到新的系统中。当将某个单系统与真空混合时，边界变得模糊，此时新的特性出现了，这种新的特性可能是设计者所需要的结果。

5）使用"原生"物质资源

"原生"物质资源包括两种情况：一种是化学分子式相同，但相状态不同；另一种情况为由其他物质通过化学反应获得，则反应物是生成物的"原生"物质资源。例如，石墨和金刚石的化学分子式相同，但其相状态不同，因此可以认为石墨和金刚石互为"原生"物质资源。通过碳与氧的化学反应可以得到二氧化碳，因此碳和氧是二氧化碳的"原生"物质资源。

利用"原生"物质资源可以大大开阔解决问题的思路。当需要的物质不能够得到，或者引入这种物质将会给技术系统带来难以克服的困难时，就可以考虑使用它的"原生"物质资源。这种思路有时会带来意想不到的效果。如果能够将上述的3）、4）、5）几个策略组合在一起使用，那么我们解决问题的能力将会得到进一步的提高。

6）引入电磁场

利用电场可以控制物质中的电子，再通过电子控制相应的物质；利用磁场可以控制铁磁材料。巧妙地利用电场或磁场，可以完成一些似乎难以完成的任务，从而实现自动控制。例如，在一种新型的研磨工具中，需要控制上万颗金字塔形状的钻石，使其尖头处于向上位置，以便获得最佳的研磨效果。如果利用手工来摆放这些钻石，这确实是一件难以完成的工作；如果利用磁场和磁粉结合，则摆放金刚石的工作将会变得非常容易。

五、知识库的应用

在多数情况下，步骤四可以直接提供问题的解决方案，因此可以直接跳至步骤七。但有时不能得到解决办法，这时应该进入步骤五，借助于 TRIZ 知识库中积累的经验，使要解决的问题冲突变得清晰明了。步骤五又可以细分为以下几个子步骤。

1. 应用标准解法来解决问题

前面步骤的主要思想是利用现有的 SFR（物场资源）来解决问题，即尽量避免引入新的物质和场资源；当仅仅使用可用的 SFR 或"原生"物质资源无法得到解决方案时，则需要引入新的物质和场资源。大多数标准解法中，都涉及引入附加物质资源的方法。

2. 应用 ARIZ 的非标准问题的解决方案解决问题

在解决问题过程中，相互关联的矛盾冲突非常少，很多难题可以通过类推来说明包含相似矛盾的问题，从而得到解决。因此可以利用以前用 ARIZ 获得的解决方案来解决当前的问题。

3. 应用分离原理来解决矛盾冲突

只有完全匹配或接近于最终理想解（IFR）的解决方案才可以被采用。

4. 应用自然知识和现象库来解决矛盾冲突

例 7-2 如何焊接金链的非常细小的链环？

问题：这种金链非常细，1 m 长的金链子质量只有 1 g。现在需要找到一种方法，要求在 1 天内完成一条几百米长的金链焊接。

这个问题可以分解成以下几个子问题：

（1）如何将微剂量的焊料填充进链环的缝隙中。

（2）如何在不损害金链的前提下，加热被填充在缝隙中的微剂量焊料。

（3）如何清除其他多余的焊料。

其中，最主要的问题是如何将微剂量的焊料填充进链环的缝隙中。因此，我们可以在科学效应库中进行查找，以便寻找可以提供这种功能的科学效应。

六、转化或替代问题

要解决一个问题，首先就要正确地理解该问题。在开始的时候，通常很难准确地将问题定义出来。随着对问题的分析不断深入，就会越来越接近问题的本质。因此，问题求解的过程就是对问题进行深入理解的过程，也是一个不断修正问题描述问题的过程。

（1）若问题已经得到解决，需要将理论上的解决方案转化成实现 IFR 的原理图，并阐述其作用原理。

（2）若问题没有得到解决，需要检查步骤一，若在步骤一中描述了多个问题的联合体，那么需要将其进行分解，重新描述并确定主要的问题，以便及时准确地解决主要问题。在例 7-2 中，如何焊接金链的非常细小的链环，就将问题分解成了 3 个简单的问题，主要的问题是如何将微剂量的焊料填充进链环的缝隙中。

（3）若问题仍未得到解决，则采用步骤一中第 4 个子步骤，通过选择另外的矛盾冲突来完成问题的转化。对于例 7-1 保护天线的例子来说，我们从两个图形化矛盾模型中选择的是 TC-2。如果到目前为止，沿着 TC-2 所指出的方向仍然无法解决该技术冲突，则选择 TC-1 所指出的方向来求解该技术冲突。

（4）若采用上述方法仍然不能够解决问题，则采用步骤一中第 1 个子步骤，重新定义"缩小"问题。在重新定义"缩小"问题时，应适当地扩大系统的范围，将以前属于超系统的某些部分定义到系统中来。这样一来，不仅可以将更多的资源纳入系统中，而且还可以扩大问题的解空间。

例 7-3 煤矿用救生服的改造。

煤矿救生员的救生服上有一个冷却系统，这个冷却系统质量为 20 kg。除此之外，每个救生员还要携带一个质量为 20 kg 的呼吸器，这在很大程度上妨碍了救生员的工作。为了减轻重量，冷却系统和呼吸器可以合并成一个系统，这个新的系统使用液态氧。当液态氧变为气态氧的时候，需要吸收热量，从而产生救生服所需要的制冷效果，所生成的气态氧可以用于呼吸。经过改进以后，设备的质量只有 20 kg。

七、原理解评价

本步骤的主要目的是检查获得的 IFR 解决方案的质量。评价标准在于，获得 IFR 耗费物质资源的多少。显然，物质资源耗费越少越好。本步骤又可以细分为以下 4 个子步骤：解决方案的检查，解决方案的初步评价，通过专利搜索来检查解决方案的新颖性、子问题预测等。

1. 解决方案的检查

检查是否可以利用已有资源或"原生"物质资源来代替引入的物质和场。如果能够使用"原生"物质资源代替引入的物质和场，则可以不需要引入任何外来物质资源而改变系统及其状态。

检查是否可以利用自我控制的物质。自我控制物质是通过特殊方法改变其状态以响应环境状况变化的物质，例如加热到居里点以上磁粉失去了磁性。利用自我控制的物质，允许不依靠外加设备来进行系统的改变或状态的更改。

2. 解决方案的初步评价

在 TRIZ 中，可以将所得到冲突的解分为离散解和连续解两类。离散解是指彻底消除了技术冲突，或新解使得原有技术冲突已不存在；连续解是指新解消除了一部分技术冲突，但冲突仍然存在，不断消除冲突的同时产生一系列新的冲突，这些冲突构成冲突链。需要判断或预测解决方案是离散解还是连续解，如果是连续解，将可能引起哪些新的子问题？同时，还需要评估解决方案是否具备以下特征：

（1）是否较好地实现了 IFR-1 的主要目的需求？
（2）是否解决了一个物理冲突？
（3）解决方案是否容易实现？
（4）新系统是否包含了至少一个易控元素，如何进行控制？

若解决方案不能满足上述初步评估，则需要回到步骤一重新进行"缩小"问题的定义。

3. 通过专利搜索来检查解决方案的新颖性

可以通过搜索与解决问题相互关联的发明专利，来检查所使用的解决方案是否在已有问题解决过程中是初次使用的。

4. 子问题预测

新系统形成过程中会出现多种子问题，如果要解决它们，就需要预测这些子问题是否需要创新、计算、设计以及怎样克服这些困难等。请将未来在解决这些新问题时需要做的工作记录下来。

八、原理解最大化

一旦某个创新概念形成，它就像一把万能钥匙，不仅能够解决特定的问题，而且还可能适用于其他类似的问题。因此，有必要评估该方法是否可以应用于其他问题，从而获得资源的最大化利用。

1. 定义超系统的改变

子系统改变可能会影响到超系统，因此有必要重新定义超系统。重新定义的超系统应该包括已经变化了的子系统。

2. 进行可行性分析

分析改进后的超系统和子系统是否可以按照问题求解者设计的方式工作。

3. 进行拓展性分析

分析获得的解决方案是否能够应用于其他相似的问题。在拓展分析中，主要考虑以下几个因素：

（1）简要陈述解决方案的通用原理。

（2）考虑直接利用解法原理来解决其他问题。

（3）考虑使用相反的解法原理来解决其他问题。

（4）建立一个包含解决方案所有可能更改的形态矩阵，并仔细考虑从矩阵中所产生的每一种组合。

（5）仔细考虑解决方案的更改将导致由系统尺寸或主要零件引起的变化，想象一下如果尺寸趋于零或延伸到无穷大的可能结果。

九、解决方案的专家分析

TRIZ 专家通过该步骤来评估改进 ARIZ，一般初学者可以忽略该步骤。如果对 TRIZ 的理解已经进入较深的层次，则可以通过该步骤对问题的解法过程进行透彻的分析。

（1）将解决问题的实际过程与 ARIZ 理论的求解流程进行比较，并记下所有存在偏差的地方。

（2）将解决问题的实际解法方案与 TRIZ 知识库（分离原理、标准解法、效应和现象知识库等）的信息进行比较，如果知识库中没有包含该解决方案的原理，则对该方案进行归纳整理，以便在修订 ARIZ 时进行扩充。

以上通过一些工程实例介绍了发明问题解决算法 ARIZ-85 的应用过程。尽管 ARIZ 是面向 TRIZ 专家采用的工具，但是对于有志于学习和应用 TRIZ 的研发人员来说，理解并掌握 ARIZ 也是十分重要的。该算法所提供的解决问题的思路和方法，为研发人员提供了全新的思维方式。如果 TRIZ 是脚手架，则 ARIZ 就是建造高楼大厦的蓝图。人们正是通过应用 TRIZ 这个工具，踩着 ARIZ 的节拍，将创新的理想一步一步地变成现实。

第三节 利用 ARIZ 解决创新问题

按照 TRIZ 理论的基本观点，对同一问题的解决可能有多个不同的方案，解决方案的难易及可行性与对问题的描述方法息息相关。把实践中的冲突描述为缩小的问题，将指引问题求解者朝着最终理想解的方向前进，从而找出既简单又有效的方法，以最小的代价使问题得到解决，发明问题解决算法就是为实现这一目的而开发的。ARIZ 采用循序渐进的方式，从陈述问题开始，一步一步地对问题进行深入的分析，对问题的结构进行解析，将模糊的初始问题转化为简单的问题模型，从而找到问题中包含的主要冲突，最终实现对问题的求解。下面通过一些工程实例简要说明 ARIZ 的应用。

例 7-4 某造纸厂用圆木作造纸原料。原木卸在海边的传送带上，并运往砍削机进行加工。为了使切削流程顺利完成,对圆木输送到砍削机时的轴线方向做了规定。由于圆木卸下时杂乱无章地堆砌在传送带上,所以需要在传送过程中增加一个对圆木进行定向的工序,要求使圆木轴线方向与传送带的轴线方向一致。这一操作如果由机器人来完成,则机械结构复杂,占据大片面积,可靠性也不高。那么有没有简单可靠、成本低廉的解决方案呢? 现在对这一问题用 ARIZ 方法做如下分析:

缩小的问题:不对系统做主要改动,而是对圆木进行定向。

系统冲突:定向需要将圆木按要求方向加以排列的机构,但这将使系统复杂化。

问题模型:应利用系统中已有的要素实现定向功能。

冲突区域及资源分析:冲突区域是传送带表面,系统在该区域的唯一资源是传送带。

理想最终结果:传送带自身能够实现圆木的定向排列。

物理冲突:为了实现圆木定向,传送带表面上的不同点应有不同的速度;为了传送圆木,传送带表面应以同一速度运动。

消除物理冲突:将互相矛盾的要求分隔在不同的层面上,整个传送带以生产所需的速度向前运动,而它的部件则以不同的速度运动。

工程方案:将传送带设计成 3 个部分。中间的主体部分以生产速度运动,把圆木送往砍削机,两边的传送带则向相反的方向错动。通过摩擦力对圆木的作用,来调整圆木的姿态,使其轴线方向与传送带轴向一致,以便达到定向的目的,如图 7-6 所示。

图 7-6　对圆木定向的传送带

例 7-5　摩擦焊是连接两块金属的最简单的方法。将一块金属固定并将另一块对着它旋转,只要两块金属之间还有空隙就什么也不会发生,但当两块金属接触时,接触部分就会产生很高的热量,金属开始熔化,再施加一定的压力,两块金属就能够焊在一起。一家工厂要用每节 10 m 的铸铁管建成一条通道,这些铸铁管要通过摩擦焊接的方法连接起来。但要想使这么大的铁管旋转起来需要建造非常大的机器,并要经过几个车间。如何解决这一问题呢? 现在对这一问题用 ARIZ 方法做如下分析:

缩小的问题:对已有设备不做大的改变而实现铸铁管的摩擦焊接。

系统冲突:管子要旋转以便焊接,管子又不应该旋转以免使用大型设备。

问题模型:改变现有系统中的某个构成要素,在保证不旋转待焊接管子的前提下实现摩擦焊接。

冲突领域和资源分析:冲突领域为管子的旋转,而容易改变的要素是两根管子的接触部分。

理想最终结果:只旋转管子的接触部分。

物理冲突：管子的整体性限制了只旋转管子的接触部分。

物理冲突的去除及问题的解决对策：用一根短的管子插在两根长管之间，旋转短的管子，同时将管子压在一起直到焊好为止。

思考题

7-1 ARIZ 的理论基础由哪几条原则构成？其基本特点是什么？

7-2 ARIZ-85 由哪几个关键步骤组成？这些步骤的特点是什么？

7-3 使用 ARIZ 解决问题时，运用物场资源（SFR）需要遵循哪些规则？

7-4 当运用 ARIZ 的步骤四时，三种规则怎样通过六种方法得到具体的实现？

7-5 请通过一个例子说明如何利用 ARIZ 实现创新？

第八章

科学效应和现象及详解

第一节 科学效应和现象的作用

从跨进校门，我们就开始了对数学、物理、化学、生物等自然科学知识的学习，花费了大量的时间和精力来学习和掌握各门知识。但是，对于如何在实践中应用所学到的这些知识，却是一片茫然。进入社会以后，在学生时代所学的大量自然科学知识基本上都被封存起来了，很少再有机会来重新回顾这些知识，更谈不上利用这些知识来解决那些看起来难以解决的技术问题。

然而，在解决技术问题的过程中，这些科学原理，尤其是科学效应和现象的应用，对于问题的求解往往具有不可估量的作用。一个普通的工程师通常知道大约 100 个效应和现象，但是科学文献中却记录了大约 10 000 种效应。每种效应都可能是求解某一类问题的关键。由于在学校里学生们只学习到了效应本身，而并没有学过如何将这些效应用到实际工作中。因此，当他们从学校毕业以后，即使在运用一些众所周知的效应时也会出现问题，更不用说那些很少听说的效应了。另一方面，作为科学原理和效应的发现者，科学家们常常并不关心，也不知道该如何去应用他们所发现的效应。

在对大量高水平专利的研究过程中，阿奇舒勒发现了这样一个现象：那些不同凡响的发明专利通常都是利用了某种科学效应，或者是出人意料地将已知的效应及其综合，应用到以前没有使用过该效应的技术领域中。例如，市场上出售的一次性压电打火机，是利用了压电陶瓷的压电效应制成的，只要用大拇指压一下打火机上的按钮，将压力施加到压电陶瓷上，压电陶瓷就会产生高电压，由此形成火花放电，从而点燃可燃气体。

为了帮助工程师利用科学原理和效应来解决工程技术问题，阿奇舒勒和 TRIZ 理论的研究者共同开发了一个科学效应数据库。其目的就是为了将那些在工程技术领域中常常用到的功能和特性，与人类已经发现的科学原理和效应所能够提供的功能和特性对应起来，以方便工程师进行检索。

下面首先介绍 TRIZ 理论中，解决发明问题时经常遇到的、需要实现的 30 种功能，以及实现这些功能时经常用到的 100 个科学效应和现象，然后对这 100 个科学效应和现象进行了详细解释，以便于读者进行查阅和应用。

第二节 科学效应和现象清单

到目前为止，人类已经发现的科学原理和效应在数量上是非常惊人的。如何将这些宝贵的知识组织起来，便于工程技术人员进行检索和使用呢？

通过对全世界 250 万份高水平发明专利的研究，TRIZ 将高难度的问题和所要实现的功能进行了归纳总结，常见的共有 30 个功能，并对每个功能赋予相对应的一个代码，功能代码详见表 8-1。有了功能代码，可根据代码来查找 TRIZ 所推荐的此代码下的各种可用科学效应和现象，科学效应和现象清单详见表 8-1。

表 8-1 功能代码及其对应的科学效应和现象清单

功能代码	实现的功能	TRIZ 推荐的科学效应和现象	科学效应和现象序号
F1	测量温度	热膨胀	E75
		热双金属片	E76
		珀耳帖效应	E67
		汤姆逊效应	E80
		热电现象	E71
		热电子发射	E72
		热辐射	E73
		电阻	E33
		热敏性物质	E74
		居里效应（居里点）	E60
		巴克豪森效应	E3
		霍普金森效应	E55
F2	降低温度	一级相变	E94
		二级相变	E36
		焦耳-汤姆逊效应	E58
		珀耳帖效应	E67
		汤姆逊效应	E80
		热电现象	E71
		热电子发射	E72
F3	提高温度	电磁感应	E24
		电介质	E26
		焦耳-楞次定律	E57
		放电	E42
		电弧	E25
		吸收	E84
		发射聚焦	E39
		热辐射	E73
		珀耳帖效应	E67
		热电子发射	E72
		汤姆逊效应	E80
		热电现象	E71
F4	稳定温度	一级相变	E94
		二级相变	E36
		居里效应	E60

续表

功能代码	实现的功能	TRIZ 推荐的科学效应和现象		科学效应和现象序号
F5	探测物体的位移和运动	引入易探测的标识	标记物	E6
			发光	E37
			发光体	E38
			磁性材料	E16
			永久磁铁	E95
		反射和发射线	反射	E41
			发光体	E38
			感光材料	E45
			光谱	E50
			放射现象	E43
		形变	弹性形变	E85
			塑性形变	E78
		改变电场和磁场	电场	E22
			磁场	E13
		放电	电晕放电	E31
			电弧	E25
			火花放电	E53
F6	控制物体位移	磁力		E15
		电子力	安培力	E2
			洛伦兹力	E64
		压强	液体或气体的压力	E91
			液体或气体的压强	E93
		浮力		E44
		液体动力		E92
		振动		E98
		惯性力		E49
		热膨胀		E75
		热双金属片		E76
F7	控制液体及气体的运动	毛细现象		E65
		渗透		E77
		电泳现象		E30
		Thoms 效应		E79
		伯努利定律		E10
		惯性力		E49
		韦森堡效应		E81
F8	控制浮质（气体中的悬浮微粒，如烟、雾等）的流动	起电		E68
		电场		E22
		磁场		E13

续表

功能代码	实现的功能	TRIZ 推荐的科学效应和现象		科学效应和现象序号
F9	搅拌混合物,形成溶液	弹性波		E19
		共振		E47
		驻波		E99
		振动		E98
		气穴现象		E69
		扩散		E62
		电场		E22
		磁场		E13
		电泳现象		E30
F10	分散混合物	在电场或磁场中分离	电场	E22
			磁场	E13
			磁性液体	E17
			惯性力	E49
			吸附作用	E83
			扩散	E62
			渗透	E77
			电泳现象	E30
F11	稳定物体位置	电场		E22
		磁场		E13
		磁性液体		E17
F12	产生/控制力,形成高的压力	磁力		E15
		一级相变		E94
		二级相变		E36
		热膨胀		E75
		惯性力		E49
		磁性液体		E17
		爆炸		E5
		电液压冲压,电水压振扰		E29
		渗透		E77
F13	控制摩擦力	约翰逊-拉别克效应		E96
		振动		E98
		低摩阻		E21
		金属覆层润滑剂		E59
F14	解体物体	放电	火花放电	E53
			电晕放电	E31
			电弧	E25
		电液压冲压,电水压振扰		E29
		弹性波		E19
		共振		E47
		驻波		E99
		振动		E98
		气穴现象		E69

续表

功能代码	实现的功能	TRIZ 推荐的科学效应和现象		科学效应和现象序号
F15	积蓄机械能与热能	弹性形变		E85
		惯性力		E49
		一级相变		E94
		二级相变		E36
F16	传递能量	对于机械能	形变	E85
			弹性波	E19
			共振	E47
			驻波	E99
			振动	E98
			爆炸	E5
			电液压冲压，电水压	E29
			振扰	
		对于热能	热电子发射	E72
			对流	E34
			热传导	E70
		对于辐射	反射	E41
		对于电能	电磁感应	E24
			超导性	E12
F17	建立移动的物体和固定的物体之间的交互作用	电磁场		E23
		电磁感应		E24
F18	测量物体的尺寸	标记	起电	E68
			发光	E37
			发光体	E38
		磁性材料		E16
		永久磁铁		E95
		共振		E47
F19	改变物体尺寸	热膨胀		E75
		形状记忆合金		E87
		形变		E85
		压电效应		E89
		磁弹性		E14
		压磁效应		E88
F20	检查表面状态和性质	放电	电晕放电	E31
			电弧	E25
			火花放电	E53
		反射		E41
		发光体		E38
		感光材料		E45
		光谱		E50
		放射现象		E43

续表

功能代码	实现的功能	TRIZ 推荐的科学效应和现象		科学效应和现象序号
F21	改变表面性质	摩擦力		E66
		吸附作用		E83
		扩散		E62
		包辛格效应		E4
		放电	电晕放电	E31
			电弧	E25
			火花放电	E53
		弹性波		E19
		共振		E47
		驻波		E99
		振动		E98
		光谱		E50
F22	检查物体容量的状态和特征	引入容易探测的标志	标记物	E6
			发光	E37
			发光体	E38
			磁性材料	E16
			永久磁铁	E95
		测量电阻值	电阻	E33
		反射和放射线	反射	E41
			折射	E97
			发光体	E38
			感光材料	E45
			光谱	E50
			放射现象	E43
			X 射线	E1
		电-磁-光现象	电-光和磁-光现象	E27
			固体（的场致、电致）发光	E48
			热磁效应（居里点）	E60
			巴克豪森效应	E3
			霍普金森效应	E55
			共振	E47
			霍尔效应	E54
F23	改变物体空间性质	磁性液体		E17
		磁性材料		E16
		永久磁铁		E95
		冷却		E63
		加热		E56
		一级相变		E94
		二级相变		E36
		电离		E28
		光谱		E50

续表

功能代码	实现的功能	TRIZ 推荐的科学效应和现象		科学效应和现象序号
F23	改变物体空间性质	放射现象		E43
		X 射线		E1
		形变		E85
		扩散		E62
		电场		E22
		磁场		E13
		珀尔帖效应		E67
		热电现象		E71
		包辛格效应		E4
		汤姆逊效应		E80
		热电子发射		E72
		热磁效应（居里点）		E60
		固体（的场致、电致）发光		E48
		电-光和磁-光现象		E27
		气穴现象		E69
		光生伏特效应		E51
F24	形成要求的结构，稳定物体结构	弹性波		E19
		共振		E47
		驻波		E99
		振动		E98
		磁场		E13
		一级相变		E94
		二级相变		E36
		气穴现象		E69
F25	探测电场和磁场	渗透		E77
		带电放电	电晕放电	E31
			电弧	E25
			火花放电	E53
		压电效应		E89
		磁弹性		E14
		压磁效应		E88
		驻极体，电介质		E100
		固体（的场致、电致）发光		E48
		电-光和磁-光现象		E27
		巴克豪森效应		E3
		霍普金森效应		E55
		霍尔效应		E54

续表

功能代码	实现的功能	TRIZ 推荐的科学效应和现象		科学效应和现象序号
F26	探测辐射	热膨胀		E75
		热双金属片		E76
		发光体		E38
		感光材料		E45
		光谱		E50
		放射现象		E43
		反射		E41
		光生伏特效应		E51
F27	产生辐射	放电	电晕放电	E31
			电弧	E25
			火花放电	E53
		发光		E37
		发光体		E38
		固体（的场致、电致）发光		E48
		电-光和磁-光现象		E27
		耿氏效应		E46
F28	控制电磁场	电阻		E33
		磁性材料		E16
		反射		E41
		形状		E86
		表面		E7
		表面粗糙度		E8
F29	控制光	反射		E41
		折射		E97
		吸收		E84
		发射聚焦		E39
		固体（的场致、电致）发光		E48
		电-光和磁-光现象		E27
		法拉第效应		E40
		克尔效应		E61
		耿氏效应		E46
F30	产生及加强化学作用	弹性波		E19
		共振		E47
		驻波		E99
		振动		E98
		气穴现象		E69
		光谱		E50
		放射现象		E43
		X 射线		E1

续表

功能代码	实现的功能	TRIZ 推荐的科学效应和现象	科学效应和现象序号
F30	产生及加强化学作用	放电	E42
		电晕放电	E31
		电弧	E25
		火花放电	E53
		爆炸	E5
		电液压冲压，电水压振扰	E29

第三节　科学效应和现象的应用步骤

当设计一个新的技术系统时，为了将两个技术过程连接在一起，就需要找到一个纽带。虽然我们清楚地知道这个纽带应该具备什么样的功能，却不知道这个纽带到底应该是什么。此时，我们就可以到科学效应和现象清单中，利用纽带所应该具备的功能来查找相应的科学效应。

当对现有技术系统进行改造时，往往会希望将那些不能满足要求的组件替换掉。此时，由于该组件的功能是明确的，所以我们可以将该组件所承担的功能作为目标，到科学效应和现象清单中查找相应的科学效应。

表 8-1 列出了可以实现技术创新的 30 种功能及其对应的 100 个科学效应和现象（其详细解释见本章第四节），我们可以利用此表解决技术创新中遇到的问题。应用科学效应和现象解决问题时，一般有如下 6 个步骤：

（1）首先根据实际情况对问题进行分析，确定解决此问题所要实现的功能。

（2）根据功能从科学效应和现象清单表中确定与此功能相对应的功能代码，此代码应是 F1~F30 中的一个。

（3）从科学效应和现象清单表中查找此功能代码下 TRIZ 所推荐的科学效应和现象，获得相应的科学效应和现象的名称。

（4）筛选所推荐的每个科学效应和现象，优选适合解决本问题的科学效应和现象。

（5）查找优选出来的每个科学效应和现象的详细解释，应用于该问题的解决，并验证方案的可行性；如果问题没能得到解决或功能无法实现，重新分析问题或查找合适的效应。

（6）形成最终的解决方案。

例如，电灯泡厂的厂长将厂里的工程师召集起来开会，他让这些工程师们看一叠来自顾客的批评信，显然顾客对灯泡质量非常不满意。

（1）问题分析：工程师们觉得灯泡里的压力有些问题。压力有时比正常的高，有时比正常的低。

（2）确定功能：准确测量灯泡内部气体的压力。

（3）TRIZ 推荐的可以测量压力的物理效应和现象：机械振动、压电效应、驻极体、电晕放电及韦森堡效应等。

（4）效应取舍：经过对以上效应逐一分析，只有"电晕"的出现依赖于气体成分和导体周围的气压,所以电晕放电适合测量灯泡内部气体的压力。

(5)方案验证:如果在灯泡灯口上加上额定高电压,气体达到额定压力就会产生电晕放电。

(6)最终解决方案:用电晕放电效应测量灯泡内部气体的压力。

应用科学效应和现象解决技术问题是再简单不过的事情了,这就像我们到超市买东西一样,选择好要买东西的种类,衡量一下几种同类产品的性价比,我们就可以做出决定了。其实 TRIZ 提供的所有工具都一样,只要我们有"解决问题"的欲望,任何"方案"都会很简单地就属于自己了。

第四节 科学效应和现象详解

一、X 射线

X 射线是波长介于紫外线和 γ 射线间的电磁辐射,由德国物理学家伦琴于 1895 年发现,故又称为伦琴射线。波长小于 0.1 Å(1 Å = 10^{-10} m)的称为超硬 X 射线,在 0.1~1 Å 范围内的称为硬 X 射线,1~10 Å 范围内的称为软 X 射线。X 射线的特征是波长非常短,频率很高,它是不带电的粒子流,因此能产生干涉、衍射现象。

X 射线具有很强的穿透力,医学上 X 射线常用作透视检查,工业中用来探伤。长期受 X 射线辐射对人体有伤害。X 射线可激发荧光、使气体电离、使感光乳胶感光,故 X 射线可用作电离计、闪烁计数器和感光乳胶片检测等。晶体的点阵结构对 X 射线可产生显著的衍射作用,X 射线衍射法已成为研究晶体结构、形态和各种缺陷的重要手段。

二、安培力

安培力是电流在磁场中受到的磁场的作用力,其本质是在洛伦兹力的作用下,导体中做定向运动的电子与金属导体中晶格上的正离子不断地碰撞,把动量传给导体,因而使载流导体在磁场中受到磁力的作用。

电流为 I、长为 L 的直导线,在匀强磁场 B 中受到的安培力大小为:

$$F = BIL\sin\theta \tag{8-1}$$

其中 θ 为电流方向与磁场方向间的夹角。

安培力的方向由左手定则判定:伸出左手,四指指向电流方向,让磁力线穿过手心,大拇指的方向就是安培力的方向。对于任意形状的电流受非匀强磁场的作用力时,可把电流分解为许多段电流元 $I\Delta L$,则每段电流元处的磁场 B 可看成匀强磁场,电流元所受的安培力为:

$$\Delta F = I\Delta L \cdot B\sin\theta \tag{8-2}$$

把这些安培力加起来就是整个电流受的力。

应该注意,当电流方向与磁场方向相同或相反时,即 $\theta = 0°$ 或 $180°$ 时,电流不受磁场力的作用。当电流方向与磁场方向垂直时,电流受的安培力最大,即:

$$F = BIL \tag{8-3}$$

三、巴克豪森效应

1919 年，巴克豪森发现了铁的磁化过程的不连续性。铁磁性物质在外场中磁化实质上是它的磁畴存在逐渐变化的过程，与外场同向的磁畴不断增大，不同向的磁畴逐渐减小。在磁化曲线最陡区域，磁畴的移动会出现跃变，尤其硬磁材料更是如此。

当铁受到逐渐增强的磁场作用时，它的磁化强度不是平衡地而是以微小跳跃的方式增大的。发生跳跃时，有噪声伴随着出现。如果通过扩音器把它们放大，就会听到一连串的"咔嗒"声，这就是"巴克豪森效应"。后来，当人们认识到铁是由一系列小区域组成，而在每个小区域内，所有的微小原子磁体都是同向排列的，巴克豪森效应才最后得到合理的解释。每个独立的小区域，都是一个很强的磁体，但由于各个磁畴的磁性彼此抵消，所以普通的铁显示不出磁性。但是当这些磁畴受到一个强磁场作用时，它们才会同向排列起来，于是铁便成为磁体。在同向排列的过程中，相邻的两个磁畴彼此摩擦并发生振动，噪声就是这样产生的。只有所谓的"铁磁物质"具有这种磁畴结构，也就是说，这些物质具有形成强磁体的能力，其中以铁表现得最为显著。

如一个铁磁棒在一个线圈里，当线圈电流增大时，线圈磁场增大，此时铁中的磁力线会猛增，然后趋向于饱和，这种现象也称为巴克豪森效应。

四、包辛格效应

包辛格效应是塑性力学中的一个效应，是指原先经过变形，然后在反向加载时，弹性极限或屈服强度降低的现象，特别是弹性极限在反向加载时几乎下降到零，这说明在反向加载时塑性变形立即开始了。此效应是德国的包辛格于 1886 年发现的，故称为包辛格效应。由于在金属单晶体材料中不出现包辛格效应，所以一般认为，它是由多晶体材料晶界间的残余应力引起的。包辛格效应使材料具有各向异性性质。若一个方向屈服极限提高的值和相反方向降低的值相等，则称为理想包辛格效应。有反向塑性变形的问题须考虑包辛格效应，而其他问题，为了简化常忽略这一效应。

包辛格效应在理论上和实际上都有其重要意义。在理论上由于它是金属变形时长程内应力的度量，包辛格效应可用来研究材料加工硬化的机制。在工程应用上，首先是材料加工成型工艺需要考虑包辛格效应；其次，包辛格效应大的材料，内应力较大。

五、爆炸

爆炸是指一个化学反应能不断地自我加速而在瞬间完成，并伴随有光的发射，系统温度瞬时达到极大值和气体的压力急剧变化，以致形成冲击波等现象。由于急剧的化学反应被限制在一定的环境内导致气体剧烈膨胀，这样使密闭环境的外壁遭到损坏甚至破裂、粉碎，造成爆炸。爆炸可通过化学反应、放电、激光束效应、核反应等方法获得。

爆炸力学主要研究爆炸的发生和发展规律，以及对爆炸的力学效应的利用和防护。它从力学角度研究化学爆炸、核爆炸、电爆炸、粒子束爆炸、高速碰撞等能量突然释放或急剧转化的过程，以及由此产生的强冲击波、高速流动、大变形和破坏、抛掷等效应。自然界的雷电、地震、火山爆发、陨石碰撞、星体爆发等现象也可用爆炸力学方法来研究。

爆炸力学是流体力学、固体力学和物理学、化学之间的一门交叉学科，在武器研制、矿藏开发、机械加工、安全生产等方面有着广泛的应用。

六、标记物

在材料中引入标记物，可以简化混合物中包含成分的辨别工作，而且使有标记物的运动和过程的追踪更加容易。可作为标记物的物质有：铁磁物质、普通的和发光的油漆、有强烈气味的物质等。

七、表面

物体的表面：用面积和状态来描述物体外表的性质和特性。表面状态确定了物体的大量特性和与其他物体交互作用时所呈现的本性。

八、表面粗糙度

表面粗糙度是指加工表面具有的较小间距和微小峰谷不平度。其两波峰或两波谷之间的距离（波距）很小（在 1 mm 以下），用肉眼是难以看到的，因此它属于微观几何形状误差。表面粗糙度反映零件表面的光滑程度，表面粗糙度越小，则表面越光滑。表面粗糙度是衡量零件表面加工精度的一项重要指标，零件表面粗糙度的高低将影响到两配合零件接触表面的摩擦、运动面的磨损、贴合面的密封、配合面的工作精度、旋转件的疲劳强度、零件的美观等，甚至对零件表面的抗腐蚀性都有影响。最常见的表面粗糙度参数是"轮廓算术平均偏差"，记作 Ra。

九、波的干涉

由两个或两个以上的波源发出的具有相同频率、相同振动方向和恒定的相位差的波在空间叠加时，在叠加区的不同地方振动加强或减弱的现象，称为"波的干涉"。符合上列条件的波源称为"相干波源"，它们发出的波称为"相干波"。这是波的叠加中最简单的情况。

两相干波叠加后，在叠加区内每一个位置有确定的振幅。在有的位置上，振幅等于两波分别引起的振动的振幅之和，这些位置的合振动最强，称为"相长干涉"；而有些位置的振幅等于两波分别引起的振动的振幅之差，这些位置上的合振动最弱，称为"相消干涉"。它是波的一个重要特性。在日常生活中最常见的是水波的干涉，利用电磁波的干涉，可定向发射天线；利用光的干涉，可精确地进行长度测量等。

十、伯努利定律

丹尼尔·伯努利于 1726 年首先提出了"伯努利定律"。这是在流体力学的连续介质理论方程建立之前，水力学所采用的基本原理，其实质是理想液体做稳定流动时能量守恒。在密封管道内流动的理想液体具有压力能、动能和势能三种能量，它们可以互相转变，并且管道内的任一处液体的这三种能量总和是一定的，即"动能+势能+压力能=常数"。其最为著名的推论为：等高流动时，流速大，压力就小。

由以上定律得出伯努利方程为：

$$\frac{P_1}{r}+\left(\frac{V^2}{2g}\right)+h=恒定量 \tag{8-4}$$

式中　P_1/r——压力能；
　　　$V^2/(2g)$——动能；
　　　h——势能。
流速 V 的计算公式为：

$$V=\frac{Q}{A} \tag{8-5}$$

式中　Q——流量；
　　　A——截面积。
当流体的速度加快时，物体与流体接触的接口上的压力减小；反之，压力会增加。

十一、超导热开关

超导热开关是一个用于低温（接近 0 K）下的装置，用于断开被冷却物体和冷源之间的连接。当工作温度远低于临界温度的时候，此装置充分发挥了超导体从常态到超导状态的转化过程中热导电率显著减少的特性（高达 10 000 倍）。

热开关由一条连接样本和冷却器的细导线或钽丝组成（参见居里效应）。当电流通过缠绕线螺线管时会产生磁场，使超导性停止，让热量通过导线，就相当于开关处于"打开"；当移开磁场的时候，超导性就得到恢复，电线的热阻快速增加，换句话说，相当于开关处于"关闭"。

十二、超导性

超导性是指在温度和磁场都小于一定数值的条件下，许多导电材料的电阻和体内磁感应强度都突然变为零的性质。具有超导性的材料称为超导体。许多金属（如铟、锡、铝、铅、钽、铌等）、合金（如铌锆合金、铌钛合金）和化合物（如 Nb_3Sn 铌锡超导材料、Nb_3Al 等）都可成为超导体。从正常态过渡到超导态的温度称为该超导体的转变温度（或临界温度 T_c）。现有材料仅在很低的温度环境下才具有超导性。当磁场达到一定强度时，超导性将被破坏，这个磁场极限值称为临界磁场。

目前发现的超导体有两类：第一类只有一个临界磁场（如电汞、纯铅等）；第二类有下临界磁场 H_{c1} 和上临界磁场 H_{c2}。当外磁场达到 H_{c1} 时，第二类超导体内出现正常态和超导态相互混合的状态；当磁场增大到 H_{c2} 时，其体内的混合状态消失而转化为正常导体。

超导体已逐步应用于加感器、发电机、电缆、储能器和交通运输设备等方面。

十三、磁场

在永磁体或电流周围所发生的力场，即凡是磁力所能达到的空间，或磁力作用的范围，叫作磁场；所以严格来说，磁场是没有一定界限的，只有强弱之分。与任何力场一样，磁场是能量的一种形式，它将一个物体的作用传递给另一物体。磁场的存在表现在它的各个不同的作用中，最容易观察的是对场内所放置磁针的作用，力作用于磁针，使该针向一定方向旋转。自由旋转磁针在某一地方所处的方位表示磁场在该处的方向，即每一点的磁场方向都是朝着磁针的北极端所指的方向。如果我们想象有许许多多的小磁针，则这些小磁针将沿磁力线而排列，所谓的磁力线是在每一点上的方向都与此点的磁场方向相同。磁力线始于北极而终于南极，磁力线在磁极附近较密，故磁极附近的磁场最强。磁场的第二个作用便是对运动中的电荷产生力，此力恒与电荷的运动方向相垂直，与电荷的电量成正比。

磁场强度：表示磁场强弱和方向的矢量。由于磁场是电流或运动电荷引起的，而磁介质在磁场中发生的磁化对磁场也有影响。

磁力线：描述磁场分布情况的曲线。这些曲线上各点的切线方向，就是该点的磁场方向。曲线越密的地方表示磁场越强，曲线越稀的地方表示磁场越弱。磁力线永远是闭合的曲线，永磁体的磁力线，可以认为是由 N 极开始，终止于 S 极。实际上永磁体的磁性起源于电子和原子核的运动，与电流的磁场没有本质上的区别，磁极只是一个抽象的概念，在考虑到永磁体内部的磁场时，磁力线仍然是闭合的。

十四、磁弹性

磁弹性效应是指当弹性应力作用于铁磁材料时，铁磁体不但会产生弹性应变，还会产生磁致伸缩性质的应变，从而引起磁畴壁的位移，改变其自发磁化的方向。

十五、磁力

磁力是指磁场对电流、运动电荷和磁体的作用力。磁力是靠电磁场来传播的，电磁场的速度是光速，因此磁力作用的速度也是光速。电流在磁场中所受的力由安培定律确定。运动电荷在磁场中所受的力就是洛伦兹力。但实际上磁体的磁性由分子电流所引起，所以磁极所受的磁力归根结底仍然是磁场对电流的作用力。这是磁力作用的本质。

十六、磁性材料

磁性材料主要是指由过渡元素铁、钴、镍及其合金等组成的能够直接或间接产生磁性的材料。

从材质和结构上讲，磁性材料分为"金属及合金磁性材料"和"铁氧体磁性材料"两大类，铁氧体磁性材料又分为多晶结构和单晶结构材料。从应用功能上讲，磁性材料分为软磁材料、永磁材料、磁记录-矩磁材料、旋磁材料等。软磁材料、永磁材料、磁记录-矩磁材料中既有金属材料又有铁氧体材料，而旋磁材料和高频软磁材料就只能是铁氧体材料。因为金属在高频和微波频率下将产生巨大的涡流效应，导致金属磁性材料无法使用，而铁氧体的电阻率非常高，能有效地克服这一问题而得到广泛应用。从形态上讲，磁性材料包括粉体材料、液体材料、块体材料、薄膜材料等。

磁性材料现在主要分为两大类：软磁性材料和硬磁性材料。磁化后容易丢失磁性的材料称为软磁性材料，不容易丢失磁性的材料称为硬磁性材料。软磁性材料包括硅钢片和软磁铁芯，硬磁性材料包括铝镍钴、钐钴、铁氧体和钕铁硼。其中，最贵的是钐钴磁钢，最便宜的是铁氧体磁钢，性能最好的是钕铁硼磁钢，但是性能最稳定、温度系数最好的是铝镍钴磁钢，用户可以根据不同的需求选择不同的硬磁材料。

磁性材料的应用很广，可用于电声、电信、电表、电机中，还可作记忆元件、微波元件等。如记录语言、音乐、图像信息的磁带；计算机的磁性存储设备；乘客乘车的凭证和票价结算的磁性卡等。

十七、磁性液体

磁性液体又称磁流体、铁磁流体或磁液，是由强磁性粒子、基液以及界面活性剂三者混合而成的一种稳定的胶状溶液。该流体在静态时无磁性吸引力，当外加磁场作用时，才表现出磁性。它既具有液体的流动性又具有固体磁性材料的磁性。

为了使磁流体具有足够的电导率，需在高温和高速下，加上钾、铯等碱金属和加入微量碱金属的惰性气体（如氦、氩等）作为工质，以利用非平衡电离原理来提高电离度。

磁性液体在电子、仪表、机械、化工、环境、医疗等行业都具有独特而广泛的应用。根据用途不同，可以选用不同基液的产品。

十八、单向系统分离

单向系统的分离是建立在混合物中各成分的物理-化学特性不同的基础上，例如尺寸、电荷、分子、活性、挥发性等。

分离可通过热场作用（蒸馏、精馏、升华、结晶、区域熔化）来获得，也可通过电场作用（电渗、电泳）来获得，或通过与物质一起的多相系统的生成来促进分离，比如溶剂、吸附剂和其他的分离法（抽出、分离、色谱法、使用半透膜和分子筛的分离法）。

十九、弹性波

弹性波：弹性介质中物质粒子间有弹性相互作用，当某处物质粒子离开平衡位置，即发生应变时，该粒子在弹性力的作用下发生振动，同时又引起周围粒子的应变和振动，这样形成的振动在弹性介质中的传播过程称为"弹性波"。在液体和气体内部只能由压缩和膨胀而引起应力，所以液体和气体只能传递纵波。而固体内部能产生切应力，所以固体既能传递横波也能传递纵波。

纵波：也称"疏密波"。振动方向与波的传播方向一致的波称为"纵波"。纵波的传播过程是沿着波前进的方向出现疏、密不同的部分。实质上，纵波的传播是由于媒质中各体元发生压缩和拉伸的变形，并产生使体元恢复原状的纵向弹性力而实现的。因此纵波只能在拉伸压缩的弹性的媒质中传播，一般的固体、液体、气体都具有拉伸和压缩弹性，所以它们都能传递纵波。声波在空气中传播时，由于空气微粒的振动方向与波的传播方向一致，所以也是纵波。

横波：质点的振动方向与波的传播方向垂直，这样的波称为"横波"。横波在传播过程中，凡是传播到的地方，每个质点都在自己的平衡位置附近振动。由于波以有限的速度向前传播，所以后开始振动的质点比先开始振动的质点在步调上要落后一段时间，即存在一个相位差。横波的传播，在外表上形成一种"波浪起伏"的现象，即形成波峰和波谷，传播的只是振动状态，媒质的质点并不随波前进。实质上，横波的传播是由于媒质内部发生剪切变形（即是媒质各层之间发生平行于这些层的相对移动）并产生使体元恢复原状的剪切弹性力而实现的。否则一个体元的振动，不会牵动附近体元也动起来，离开平衡位置的体元，也不会在弹性力的作用下回到平衡位置。固体有切变弹性，所以在固体中能传播横波，液体和气体没有切变弹性，因此只能传播纵波，而不能传播横波。液体表面形成的水波是由于重力和表面张力作用而产生的，表面每个质点振动的方向又不与波的传播方向保持垂直，严格地说，在水表面的水波并不属于横波的范畴，因为水波与地震波都是既有横波又有纵波的复杂类型的机械波。为简便起见，有的书中仍将水波列为横波。

声音：即"律音"，具有单一基频的声波。纯律音（或纯音）具有近似于单一的谐振波形。这种律音可由音叉产生，乐器则产生复杂的律音，它可以分解成一个基频以及一些较高频率的泛音。

次声波：又称亚声波，是低于 20 Hz，不能引起人的听觉的声波。它传播的速度和声波相同。在很多大自然的变化中，如地震、台风、海啸、火山爆发等过程都会有次声波发生。人为的次声波也在核爆炸、喷气式飞机飞行以及行驶的车船、压缩机运转时发生。凡晕车、晕船，也都是受车、船运行时次声波的影响。利用次声波亦可监视和检测大气的变化。

超声波：声波频率高于 20 000 Hz，超过一般正常人听觉所能接收到的频率上限，不能引起耳感的声波。其频率通常在 $2\times10^4 \sim 5\times10^8$ Hz 范围内。它具有与声波一样的传播速度，因为超声波的频率高，波长短，所以它具有很多特性。由于它在液体和固体中的衰减比在空气中衰减小，因而穿透力大；超声波的定向性强，一般声波的波长大，在其传播过程中，极易发生衍射现象，而超声波的波长很短，不易发生衍射现象，会像光波一样沿直线传播；当超声波遇到杂质时会发生反射，若遇到界面时则将产生折射现象；超声波的功率很大，能量容易集中，对物质能产生强大作用。超声波可用来焊接、切削、钻孔、清洗机件等；在工业上被用来探伤、测厚、测定弹性模量等无损检测，以及研究物质的微观结构等；在医学上可用作临床探测，如用"B超"测肝、胆、脾、肾等病症，或用来杀菌、治疗、诊断等；在航海、渔业方面，可用来导航、探测鱼群、测量海深等，超声波在许多领域都有着广泛的应用。

波的反射：波由一种媒质到达与另一种媒质的分界面时，返回原媒质的现象。例如声波遇障碍物时的反射，它遵从反射定律。在同类媒质中由于媒质不均匀也会使波返回到原来密度的介质中，即产生反射。

波的折射：波在传播过程中，由一种媒质进入另一种媒质时，传播方向发生偏折的现象，称为波的折射。在同类媒质中，由于媒质本身不均匀，也会使波的传播方向改变。此种现象也称为波的折射，它同样遵循波的折射定律。

二十、弹性形变

固体受外力作用而使各点间相对位置发生改变，若外力撤销后物体能恢复原状，则这样的形变叫做弹性形变，如弹簧的形变等。当外力撤销后，物体不能恢复原状，则称这样的形变为塑形形变。

因物体受力情况不同，在弹性限度内，弹性形变有 4 种基本类型：拉伸、压缩、切变、弯曲和扭转。弹性形变是指外力去除后能够完全恢复的那部分变形，可从原子间结合力的角度来了解它的物理本质。

二十一、低摩阻

研究人员发现，在高度真空状态及暴露在高能量粒子发射的环境下，摩擦力会下降并趋近于零。这种摩擦力趋近于零的性质称为低摩阻。当关掉发射时，摩擦力会逐渐地增加。当发射再一次被打开的时候，摩擦力又消失了。这个现象一直困扰着科学家们，后来找到了一种合理的解释。

这个解释是：放射能量引起了固体表面的分子更自由地运动，从而减少了摩擦力。此解释引起了另一个既不需要放射也不需要真空而减少摩擦力的方案，这就是研究如何改变物体表面的成分以减少摩擦力。

二十二、电场

电场是存在于电荷周围能传递电荷与电荷之间相互作用的物理场。在电荷周围总有电场存在；同时电场对场中其他电荷发生力的作用。静止电荷在其周围空间的电场，称为静电场；随时间变化的磁场在其周围空间激发的电场称为有旋电场（也称感应电场或涡旋电场）。静电场是有源无旋场，电荷是场源；有旋电场是无源有旋场。普通意义的电场则是静电场和有旋电场之和。变化的磁场引起电场，所以运动电荷或电流之间的作用要通过电磁场来传递。

电场是电荷及变化磁场周围空间里存在的一种特殊物质。电场这种物质与通常的物质不同，它不是由分子、原子所组成，但它是客观存在的。电场具有通常物质所具有的动力和能量等客观属性。电场力的性质表现为电场对放入其中的电荷有作用力，这种力称为电场力。电场的能的性质表现为：当电荷在电场中移动时，电场力对电荷做功（这说明电场具有能量）。

电场是一个矢量场，其方向为正电荷的受力方向。电场的力的性质用电场强度来描述。

二十三、电磁场

电磁场是有内在联系、相互依存的电场和磁场的统一体的总称。任何随时间而变化的电场，都要在邻近空间激发磁场，因而变化的电场总是和磁场的存在相联系。当电荷发生加速度运动时，在其周围除了磁场之外，还有随时间而变化的电场。一般来说，随时间变化的电场也是时间的函数，因而它所激发的磁场也随时间变化。故充满变化电场的空间，同时也充满变化的磁场。二者互为因果，形成电磁场。这说明，电场与磁场并不是两个可分离的实体，而是由它们形成了一个统一的物理实体。所以电与磁的交互作用不能说是分开的过程，仅能说是电磁交互作用的两种形态。在电场和磁场之间存在着最紧密的联系，不仅磁场的任何变化伴随着电场的出现，而且电场的任何变化也伴随着磁场的出现。所以在电磁场内，电场可以不因为电荷而存在，而由于磁场的变化而产生，磁场也可以不是由于电流的存在而存在，而是由于电场变化所产生。

电磁场是电磁作用的媒递物，具有能量和动量，是物质存在的一种形式。电磁场的性质、特征及其运动变化规律由麦克斯韦方程组确定。

二十四、电磁感应

电磁感应是指因磁通量变化产生感应电势的现象。闭合电路的一部分导体在磁场中做切割磁感线的运动时，导体中就会产生电流，这种现象叫作电磁感应现象，产生的电流称为感应电流。

1820年奥斯特发现电流磁效应后，许多物理学家便试图寻找它的逆效应，提出了磁能否产生电，磁能否对电产生作用的问题。1822年阿喇戈和洪堡在测量地磁强度时，偶然发现金属对附近磁针的振荡有阻尼作用。1824年，阿喇戈根据这个现象做了铜盘实验，发现转动的铜盘会带动上方自由悬挂的磁针旋转，但磁针的旋转与铜盘不同步，稍滞后。电磁阻尼和电磁驱动是最早发现的电磁感应现象，但由于没有直接表现为感应电流，因此当时未能予以说明。

1831年8月，法拉第在软铁环两侧分别绕两个线圈，其一为闭合回路，在导线下端附近平行放置一磁针，另一个线圈与电池组相连，接开关，形成有电源的闭合回路。实验发现，合上开关，磁针偏转，切断开关，磁针反向偏转，这表明在无电池组的线圈中出现了感应电流。法拉第立即意识到，这是一种非恒定的暂态效应。紧接着他做了几十个实验，把产生感应电流的情形概括为五类：变化的电流、变化的磁场、运动的恒定电流、运动的磁铁、在磁场中运动的导体，并把这些现象正式定名为电磁感应。随后法拉第发现，在相同条件下不同金属导体回路中产生的感应电流与导体的导电能力成正比，他由此认识到，感应电流是由与导体性质无关的感应电势产生的，即使没有回路、没有感应电流，感应电势依然存在。

后来，法拉第给出了确定感应电流方向的楞次定律以及描述电磁感应定量规律的法拉第电磁感应定律。并按产生原因的不同，把感应电势分为动生电势和感生电势两种，前者起源于洛伦兹力，后者起源于变化磁场产生的有旋电场。

电磁感应现象的发现，是电磁学领域中最伟大的发现之一。它不仅揭示了电与磁之间的内在联系，而且为电与磁之间的相互转化奠定了实验基础，为人类获取巨大而廉价的电能开辟了道路，具有重大的实用意义。电磁感应现象在电工技术、电子技术以及电磁测量等方面都有广泛的应用。

二十五、电弧

电弧是一种气体放电现象，即在电压的作用下，电流以电击穿产生等离子体的方式，通过空气等绝缘介质所产生的瞬间火花。

弧光放电：产生高温的气体放电现象，它能发射出耀眼的白光。通常是在常压下发生，并不需要很高的电压，而有很强的电流。例如把两根炭棒或金属棒接于电压为数十伏的电路上，先使两棒的顶端相互接触，通过强大的电流，然后使两棒分开保持不大的距离，这时电流仍能通过空隙，而使两端间维持弧形白光，称之为"电弧"。维持电弧中强大电流所需的大量离子，主要是由电极上蒸发出来的。电弧可作为强光源（如弧光灯）、紫外线源（太阳灯）或强热源（电弧炉、电焊机等）。在高压开关电器中，由于触头分开而引起电弧，有烧毁触头的危险，必须采取措施，使之迅速熄灭。在加速器的离子源中，也有用弧光放电。这种弧光放电机制是：电子从加热到白炽的阴极发射出来，在起弧电源的电场加速下，获得一定能量后与气体原子碰撞，产生激发与电离而引起的放电，也称为"弧放电"。

二十六、电介质

电工中一般认为电阻率超过 $0.1\,\Omega \cdot m$ 的物质便属于电介质。电介质的带电粒子被原子、分子的内力或分力间的力紧密束缚着，因此，这些粒子的电荷为束缚电荷。在外电场作用下，这些电荷也只能在微观范围内移动，产生极化。在静电场中，电介质内部可以存在磁场，这是电介质与导体的基本区别。电介质包括气态、液态和固态等范围广泛的物质。固态物质包括晶态电介质和非晶态电介质两大类，后者包括玻璃、树脂和高分子聚合物等，是良好的绝缘材料。凡在外电场作用下产生宏观上不等于零的电偶极矩，因而形成宏观束缚电荷的现象称为电极化，能产生电极化现象的物质统称为电介质。电介质的电阻率一般都很高，被称为绝缘体。有些电介质的电阻率并不很高，不能称为绝缘体，但由于能产生极化过程，也归入电介质。通常情况下电介质中的正、负电荷互相抵消，宏观上不表现出电性。

电介质在电气工程上大量用作电气绝缘材料、电容器的介质及特殊电介质器件（如压电晶体）等。

二十七、古登-波尔和 Dashen 效应

实验证实，一个恒定的或交流的强电场，会影响到在紫外线激发下的发光物质（磷光体）的特性，这种现象也可在随着紫外线移开后的一段衰减期中观察到。

用电场预激发晶体磷而生成闪光正是古登-波尔效应的结果，也可在使用电场从金属电极进行磷光体的分解中观察到这种现象。

二十八、电离

原子是由带正电的原子核及其周围带负电的电子所组成。由于原子核的正电荷数与电子的负电荷数相等，所以原子对外呈中性。原子最外层的电子称为价电子。所谓电离，就是原子受到外界的作用，如被加速的电子或离子与原子碰撞时，使原子中的外层电子特别是价电子摆脱原子核的束缚而脱离，原子成为带一个或几个正电荷的离子，这就是正离子。如果在碰撞中原子得到了电子，则成为负离子。

二十九、电液压冲压，电水压振扰

电液压冲压，电水压振扰：高压放电下液体的压力产生急剧升高的现象。

三十、电泳现象

处于物质表面的那些原子、分子或离子与处于物质内部的原子、分子或离子不一样。处于物质表面的原子、分子或离子只受到旁侧和底下其他粒子的吸引。因此物质表面的粒子有剩余的吸附力，使物质的表面产生了吸附作用。当物质被细分到胶粒大小时，暴露在周围介质中的表面积与体积比变得十分巨大。所以，在胶体分散系中，胶粒往往能从介质中吸附离子，使分散的胶粒带上电荷。

不同的胶粒其表面的组成情况不同。它们有的能吸附正电荷，有的能吸附负电荷。因此有的胶粒带正电荷，如氢氧化铝胶体；有的胶粒带负电荷，如三硫化二砷（As_2S_3）胶体等。如果在胶体中通以直流电，它们或者向阳极迁移，或者向阴极迁移。这就是所谓的电泳现象。

影响电泳迁移率的因素有：

（1）电场强度。电场强度是指单位长度的电位降，也称电势梯度。

（2）溶液的 pH 值。它决定被分离物质的解离程度和质点的带电性质及所带净电荷量。

（3）溶液的离子强度。电泳液中的离子浓度增加时会引起质点迁移率的降低。

（4）电渗。在电场作用下液体对于固体支持物的相对移动称为电渗。

三十一、电晕放电

电晕放电是带电体表面在气体或液体介质中局部放电的现象，常发生在不均匀电场中电场强度很高的区域内，例如高压导线的周围、带电体的尖端附近等。其特点为出现与日晕相似的光层，发出"嗤嗤"的声音，产生臭氧、氧化氮等。电晕放电会引起电能的损耗，并对通信和广播产生干扰。例如，雷雨时尖端电晕放电，避雷针即用此法中和带电的云层而防止雷击。我们知道，电晕放电多发生在导体壳的曲率半径小的地方，因为这些地方，特别是尖端，其电荷密度很大。而在紧邻带电表面处，电场强度（E）与电荷密度（σ）成正比，故在导体的尖端处场强很强（即σ和E都极大）。所以在空气周围的导体电势升高时，这些尖端之处能产生电晕放电。通常均将空气视为非导体，但空气中含有少数由宇宙线照射而产生的离子，带正电的导体会吸收周围空气中的负离子而自行逐渐中和。若带电导体有尖端，该处附近空气中的电场强度（E）可变得很高。当离子被吸向导体时将获得很大的加速度，这些离子与空气碰撞时，将会产生大量的离子，使空气变得极易导电，同时借电晕放电而加速导体放电。因空气分子在碰撞时会发光，故电晕放电时在导体尖端处可见到亮光。

电晕放电在工程技术领域中有多种影响。电力系统中的高压及超高压输电线路导线上发生电晕放电，会引起电晕功率损失、无线电干扰、电视干扰以及噪声干扰。进行线路设计时，应选择足够的导线截面积，或采用分裂导线降低导线表面电场的方式，以避免发生电晕放电。对于高电压电气设备，发生电晕放电会逐渐破坏设备绝缘性能。电晕放电的空间电荷在一定条件下又有提高间隙击穿强度的作用。当线路出现雷电或操作过电压时，因电晕损失而能削弱过电压幅值。利用电晕放电可以进行静电除尘、污水处理、空气净化等。地面上的树木等尖端物体在大地电场作用下的电晕放电是参与大气静电平衡的重要环节。海洋表面溅射水滴上出现的电晕放电可促进海洋中有机物的生成，还可能是地球远古大气中生物前合成氨基酸的有效放电形式之一。针对不同应用目的研究，电晕放电是具有不同重要意义的技术课题。

三十二、电子力

按照电场强度的定义，电场中任一点的场强（E）大小等于单位正电荷在该点所受的电场力的大小。那么，点电荷（q）在电场中某点所受的电场力 $F=qE$。电场力的大小为 $F=|q|E$，方向取决于电荷 q 的正、负。不难判断，正电荷所受的电场力，其方向与场强方向一致；负电荷所受的电场力，其方向与场强方向相反。

磁场对运动电荷的作用力、运动电荷在磁场中所受的洛伦兹力都属于电子力。

三十三、电阻

电阻是描述导体制约电流性能的物理量。根据欧姆定律，导体两端的电压（U）和通过导体的电流强度（I）成正比。由 U 和 I 的比值定义的 $R=U/I$ 称为导体的电阻，其单位为欧姆，简称欧（Ω）。导体的电阻越大，表示导体对电流的阻碍作用越大。电阻的倒数 $G=1/R$ 称为电导，单位是西门子（S）。

电阻率是表征物质导电性能的物理量，也称"体积电阻率"。电阻率越小导电本领越强。用某种材料制成的长 1 cm、横截面积为 1 cm^2 的导体电阻，在数值上等于这种材料的电阻率。也有取长 1 m、截面积 1 mm² 的导电体在一定温度下的电阻定义电阻率的。此两种定义法定义的电阻率在数值上相差 4 个数量级。如第一种定义，铜在 20 ℃ 时的电阻率为 1.7×10^{-6} Ω·cm。而第二种定义的电阻率为 0.017 Ω·mm。电阻率的倒数称为电导率。电阻率（ρ）不仅和导体的材料有关，还和导体的温度有关。在温度变化不大的范围内，几乎所有金属的电阻率随温度作线性变化，即：

$$\rho = \rho_0(1 + \alpha t) \tag{8-6}$$

式中　t——摄氏温度；

　　　ρ_0——0 ℃ 时的电阻率；

　　　α——电阻率温度系数。

由于电阻率随温度的改变而改变，所以对某些电器的电阻，必须说明它们所处的物理状态。如 220 V、100 W 电灯的灯丝电阻，通电时是 484 Ω，未通电时是 40 Ω。另外需要注意的是电阻率和电阻是两个不同的概念，电阻率是反映物质对电流阻碍作用的属性，电阻是反映物体对电流的阻碍作用。

电阻器是电路中用于限制电流、消耗能量和产生热量的电气元件。

磁电阻材料即具有显著磁电阻效应的磁性材料。强磁性材料在受到外加磁场作用时引起的电阻变化，称为磁电阻效应。不论磁场与电流方向平行还是垂直，都将产生磁电阻效应。前者（平行）称为纵磁场效应，后者（垂直）称为横磁场效应。一般强磁性材料的磁电阻率（磁场引起的电阻变化与未加磁场时电阻之比）在室温下小于 8%，在低温下可增加到 10% 以上。已实用的磁电阻材料主要有镍铁系和镍钴系磁性合金。室温下镍铁系坡莫合金的磁电阻率为 1%~3%，若合金中加入铜、铬或锰元素，可使电阻率增加；镍钴系合金的电阻率较高，可达 6%。与利用其他磁效应相比，利用磁电阻效应制成的换能器和传感器，其装置简单，对速度和频率不敏感。磁电阻材料已用于制造磁记录磁头、磁泡检测器和磁膜存储器的读出器等。

三十四、对流

对流是液相或气相中各部分的相对运动，是液体或气体通过自身各部分的宏观流动实现热量传递的过程。对流是流体热传递的主要方式，可分为自然对流和强迫对流两种。因为浓度差或温差引起密度变化而产生的对流，称为自然对流；由于外力推动而产生的对流，称为强迫对流。对于电解液来说，溶质将随液相的对流而移动，是电化学中物质传递过程的一种类型。冬天室内取暖就是借助于室内空气的自然对流来传热的，大气及海洋中也存在自然对流。靠外来作用使流体循环流动，从而传热的是强迫对流，如由于人工的搅拌，或鼓风机等机械力的作用而产生的对流。

三十五、多相系统分离

多相系统的分离是以混合成分的聚合状态的不同为基础的，最常使用连续相的聚合状态来进行判定。

成分间具有不同分散度的多相固态系统通过沉积作用或筛分分离法来进行分解，具有连续液体或气体相位的系统通过沉积作用、过滤或离心分离机来进行分离。通过烘干将固态相中的易沸液体进行排除。

三十六、二级相变

在发生相变时，体积不变化的情况下，也不伴随热量的吸收和释放，只是比热容、热膨胀系数和等温压缩系数等物理量发生变化，这一类变化称为二级相变。如正常液态氦（氦Ⅰ）与超流氦（氦Ⅱ）之间的转变，正常导体与超导体之间的转变，顺磁体与铁磁体之间的转变，合金的有序态与无序态之间的转变等都是典型的二级相变的例子。

二级相变大多是发生在极低温度时的相变。例如，在居里点铁磁体转变为顺磁体；在零磁场下超导体转变为正常导体；液态氦Ⅱ与液态氦Ⅰ之间的λ相变等。二级相变的特点是，两相的化学势和化学势的一级偏微商相等，但化学势的二级偏微商不相等。因此在相变时没有体积变化和潜热（即相变热）。在相变点，两相的体积、焓和熵的变化是连续的，故这种相变也称为连续相变。

三十七、发光

自发光：是一种"冷光"，可以在正常温度和低温下发出这种光。在自发光中，一些能量促使原子中的电子从"基态"（低能量状态）跃进到"激发态"。在这种状态之下，它会回复到"基态"，并以光这种能量形式释放出来。

光学促进的自发光：指的是可见光或红外光促发的磷光。其中，可见光或红外光仅是先前储备能量释放的促发剂。

白热光：是指光从热能中来。当一个物体加热到足够高的温度时，它就开始发出光辉。如炼炉中的金属或灯泡中发出的光，太阳和星星发出的光都是这种光。

荧光和光致发光：它们的能量是由电磁辐射提供的（如射线光）。一般光致发光是指任何由电磁辐射引起的发光；而荧光通常是指由紫外线引起的，有时也用于其他类型的光致发光。

磷光：是滞后的发光。当一个电子被推到一个高能态时，有时会被捕获（就如你举起了那块石头，然后把它放在一张桌子上）。在一些时候，电子及时地逃脱了捕获，有时则一直被捕获直到有别的起因使它们逃脱（如石头一直在桌子上，直到有东西冲击它）。

化学发光：由于吸收化学能，使分子产生电子激发而发光的现象。化学反应放出的热量（即化学能）可转化为反应产物分子的电子激发能，当这种产物分子产生辐射跃迁或将能量转移给其他会发光的分子使该分子再发生辐射跃迁时，便产生发光现象。但是多数的反应所发出的光则是很微弱的，而且多在红外线范围，不容易被观测。产生化学发光的反应通常应满足这些条件：必须是放热反应，所放出的化学能足够使反应产物分子变成激发态分子；具备使化学能转变为电子激发能的合适化学机制，这是化学发光最关键的一步；处于电子激发态的产物分子本身会发光或者将能量传递给其他会发光的分子。

阴极发光：物质表面在高能电子束的轰击下发光的现象称为阴极发光。不同种类的宝石或相同种类、不同成因的宝石矿物在电子束的轰击下会发出不同颜色及不同强度的光，并且排列式样有差别，由此可以研究宝石矿物的杂质特点、结构缺陷、生长环境及过程。阴极发光仪是检测和记录物质阴极发光现象的一种光学仪器，主要由电子枪、真空系统、控制系统、真空样品仓、显微镜及照相系统构成。宝石学中可利用该仪器区分天然与合成宝石。主要用于雷达、电视、示波器和飞点扫描等方面。

辐射发光：是指由核放射引起的发光。一些老式的钟表晚上可以发光，可见表针，就是在其表面涂了一层放射发光的材料。这个词也可指由 X 射线引起的发光，也可叫光致发光。

摩擦发光：是指由机械运动或由机械运动产生的电流激发的电化学发光。如一些矿石撞击或摩擦产生的光，如两颗钻石在黑暗中撞击产生的光。

电致发光、场致发光：是指由电流引发的发光。

声致发光、声致冷光：如果声波以正确的方式振动液体，该液体就会"爆裂"，所产生的气泡会剧烈收缩，从而造成发光的现象。

热发光：是指温度达到某个临界点而引发的发光现象。这也许会与致热发光相混淆，但是致热发光需要很高的温度；在致热发光中，热不是能量的基本来源，仅是其他来源的能量释放的促进剂。

生物发光：是化学发光中的一类，特指在生物体内通过化学反应产生的发光现象，主要由酶来催化产生，如萤火虫的发光。现在我们试验中经常用到的荧光素酶报告基因系统，皆为生物发光。自然界具有发光能力的有机体种类繁多，一些细菌和高等真菌有发光现象。不同生物体的发光颜色也不尽相同，多数发射蓝光或绿光，少数发射黄光或红光。

三十八、发光体

发光体在物理学上是指能发出一定波长范围的电磁波（包括可见光与紫外线，红外线和 X 光线等不可见光）的物体。通常指能发出可见光的发光体，凡物体自身能发光者，称作光源，或称发光体，如太阳、灯以及燃烧着的物质等。但像月亮表面、桌面等依靠它们反射外来光才能使人们看到它们，这样的反射物体不能称为光源。在日常生活中离不开可见光的光源，可见光及不可见光的光源还被广泛地应用于工农业、医学和国防现代化等方面。

光源可以分为三种：第一种是热效应产生的光，太阳光就是很好的例子，此外蜡烛等物体也都一样，此类光随着温度的变化会改变颜色；第二种是原子发光，荧光灯灯管内壁涂抹的荧光物质被电磁波能量激发而产生光，此外霓虹灯的原理也一样，原子发光具有独自的基本色彩，所以彩色拍摄时需要进行相应的补偿；第三种是 synchrotron 发光，这种发光过程同时携带有强大的能量，原子炉发的光就是这种光，但是在我们的日常生活中几乎没有接触到这种光的机会。

三十九、发射聚焦

聚焦波阵面呈球形或圆筒形的形状。

光学聚焦（焦点）：理想光学系统主光轴上的一对特殊共轭点。主光轴上与无穷远像点共轭的点称为物方焦点（或第 1 焦点），记作 F；主光轴上与无穷远物点共轭的点称为像方焦点（或第 2 焦点），记作 F'。根据上述定义，中心在物方焦点的同心光束经光学系统后成为与主光轴平行的平行光束；沿主光轴入射的平行光束经光学系统后成为中心在像方焦点的同心光束。凸透镜有实焦点，凹透镜有虚焦点。

四十、法拉第效应

法拉第效应于1845年由法拉第发现。当线偏振光在介质中传播，若在平行于光的传播方向上加一强磁场，则光振动方向将发生偏转，偏转角度 ψ 与磁感应强度 B 和光穿越介质的长度 l 的乘积成正比，即：

$$\psi = VBl \tag{8-7}$$

式中，比例系数 V 称为费尔德常数，与介质性质及光波频率有关。偏转方向取决于介质性质和磁场方向。上述现象称为法拉第效应或磁致旋光效应。

法拉第效应可用于混合碳水化合物成分分析和分子结构研究。近年来在激光技术中这一效应被用来制作光隔离器和红外调制器。

该效应可用来分析碳氢化合物，因每种碳氢化合物有各自的磁致旋光特性。在光谱研究中，可借以得到关于激发能级的有关知识；在激光技术中可用来隔离反射光，也可作为调制光波的手段。

四十一、反射

波的反射：波由一种媒质达到与另一种媒质的分界面时，返回原媒质的现象。例如声波遇障碍物时的反射，它遵循反射定律。在同类媒质中由于媒质不均匀也会使波返回到原来密度的介质中，即产生反射。

光的反射：光遇到物体或遇到不同介质的交界面（如从空气射入水面）时，光的一部分或全部被表面反射回去，这种现象叫作光的反射，由于反射面的平坦程度不同，有单向反射和漫反射之分。人能够看到物体正是由于物体能把光"反射"到人的眼睛里，没有光照明物体，人也就无法看到它。

光的反射定律：① 入射光线、反射光线与法线（即通过入射点且垂直于入射面的线）同在一平面内，且入射光线和反射光线在法线的两侧；② 反射角等于入射角（其中反射角是法线与反射线的夹角，入射角是入射线与法线的夹角）。在同一条件下，如果光沿原来的反射线的逆方向射到界面上，这时的反射线一定沿原来的入射线的反方向射出。这一特性称为"光的可逆性"。

反射率，又称"反射本领"，是反射光强度与入射光强度的比值。不同材料的表面具有不同的反射率，其数值多以百分数表示。同一材料对不同波长的光有不同的反射率，这个现象称为"选择反射"。所以，凡列举一材料的反射率均应注明其波长。例如玻璃对可见光的反射率约为4%，锗对波长为 4 μm 红外光的反射率为36%，铝从紫外光到红外光的反射率均可达90%左右，金的选择性很强，在绿光附近的反射率为50%，而对红外光的反射率可达96%以上。此外，反射率还与反射材料周围的介质及光的入射角有关。上面所说的均是指光在各材料与空气分界面上的反射率，并限于正入射的情况。

四十二、放电

放电就是使带电的物体不带电。放电并不是消灭了电荷，而是引起了电荷的转移，正负电荷抵消，使物体不显电性。

放电的方法主要有接地放电、尖端放电、火花放电、中和放电等。

四十三、放射现象

1896 年,法国物理学家贝克勒耳发现铀及含铀的矿物能发出某种看不见的射线,这种射线可以穿透黑纸使相片底片感光。在贝克勒耳工作的启发下,居里夫妇对铀和含铀的各种矿石进行了深入研究,并发现了两种放射性更强的元素镭和钋。1903 年,居里夫妇和贝克勒耳同获诺贝尔物理学奖。

放射性:物体向外发射某种看不见的射线的性质叫放射性。

放射性元素:具有放射性的元素。原子序数为 82 的铅后的许多元素都具有放射性,少数位于铅之前的元素也具有放射性。

α 射线:是速度约为光速 1/10 的氦核流。其电离本领大,穿透力小。

β 射线:是速度接近光速的高速电子流。其电离本领较小,穿透力较大。

γ 射线:是波长极短的光子流。其电离作用小,具有极强的穿透能力。

天然存在的放射性同位素能自发放出射线的特性,称为"天然放射性"。而通过核反应,由人工制造出来的放射性,称为"人工放射性"。

四十四、浮力

浮力指的是漂浮于流体表面或浸没于流体之中的物体,受到各方向流体静压力产生的向上合力。其大小等于被物体排开流体的重力。在液体内,不同深度处的压强不同。由于物体上、下面浸没在液体中的深度不同,物体下部受到液体向上的压强较大,压力也较大,可以证明,浮力等于物体所受液体向上、向下的压力之差。

浸在液体里的物体受到向上的浮力作用,浮力的大小等于被该物体排开的液体的重力。这就是著名的"阿基米德定律",该定律是公元前 200 年以前由阿基米德所发现的。浮力的大小可用下面的公式计算:

$$F_{浮} = \rho_{液} g V_{排} \tag{8-8}$$

四十五、感光材料

感光材料是指一种具有光敏特性的半导体材料,因此又称之为光导材料或者光敏半导体。它的特点就是在无光的状态下呈绝缘性,在有光的状态下呈导电性。复印机的工作原理正是利用了这种特性。复印机上普遍应用的感光材料有硒、氧化锌、硫化铬、有机光导体等,这些都是较理想的光导材料。

四十六、耿氏效应

当电压高到某一值时,半导体电流便以很高频率振荡,该效应称为耿氏效应,是 1963 年由耿氏发现的一种效应。当高于临界值的恒定直流电压加到一小块 N 型砷化镓相对面的接触电极上时,便产生微波振荡。在 N 型砷化镓薄片的两端制作良好的欧姆接触电极,并加上直流电压使产生的电场超过 3 kV/cm 时,由于砷化镓的特殊性质就会产生电流振荡,其频率可达 109 Hz,这就是耿氏二极管。这种在半导体本体内产生高频电流的现象称为耿氏效应。

耿氏效应的原理为:在砷化镓的能带结构中,导带有两个能谷,两能谷的能隙为

0.36 eV。把砷化镓材料置于外电场中时，外电场的作用使体内电子在能谷之间跃迁，导致其电导率随电场的增加时而增加，时而减小，从而形成了体内的高频振荡现象。

四十七、共振

在物体做受迫振动的过程中，当驱动力的频率与物体的固有频率接近或相等时，物体的振幅增大的现象叫作共振。自然界中有许多地方有共振的现象，人类也在其技术中利用或者试图避免共振现象。

固有频率是系统本身所具有的一种振动性质。当系统做固有振动时，它的振动频率就是"固有频率"。一个力学体系的固有频率由系统的质量分布、内部的弹性以及其他的力学性质决定。

在很多情况下要利用共振现象，例如，收音机的调谐就是利用共振来接收某一频率的电台广播，又如弦乐器的琴身和琴筒，就是用来增强声音的共鸣器。但在不少情况下要防止共振的发生，例如机器在运转中可能会因共振而降低精密度。20世纪中叶，法国昂热市附近一座长102 m的桥，因一队士兵在桥上齐步走的步伐频率与桥的固有频率相近，引起桥梁共振，振幅超过桥身的安全限度，从而造成了桥塌人亡的事故。

四十八、固体发光

固体发光是电磁波、带电粒子、电能、机械能及化学能等作用到固体上而被转化为光能的现象。外界能量可来源于电磁波（可见光、紫外线、X射线和γ射线等）或带电粒子束，也可来自电场、机械作用或化学反应。当外界激发源的作用停止后，固体发光仍能维持一段时间，称为余辉。历史上曾根据发光持续时间的长短把固体发光分为荧光和磷光两种，发光持续时间小于 10^{-8} s 的称为荧光，大于 10^{-8} s 的称为磷光，相应的发光体分别称为荧光体和磷光体。

根据激发方式的不同，固体发光主要分为以下几种：

（1）光致发光：是指发光材料在可见光、紫外光或X射线照射下产生的光。发光波长比所吸收的光波波长要长。这种发光材料常用来使看不见的紫外线或X射线转变为可见光，例如，日光灯管内壁的荧光物质把紫外线转换为可见光，对X射线或γ射线也常借助于荧光物质进行探测。另一种具有电子陷阱（由杂质或缺陷形成的类似亚稳态的能级，位于禁带上方）的发光材料在被激发后，只有在受热或红外线照射下才能发光，可用来制造红外探测仪。

（2）场致发光：又称电致发光，是指利用直流或交流电场能量来激发发光。场致发光实际上包括几种不同类型的电子过程，一种是物质中的电子从外电场吸收能量，与晶格相碰时使晶格电离化，产生电子-空穴对，复合时产生辐射。也可以是外电场使发光中心激发，回到基态时发光，这种发光称为本征场致发光。还有一种类型是在半导体的PN结上加正向电压，P区中的空穴和N区的电子分别向对方区域迁移后成为少数载流子，复合时产生辐射，称为载流子注入发光，也称结型场致发光。用电磁辐射调制场致发光称为光控场致发光。把 ZnS、Mn、Cl_2 等发光材料制成薄膜，加直流或交流电场，再用紫外线或X射线照射时可产生显著的光放大，利用场致发光现象可提供特殊照明、制造发光管、实现光放大和储存影像等。

(3) 阴极射线致发光：是指以电子束使磷光物质激发发光，普遍用于示波管和显像管，前者用来显示交流电的波形，后者用来显示影像。

四十九、惯性力

牛顿运动定律只适用于惯性系。在非惯性系中，为使牛顿运动定律仍然有效，常引入一个假想的力，用以解释物体在非惯性系中的运动。这个由于物体的惯性而引入的假想力称为"惯性力"。它是物体的惯性在非惯性系中的一种表现，并不反映物体间的相互作用。它也不服从牛顿第三定律，于是惯性力没有施力物，也没有反作用力。例如，前进的汽车突然刹车时，车内乘客就感觉到自己受到一个向前的力，使自己向前倾倒，这个力就是惯性力。又如，汽车在转弯时，乘客也会感到有一个使他离开弯道中心的力，这个力即称为"惯性离心力"。

五十、光谱

光谱是复色光经过色散系统（如棱镜、光栅）分光后，被色散开的单色光按波长（或频率）大小而依次排开的图案，全称为光学频谱。例如，太阳光经过三棱镜后形成按红、橙、黄、绿、蓝、靛、紫次序连续分布的彩色光谱。红色到紫色，对应于波长为 7 700 ~ 3 900 Å 的区域，是能被人眼感觉的可见部分。红端之外为波长更长的红外光，紫端之外则为波长更短的紫外光，都不能为肉眼所察觉，但能用仪器记录。光谱中最大的一部分可见光谱是电磁波谱中人眼可见的一部分，这个波长范围内的电磁辐射区域被称作可见光区域。按波长区域不同，光谱可分为红外光谱、可见光谱和紫外光谱；按产生的本质不同，可分为原子光谱、分子光谱；按产生的方式不同，可分为线光谱、带光谱和连续光谱。光谱的研究已成为一门专门的学科，即光谱学。光谱学是研究原子和分子结构的重要学科。

五十一、光生伏特效应

1839 年，法国物理学家贝克勒尔意外地发现，用两片金属浸入溶液构成的伏特电池，受到阳光照射时会产生额外的伏特电势，他把这种现象称为光生伏特效应。

1883 年，有人在半导体硒和金属接触处发现了固体光伏效应。后来就把能够产生光生伏特效应的器件称为光伏器件。

当太阳光或其他光照射半导体的 PN 结时，就会产生光生伏特效应。光生伏特效应使得 PN 结两边出现电压，称为光生电压。使 PN 结短路，就会产生电流。

由于半导体 PN 结器件在阳光下的光电转换效率最高，所以通常把这类光伏器件称为太阳能电池，也称光电池或太阳电池。太阳能电池又称为光电池、光生伏特电池，是一种将光能直接转换成电能的半导体器件。现主要有硅、硫化镉、砷化镓太阳能电池。

随着科学的进步，光伏发电技术已可用于任何需要电源且有光照的场合。目前，光伏发电主要用于三大方面：

(1) 光伏发电为无电场合提供电源。

(2) 光伏发电是太阳能日用电子产品，如各类太阳能充电器、太阳能灯具等。

(3) 光伏发电是并网发电。这在发达国家已经大面积推广使用。

五十二、混合物分离

混合物分离是指把混合物中的几种成分分开得到几种纯净物,其原则和方法与混合物的提纯(即除杂质)基本相似,不同之处是除杂质只需把杂质除去恢复所需物质原来的状态即可,而混合物分离则要求被分离的每种纯净物都要恢复原来状态。

混合物分离的常用方法有:蒸发、过滤、结晶、重结晶、分步结晶、蒸馏、分馏、萃取、分液、渗析、升华,根据氧化还原原理进行分步沉淀等。

分离混合物,往往不只使用单独一种方法,而是几种方法交替使用。例如,粗盐的提纯就用到过滤、蒸发、结晶三种方法,这些都是物理方法,也就是说在过滤、蒸发、结晶的过程中都没有新物质生成,没有发生化学变化。有些混合物的分离则需用化学方法。

五十三、火花放电

火花放电是在电势差较高的正负带电区域之间,发出闪光并发出声响的短时间气体放电现象。在放电空间内,气体分子发生电离,气体迅速而剧烈地发热,发出闪光和声响。例如,当两个带电导体互相靠近到一定距离时,就会在其间发生火花和声响,结果两个导体所带的电荷几乎全部消失。实质上分立的异性电聚积至足够量时,电荷突破它们之间的绝缘体而中和的现象就是放电。而中和时发生火花的就叫火花放电。在阴雨天气,带电的云接近地面,由于感应作用,在云和地之间发生火花放电即为落雷。由于它们之间电势差非常大,所以这种放电的危害特别大,它能破坏建筑物,甚至打死人和牲畜。高大建筑物均装有避雷针就是为了对落雷进行防范。在日常生活中,常常会看到运送汽油的油罐车,在它的尾部,总是有一根铁链在地上拖着走。这根铁链不是多余的,而是起着重要的作用。运汽油的车中装载的是汽油,汽车在开动的时候,里面装着的汽油也在不停地晃动,其结果会使汽油跟油槽壁发生碰撞和摩擦,从而会使油槽带电。因为汽车的轮胎由橡胶制成,是绝缘体,油槽里产生的电荷不可能通过轮胎传到地下,这样电荷就会积聚起来,甚至有时会发生电火花。遇到火花,汽油很容易发生爆炸。为了防止出现这样的危险,采用拖在汽车后面的铁链来作导电工具,使产生的电荷不能积聚。火花放电可用于金属加工,钻细孔,还可用于胶接表面的处理,以提高胶接强度,多用于难粘塑料和金属等材料表面的处理。

五十四、霍尔效应

霍尔效应是一种电磁效应,这一现象是由美国物理学家霍尔(Hall,1855—1938)于1879年在研究金属的导电机构时发现的。当电流垂直于外磁场通过导体时,在导体垂直于磁场和电流方向的两个端面之间会出现电势差,这一现象便是霍尔效应。这个电势差也被称为霍尔电势差。

下面列举霍尔效应的一些应用:

(1)根据霍尔电压的极性可判定半导体的载流子的类型,即是 N 型半导体,还是 P 型半导体。

(2)半导体内载流子的浓度受温度、杂质及其他影响较大。根据试验测得的霍尔系数 k 可计算出载流子的浓度。这为研究和测试半导体提供了有效的方法。

(3)利用半导体材料制成的霍尔元件还可测量强电流和功率。此外,还可以把直流和交流信号放大以及对它们进行调制。

五十五、霍普金森效应

霍普金森效应是由霍普金森于 1889 年发现的。霍普金森效应可在铁和镍的单晶、多晶样本中观察到，也可在很多铁磁合金中观察到。

霍普金森效应由以下 3 点组成：
（1）将铁磁物质放入弱磁场，导磁性会在居里点附近出现急剧增大。
（2）磁导率对温度的最大依赖关系，是由于处于居里点附近的铁磁物质的磁各向异性的戏剧性减少而导致的。
（3）在居里点附近，因为铁磁物质自然磁化的消失，将使导磁性减小。

五十六、加热

加热是热源将热能传给较冷物体而使其变热的过程。

根据热能的获得方式，可分为直接加热和间接加热两类。直接热源加热是将热能直接施加于物料，如烟道气加热、电流加热和太阳辐射能加热。间接热源加热是将上述直接热源的热能施加于一中间载热体，然后由中间载热体将热能再传给物料，如蒸汽加热、热水加热、矿物油加热等。

五十七、焦耳-楞次定律

1840 年，焦耳把环形线圈放入装水的试管内，测量不同电流强度和电阻时的水温。通过这一实验，他发现导体在一定时间内放出的热量与导体的电阻及电流强度的平方之积成正比。同年 12 月焦耳在英国皇家学会上宣读了关于电流生热的论文，提出电流通过导体产生热量的定律。由于不久之后，俄国物理学家楞次也独立发现了同样的定律，该定律也称为焦耳-楞次定律。

五十八、焦耳-汤姆逊效应

当气体在管道中流动时，由于局部阻力（如遇到缩口的调节阀门时），其压力显著下降，这种现象叫作节流。工程上由于气体经过阀门等流阻元件时，流速大时间短，来不及与外界进行热交换，可近似的作为绝热过程来处理，称为绝热节流。

实验发现，实际气体节流前后的温度一般将发生变化。气体经过绝热节流过程后温度发生变化的现象称为焦耳-汤姆逊效应。造成这种现象的原因是因为实际气体的焓值不仅是温度的函数，而且也是压力的函数。大多数实际气体在室温下的节流过程中都有冷却效应，即通过节流元件后温度降低，这种温度变化称为正焦耳-汤姆孙效应；少数气体在室温下节流后温度升高，这种温度变化称为负焦耳-汤姆逊效应。

在通常温度下，许多气体都可以通过节流膨胀过程使温度降低、冷却而成为液体。工业上就是利用这种效应来使气体变成液体的。

五十九、金属覆层润滑剂

金属有机化合物中的金属会在高温下获得释放。金属覆层润滑剂中含有金属有机化合物,这种润滑剂是依靠零件间的摩擦力来进行加热的。然后,金属有机化合物将产生分解,释放出金属,释放的金属会填充到零件表面的不平整部位,以此来减少零件的摩擦力。

六十、居里效应

法国物理学家比埃尔·居里(1859—1906)早期的主要贡献为确定磁性物质的转变温度(居里点),铁磁物质由于存在磁畴,因此在外加的交变磁场的作用下将产生磁滞现象。磁滞回线就是磁滞现象的主要表现。如果将铁磁物质加热到一定的温度,由于金属点阵中的热运动的加剧,磁畴受到破坏,铁磁物质将转变为顺磁物质,磁滞现象消失,铁磁物质这一转变温度称为居里点温度。

不同的铁磁物质,居里点不同。铁的居里点为769 ℃,钴是1 131 ℃,镍的居里点较低,为358 ℃。锰锌铁氧化体的居里点只有215 ℃,比较低,磁通密度、磁导率和损耗都随温度发生变化,除正常温度25 ℃以外,还要给出60 ℃、80 ℃、100 ℃时的各种参数数据。因此,锰锌铁氧化体磁芯的工作温度一般限制在100 ℃以下。钴基非晶合金的居里点为205 ℃,也较低,使用温度也限制在100 ℃以下。铁基非晶合金的居里点为370 ℃,其可以在150 ℃~180 ℃以下使用。高磁导坡莫合金的居里点为460 ℃~480 ℃,其可以在200 ℃~250 ℃以下使用。微晶纳米晶合金的居里点为600 ℃,硅钢居里点为730 ℃,它们可以在300 ℃~400 ℃以下使用。

六十一、克尔效应

电光克尔效应:1875年英国物理学家J.克尔发现,玻璃板在强电场作用下具有双折射性质,称为克尔效应。后来发现多种液体和气体都能产生克尔效应。观察克尔效应(如图8-1所示):内盛某种液体(如硝基苯)的玻璃盒子称为克尔盒,盒内装有平行板电容器,加电压后产生横向电场。克尔盒放置在两正交偏振片之间。无电场时液体为各向同性,光不能通过 P_2。存在电场时液体具有了单轴晶体的性质,光轴沿电场方向,此时有光通过 P_2。实验表明,在电场作用下,主折射率之差与电场强度的平方成正比。电场改变时,通过 P_2 的光强随之改变,故克尔效应可用来对光波进行调制。液体在电场作用下产生极化,这是产生双折射性的原因。电场的极化作用非常迅速,在加电场后不到 10^{-9} s 内就可完成极化过程,撤去电场后在同样短的时间内重新变为各向同性。克尔效应的这种迅速动作的性质可用来制造几乎无惯性的光的开关——光闸,在高速摄影、光速测量和激光技术中获得了重要应用。

磁光克尔效应:入射的线偏振光在已磁化的物质表面反射时,振动面发生旋转的现象,1876年由J.克尔发现。克尔磁光效应分极向、纵向和横向三种,分别对应物质的磁化强度与反射表面垂直、与表面和入射面平行、与表面平行而与入射面垂直三种情形。极向和纵向克尔磁光效应的磁致旋光都正比于磁化程度,一般极向的效应最强,纵向次之,横向则无明显的磁致旋光。克尔磁光效应最重要的应用是观察铁磁体的磁畴。不同的磁畴有不同的自发磁化方向,引起反射光振动面的不同旋转,通过偏振片观察反

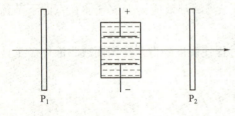

图8-1 克尔效应

射光时，将观察到与各磁畴对应的明暗不同的区域。用此方法还可对磁畴变化作动态观察。

六十二、扩散

物质分子从高浓度区域向低浓度区域转移，直到均匀分布的现象，称为扩散。扩散的速率与物质的浓度梯度成正比。物质直接接触时，称为自由扩散；若扩散是经过隔离物质进行时，则称为渗透。

由于分子（原子等）的热运动而产生的物质迁移现象，一般可发生在一种或几种物质与同一物态或不同物态之间，由不同区域之间的浓度差或温度差所引起，而前者居多。一般从浓度较高的区域向较低的区域进行扩散，直到同一物态内各部分的浓度达到均匀或两种物态间的浓度达到平衡为止。显然，由于分子的热运动，这种"均匀""平衡"都属于"动态平衡"，即在同一时间内，界面两侧交换的粒子数相等，如红棕色的二氧化氮气体在静止的空气中的散播，蓝色的硫酸铜溶液与静止的水相互渗入，钢制零件表面的渗碳以及使纯净半导体材料成为 N 型或 P 型半导体掺杂工艺等都是扩散现象的具体体现。在电学半导体 PN 结的形成过程中，自由电子和空穴的扩散运动是基本依据。扩散速度在气体中最大，在液体中次之，在固体中最小，而且浓度差越大、温度越高、参与的粒子质量越小，扩散速度也越快。

六十三、冷却

将物体或系统的热量带走，使物体温度降低的过程，称为冷却。冷却的方法通常有直接冷却法和间接冷却法。直接冷却法是直接将冰或冷水加入被冷却的物料中，间接冷却法是将物料放在容器中，其热能通过器壁向周围介质自然散热。

六十四、洛伦兹力

运动电荷在磁场中所受到的力称为洛伦兹力。荷兰物理学家洛伦兹（1853—1928）首先提出了运动电荷产生磁场和磁场对运动电荷有作用力的观点，为了纪念他，人们称这种力为洛伦兹力。在国际单位制中，洛伦兹力的单位是牛顿。洛伦兹力的公式为：

$$f = qvB\sin\theta \tag{8-9}$$

式中　　q——点电荷的电量；

　　　　v——点电荷的速度；

　　　　B——点电荷所在处的磁感应强度；

　　　　θ——v 和 B 的夹角。

洛伦兹力的方向遵循左手定则（左手平展，使大拇指与其余四指垂直，并且都跟手掌在一个平面内），把左手放入磁场中，让磁感线垂直穿过手心（手心对准 N 极，手背对准 S 极），四指指向电流方向（即正电荷运动的方向），则拇指所指的方向就是导体或正电荷受力的方向，垂直于 v 和 B 构成的平面（若 q 为负电荷，则为反方向）。由于洛伦兹力始终垂直于电荷的运动方向，所以它对电荷不做功，不改变运动电荷的速率和动能，只能改变电荷的运动方向使之偏转。

洛伦兹力既适用于宏观电荷，也适用于微观电荷粒子。电流元在磁场中所受安培力就是其中运动电荷所受洛伦兹力的宏观表现。导体回路在恒定磁场中运动，使其中磁通量变化而产生的动生电势也是洛伦兹力的结果，洛伦兹力是产生动生电势的非静电力。

如果电场 E 和磁场 B 并存,则运动点电荷受力为电场力和磁场力之和,即:

$$F = q(E + vB) \tag{8-10}$$

公式中 E、B 为矢量,此式一般也称为洛伦兹力公式。

洛伦兹力在许多科学仪器和工业设备中都有着广泛的应用,例如 β 谱仪、质谱仪、粒子加速器、电子显微镜、磁镜装置、霍尔器件等。

六十五、毛细现象

毛细管:凡内径很细的管子都叫"毛细管"。通常指的是内径小于或等于 1 mm 的细管,因管径有的细如毛发故称毛细管。例如,水银温度计、钢笔尖部的窄缝、毛巾和吸墨纸纤维间的缝隙、土壤结构中的缝隙以及植物的根、茎、叶的脉络等,都可认为是毛细管。

毛细现象:插入液体中的毛细管,管内外的液面会出现高度差。当浸润管壁的液体在毛细管中上升(即管内液面高于管外)或当不浸润管壁的液体在毛细管中下降(即管内液面低于管外),这种现象叫作"毛细现象"。产生毛细现象的原因之一是由于附着层中分子的附着力与内聚力的作用,造成浸润或不浸润,因而使毛细管中的液面呈现弯月形。原因之二是由于存在表面张力,从而使弯曲液面产生附加压强。由于弯月面的形成,使得沿液面切向方向作用的表面张力的合力,在凸弯月面处指向液体内部,在凹弯月面处指向液体外。由于合力的作用使弯月面下液体的压强发生了变化,对液体产生了一个附加压强,从而使凸弯月面下液体的压强大于水平液面下液体的压强,而凹弯月面下液体的压强小于水平液面下液体的压强。根据在盛着同一液体的连通器中,同一高度处各点的压强都相等的原理,当毛细管里的液面是凹弯月面时,液体不断地上升,直到上升液柱的静压强抵消了附加压强为止。同样,当液面成凸月面时,毛细管里的液体也将下降。

当液体浸润管壁致使与管壁接触的液面是竖直的,而且表面张力的合力也是竖直向上时,若毛细管内半径为 r,液体表面张力系数是 σ,沿周界 $2\pi r$ 作用的表面张力的合力等于 $2\pi r\sigma$。在液面停止上升时,此一作用力恰好与毛细管中液体柱的重力相平衡。若液柱上升高度为 h,液体密度为 ρ,则得:

$$2\pi r\sigma = \pi r^2 h\rho g \tag{8-11}$$

因而可知液柱上升高度是:

$$h = \frac{2\sigma}{r\rho g} \tag{8-12}$$

六十六、摩擦力

相互接触的两个物体,当它们发生相对运动或有相对运动趋势时,在两个物体的接触面之间会产生阻碍相对运动的作用力,这个力称为摩擦力。

物体之间产生摩擦力必须具备 4 个条件:两物体相互接触;两物体相互挤压,发生形变,有弹力;两物体发生相对运动或有相对运动趋势;两物体间接触面粗糙。

4 个条件缺一不可。由此可见,有弹力的地方不一定有摩擦力,但有摩擦力的地方一定有弹力。摩擦力是一种接触力,而且还是一种被动力。

摩擦力可分为静摩擦力和滑动摩擦力。

若两个相互接触而又相对静止的物体,在外力作用下只具有相对滑动趋势,而未发生相对滑动，则其接触面间产生的阻碍相对滑动的力，称为静摩擦力。静摩擦力很常见，例如拿在手中的瓶子、毛笔不会滑落，就是静摩擦力作用的结果。静摩擦力在生产中的应用也很多，例如皮带运输机靠货物与传送皮带之间的静摩擦力把货物送往其他地方。

两接触物体产生相对滑动时的摩擦力称为滑动摩擦力。大量实验表明，滑动摩擦力的大小只与法向正压力的大小和接触面的性质（动摩擦因数）有关。接触面材料相同时，法向正压力越大，滑动摩擦力越大；法向正压力相同时，接触面越粗糙，滑动摩擦力越大。在低速情况下，摩擦力的大小与物体的外表接触面积及物体运动的速度有关。滑动摩擦力是阻碍相互接触物体之间相对运动的力，不一定是阻碍物体运动的力。即摩擦力不一定是阻力，它也可能是使物体运动的动力，要清楚阻碍"相对运动"是以相互接触的物体作为参照物的。"物体运动"可能是以其他物体作参照物的。

六十七、珀尔帖效应

1834 年，法国科学家珀尔帖发现：当两种不同属性的金属材料或半导体材料互相紧密连接在一起的时候，在它们的两端通入直流电流后，只要变换直流电流的方向，在它们的接头处，就会相应出现吸收或者放出热量的物理现象，于是起到制冷或制热的效果，这种现象就称为珀尔帖效应。

珀尔帖冷却，是运用了珀尔帖效应，即组合不同种类的两种金属，通电时一方发热而另一方吸收热量的方式。因此，应用珀尔帖效应制成的半导体制冷器，就能制造出不需制冷剂、制冷速度快、无噪声、体积小、可靠性高的绿色电冰箱了。

六十八、起电

起电，就是使物体带电。起电并不是创造了电荷，而是引起了电荷的转移，使物体显示电性。

起电的方法有三种：摩擦起电、感应起电和接触起电。

摩擦起电的原理是由于各种物体束缚电子的能力不一样，摩擦两个不同物体就会引起电子的转移，使得到电子的物体显示负电，另一个显示正电。两个被摩擦的物体带的是异性等量电荷。两个相同物体摩擦不能起电。用丝绸摩擦玻璃棒，玻璃棒就失去电子而带正电，丝绸得到电子而带负电。

摩擦起电顺序为：空气、人手、石棉、兔毛、玻璃、云母、人发、尼龙、羊毛、铅、丝绸、铝、纸、棉花、钢铁、木、琥珀、蜡、硬橡胶、镍/铜、黄铜/银、金/铂、硫黄、人造丝、聚酯、赛璐珞、奥纶、聚氨酯、聚乙烯、聚丙烯、聚氯乙烯、二氧化硅、聚四氟乙烯。在上述所列出的物体中，距离越远，起电的效果就越好。

感应起电：将一个带电体靠近一个不带电的物体，这个物体靠近带电体的一端产生了与带电体相反的电荷，而远离带电体的一端产生了同种电荷，而且的原理是电荷间的相互作用力。带电的物体能吸引不带电的物体

接触起电：将一个带电体与一个不带电的物体接触，就可以后，两个物体带同种电荷。接触起电的原理是感应起电和电中和

六十九、气穴现象

气穴来自拉丁文"cavitus",是指空虚、空处的意思。气穴现象是由于机械力,如由船用的旋转机械力产生的致使液体中突然形成低压气泡并破裂的现象。

水的气穴现象就是指冲击波到达水面后,使水面快速上升,并在一定的水域内产生很多空泡层,最上层的空泡层最厚,向下逐渐变薄。随着静水压力的增加超过一定的深度后,便不再产生空泡。

声波的气穴现象研究:用 20~40 kHz 的声波进行了实验,声波在浓硫酸液体中产生高密度与低密度两个快速交替的区域,使得压力在其间振荡,液体中的气泡在高压下收缩,低压下膨胀。压力的变化非常快,致使气泡向内炸裂,有足够的能量产生热,这一过程被称为声学的气穴现象。

气穴现象在水下武器中的应用:比如海底子弹,当子弹由特别的物体发射出去后,在它的前部会形成一种类似于气泡状的东西,会让子弹的阻力减小,以增加威力。

七十、热传导

热量从系统的一部分传到另一部分或由一个系统传到另一个系统的现象叫热传导。热传导是热传递的三种基本方式之一,它是固体中热传递的主要方式,在不流动的液体或气体层中层层传递,在流动情况下往往与对流同时发生。热传导实质是大量物质的粒子热运动而互相撞击,使能量从物体的高温部分传至低温部分,或由高温物体传给低温物体的过程。在固体中,热传导的微观过程是:在温度高的部分,晶体中节点上的微粒振动动能较大;在低温部分,微粒振动动能较小。因微粒的振动互相联系,所以在晶体内部就发生微粒的振动,动能由动能大的部分向动能小的部分传递。在固体中热的传导,就是能量的迁移。在金属物质中,因存在大量的自由电子,在不停地做无规则的热运动。自由电子在金属晶体中对热的传导起主要作用。在液体中热传导表现为液体分子在温度高的区域热运动比较强,由于液体分子之间存在着相互作用,热运动的能量将逐渐向周围层层传递,引起了热传导现象。由于热传导系数小,传导得较慢,它与固体相似,而不同于气体。气体依靠分子的无规则热运动及分子间的碰撞,在气体内部发生能量迁移,从而形成宏观上的热量传递。

各种物质的热传导性能不同,一般金属都是热的良导体,玻璃、木材、棉毛制品、羽毛、毛皮以及液体和气体都是热的不良导体。石棉的热传导性能极差,常作为绝热材料。

七十一、热电现象

温差电势即热电势:用两种金属接成回路,当两接头处温度不同时,回路中就会产生电势,称之为热电势(或温差电势)。热电势的成因是:自由电子热扩散(汤姆逊电势),自由电子浓度不同(珀尔帖电势),珀尔帖效应(塞贝克效应)。

七十二、热电子发射

子发射又称爱迪生效应,是爱迪生于 1883 年发现的,是指加热金属使其中的大量势垒而逸出的现象。与气体分子相似,金属中的自由电子做无规则的热运动,分布。在金属表面存在着阻碍电子逃脱出去的作用力,电子逸出需克服阻力做功，称为逸出功。在室温下，只有极少量电子的动能大于逸出功，因此从金属表面逸出的电子微乎其微。一般当金属温度上升到 1 000 ℃ 以上时，动能大于逸出功的电子数目急剧增加，大量电子从金属中逸出，这就是热电子发射。若无外电场，逸出的热电子在金属表面附近堆积，成为空间电荷，它将阻止热电子继续发射。通常以发射热电子的金属丝为阴极，金属板为阳极，其间加电压，使热电子在电场作用下从阴极到达阳极，这样不断发射，不断流动，形成电流。随着电压的升高，单位时间从阴极发射的电子全部到达阳极，于是出现电流饱和。

许多电真空器件的阴极是靠热电子发射工作的。由于热电子发射取决于材料的逸出功及其温度，因此应选用熔点高而逸出功低的材料作阴极。除热电子发射外，靠电子流或离子流轰击金属表面产生的电子发射，称为二次电子发射，靠外加强电场引起的电子发射称为场效发射，靠光照射金属表面引起的电子发射称为光电发射。各种电子发射都有其特殊的应用。

七十三、热辐射

热辐射是热的一种传递方式。它不依赖物质的接触而由热源自身的温度作用向外发射能量，这种传递方式称为热辐射。它和热传导、对流不同。它能不依靠媒介而把热量直接从一个系统传给另一个系统。热辐射是以电磁波辐射的形式发射出能量，温度的高低，取决于辐射的强弱。温度较低时，主要以不可见的红外光进行辐射，当温度为 300 ℃ 时，热辐射中最强波长在 $5×10^{-4}$ cm 左右，即在红外区。当物体的温度在 500 ℃ 以上至 800 ℃ 时，热辐射中最强的波长成分在可见光区。例如，太阳表面温度为 6 000 ℃，它是以热辐射的形式，将热量经宇宙空间传给地球的。这是热辐射远距离传热的主要方式。近距离的热源，除对流、传导外，亦将以辐射的方式传递热量。热辐射有时也称红外辐射，波长范围为 0.7 μm～1 mm，为可见光谱中红光端以外的电磁辐射。

关于热辐射，有 4 个重要规律，分别是基尔霍夫辐射定律、普朗克辐射分布定律、斯蒂藩-玻耳兹曼定律、维恩位移定律。这 4 个定律，有时统称为热辐射定律。

七十四、热敏性物质

热敏性物质是受热时就会发生明显状态变化的物质，这些状态变化通常是相变、一级相变或二级相变。

由于热敏性物质可以在很窄温度范围内发生急剧的转化，所以常用来显示温度，用来代替温度的测量。可用的热敏性物质主要有可改变光学性能的液晶，改变颜色的热涂料，溶解合金（比如伍德合金），有沸点、凝固点和转化的临界状态点的水，有形状记忆能力的材料，在居里点可改变磁性的铁磁材料。

七十五、热膨胀

物体因温度改变而发生的膨胀现象叫作热膨胀。通常是指外压强不变的情况下，大多数物质在温度升高时，其体积增大，温度降低时体积缩小。在相同条件下，气体膨胀最大，液体膨胀次之，固体膨胀最小。因为物体温度升高时，分子运动的平均动能增大，分子间的距离也增大，物体的体积随之而扩大；温度降低，物体冷却时分子的平均动能变小，使分子间距离缩短，于是物体的体积就要缩小。也有少数物质在一定的温度范围内，温度升高时，其体积反而减小。又由于固体、液体和气体分子运动的平均动能大小不同，因而从热膨胀的宏观现象来看也有明显的区别。

膨胀系数：为表征物体受热时，其长度、面积、体积变化的程度，而引入的物理量。它是线膨胀系数、面膨胀系数和体膨胀系数的总称。

固体热膨胀：固体热膨胀现象，从微观的观点来分析，它是由于固体中相邻粒子间的平均距离随温度的升高而增大引起的。

液体热膨胀：液体是流体，因而只有一定的体积，而没有一定的形状。它的体膨胀遵循 $V_t = V_0(1+\beta_t)$ 的规律，β_t 是液体的体膨胀系数。其膨胀系数，一般情况比固体大得多。

气体的热膨胀：气体热膨胀的规律较复杂，当一定质量气体的体积，受温度影响上升变化时，它的压强也可能发生变化。若保持压强不变，则一定质量的气体，必然遵循着 $V_t = V_0(1+\gamma_t)$ 的规律，式中的 γ_t 是气体的热膨胀系数。

七十六、热双金属片

热双金属片是精密合金的一种，由两层或多层具有不同热膨胀系数的金属或合金作为组元层牢固结合而成。热双金属中的一组元层具有低的热膨胀系数，为被动层；另一组元层具有高的热膨胀系数，为主动层。有时，为了得到性能特殊的热双金属，还可以加入第三层或第四层金属或合金。通常，被动层材料都采用含 Ni34%～50% 的因瓦型合金；主动层材料则采用黄铜、镍、Fe-Ni-Cr、Fe-Ni-Mn 和 Mn-Ni-Cu 合金等。通过主动层和被动层材料的不同组合，可以得到不同类型的热双金属，如高温型、中温型、低温型、高敏感型、耐蚀型、电阻型和速动型等。

热双金属片是由两种或多种具有合适性能的金属或其他材料所组成的一种复合材料构成的片材。由于各组元层的热膨胀系数不同，当温度变化时，这种复合材料的曲率将发生变化。但是随着双金属应用领域的扩大和结合技术的进步，已相继出现了三层、四层、五层的双金属。事实上，凡是依赖温度改变而发生形状变化的组合材料，至今在习惯上仍称为热双金属。

由于金属膨胀系数的差异，在温度发生变化时，主动层的形变要大于被动层的形变，从而双金属片的整体就会向被动层一侧弯曲，产生形变。这一热敏特性广泛用于温度测量、温度控制、温度补偿和程序控制等。电气工业中的热继电器和断路器等，仪表工业中的气象仪表和电流计等，家用电器方面的电熨斗、电灶、电冰箱和空调装置等都广泛采用热双金属元件。另外还可以利用热双金属片制成温度计，用来测量较高的温度。

七十七、渗透

被半透膜所隔开的两种液体，当处于相同的压强时，纯溶剂通过半透膜而进入溶液的现象，称为渗透。渗透作用不仅发生于纯溶剂和溶液之间，而且还可以在同种不同浓度溶液之间发生。低浓度的溶液通过半透膜进入高浓度的溶液中。砂糖、食盐等结晶体的水溶液，易通过半透膜，而糊状、胶状等非结晶体则不能通过。

在生物机体内发生的许多过程都与渗透有关。如各物浸于水中则膨胀；植物从其根部吸收养分；动物体内的养分透过薄膜而进入血液中等现象都是渗透作用。

七十八、塑性形变

塑性形变是指金属零件在外力作用下产生不可恢复的永久变形。

通过塑性形变不仅可以把金属材料加工成所需要的各种形状和尺寸的制品,而且还可以改变金属的组织和性能。

一般使用的金属材料都是多晶体,金属的塑性形变可认为是由晶内形变和晶间形变两部分组成。

假如除去外力,金属中的原子立即恢复到原来稳定平衡的位置,原子排列畸变消失和金属完全恢复了自己的原始形状和尺寸,则这样的变形称为弹性形变。增加外力,原子排列的畸变程度增加,移动距离有可能大于受力前的原子间距离,这时晶体中一部分原子相对于另一部分产生较大的错动。外力除去以后,原子间的距离虽然仍可恢复原状,但错动了的原子并不能再回到其原始位置,金属的形状和尺寸也都发生了永久改变。这种在外力作用下产生的不可恢复的永久变形称为塑性形变。

七十九、Thoms 效应

在管道中流体流动沿径向分为三部分:管道的中心为紊流核心,它包含了管道中的绝大部分流体;紧贴管壁的是层流底层;层流底层与紊流旋涡之间为缓冲区。层流的阻力要比紊流的阻力小。

1948 年,英国科学家 Thoms 发现,在液体中添加聚合物可以将管内流动从紊流转变为层流,从而大大降低输送管道的阻力,这就是摩擦减阻技术。然而,Thoms 的发现真正得到重视是在 1979 年,美国大陆石油公司生产的减阻剂首次商业化应用于横贯阿拉斯加的原油管道,获得了令人吃惊的效果,在使用相同油泵的情况下,可以输送的原油量增加了 50%以上!在取得巨大成功之后,减阻剂被应用于海上和陆上的数百条输油管道。

(1) 减阻剂的减阻机理。管道中的流体流态大多为紊流,而减阻剂恰恰在紊流时起作用。最新的研究成果表明,缓冲区是紊流最先形成的地方。减阻高聚物主要在缓冲区起作用。减阻高聚物分子可以在流体中伸展,吸收薄间层的能量,干扰薄间层的液体分子从缓冲区进入紊流核心,阻止其形成紊流或减弱紊流的程度。

(2) 减阻剂的生产工艺。减阻剂生产的技术关键主要包括两个方面:一是超高分子量、非结晶性、烃类溶剂可溶的减阻聚合物的合成;二是减阻聚合物的后处理。

聚合物的合成:目前最有效的减阻聚合物是聚 α-烯烃。本体聚合已不是生产具有更高分子量的聚 α-烯烃减阻聚合物的唯一选择,在溶液聚合体系中加入降黏剂,同样可以获得更高的聚合物分子量和更均匀的分子量分布。

聚合物的后处理:最近研制开发的一种非水基悬浮减阻剂克服了以前各种减阻剂的缺陷,它借助悬浮剂将聚合物粉末悬浮在醇类流体中,这种减阻剂的生产无须使用表面活性剂、杀菌剂和复杂的稳定剂体系,简化了生产过程,具有防冻性好、能防止水等杂质进入输油管道等优点,并可同时用于原油和成品油的输送,因此有着广阔的发展前景。

由于减阻聚合物的生产条件很难控制,国际上只有美国的大陆石油公司和贝克休斯公司等极少数公司垄断了这项技术,其产品基本上代表了目前世界上减阻剂生产工艺的最高水平和发展方向。

八十、汤姆逊效应

1821 年，德国物理学家塞贝克发现，在两种不同的金属所组成的闭合回路中，当两接触处的温度不同时，回路中会产生一个电势，此所谓塞贝克效应。1834 年，法国实验科学家珀尔帖发现了它的反效应：两种不同的金属构成闭合回路，当回路中存在直流电流时，两个接头之间将产生温差，此所谓珀尔帖效应。1837 年，俄国物理学家楞次又发现，电流的方向决定了是吸收热量还是产生热量，发热（制冷）量的多少与电流的大小成正比。

1856 年，汤姆逊利用他所创立的热力学原理对塞贝克效应和珀尔帖效应进行了全面分析，并将本来互不相干的塞贝克系数和珀尔帖系数建立起了联系。汤姆逊认为，在绝对零度时，珀尔帖系数与塞贝克系数之间存在简单的倍数关系。在此基础上，他又从理论上预言了一种新的温差电效应，即当电流在温度不均匀的导体中流过时，导体除产生不可逆的焦耳热之外，还要吸收或放出一定的热量（称为汤姆逊热）。或者反过来，当一根金属棒的两端温度不同时，金属棒两端会形成电势差。这一现象后来叫汤姆逊效应，成为继塞贝克效应和珀尔帖效应之后的第三个热电效应。

汤姆逊效应的物理学解释是：金属中温度不均匀时，温度高处的自由电子比温度低处的自由电子动能大。像气体一样，金属当温度不均匀时会产生热扩散，因此自由电子从温度高端向温度低端扩散，在低温端堆积起来，从而在导体内形成电场，在金属棒两端便形成一个电势差。这种自由电子的扩散作用一直进行到电场力对电子的作用与电子的热扩散平衡。

汤姆逊效应是导体两端有温差时产生电势的现象，珀尔帖效应是带电导体的两端产生温差（其中的一端产生热量，另一端吸收热量）的现象，两者结合起来就构成了塞贝克效应。

八十一、韦森堡效应

当高聚物熔体或浓溶液在各种旋转黏度计中或在容器中进行电动搅拌，受到旋转剪切作用时，液体会沿着内筒壁上升，发生包轴或爬杆现象，在锥板黏度计中则产生使锥体和板分开的力，如果在锥体或板上有与轴平行的小孔，液体会涌入小孔，并沿孔上所接的管子上升，这类现象统称为韦森堡效应。尽管韦森堡效应有很多表现形式，但它们都是法向应力效应的反映。

八十二、位移

质点从空间的一个位置运动到另外一个位置，它的位置变化称为质点在这一运动过程中的位移。位移是一个具有大小和方向的物理量，是矢量。物体在某一段时间内，如果由初始位置移到末位置，则连接初始位置到末位置的有向线段即为位移。它的大小是运动物体初始位置到末位置的直线距离；方向是从初始位置指向末位置。位移只与物体运动的始末位置有关，而与运动的轨迹无关。如果质点在运动过程中经过一段时间后回到原处，那么路程不为零而位移则为零。在国际单位制中，位移的单位为米，此外常用的位移单位还有毫米、厘米、千米等。

八十三、吸附作用

各种气体、蒸汽以及溶液里的溶质被吸在固体或液体物质表面上的现象称为吸附。具有吸附性质的物质称为吸附剂，被吸附的物质称为吸附质。

吸附作用实际是吸附剂对吸附质质点的吸引作用。吸附剂之所以具有吸附性质，是因为分布在表面的质点与内部的质点所处的情况不同。内部的质点与周围各个方向的相邻的质点都有联系，因而它们之间的一切作用力都互相平衡，而在表面上的质点，表面以上的作用力没有达到平衡而保留有自由的力场，借这种力场，物质的表面层就能够将与它接触的液体或气体的质点吸住。

吸附分物理吸附和化学吸附。物理吸附是以分子间作用力相吸引的，吸附热少。如活性炭对许多气体的吸附就属于这一类，被吸附的气体很容易解脱出来，而不发生性质上的变化。所以物理吸附是可逆过程。化学吸附则以类似于化学键的力相互吸引，其吸附热较大。例如许多催化剂对气体的吸附（如镍对 H_2 的吸附）属于这一类。被吸附的气体往往需要在很高的温度下才能解脱，而且在性状上有变化。所以化学吸附大都是不可逆过程。同一物质，可能在低温下进行物理吸附而在高温下为化学吸附，或者两者同时进行。

常见的吸附剂有活性炭、硅胶、活性氧化铝、硅藻土等。电解质溶液中生成的许多沉淀，如氢氧化铝、氢氧化铁、氯化银等也具有吸附能力，它们能吸附电解质溶液中的许多离子。

吸附性能的大小随吸附的性质，吸附剂表面的大小，吸附质的性质和浓度的大小，及温度的高低等而定。由于吸附发生在物体的表面上，所以吸附剂的总面积愈大，吸附的能力愈强。活性炭具有巨大的表面积，所以吸附能力很强。一定的吸附剂，在吸附质的浓度和压强一定时，温度越高，吸附能力越弱。所以，低温对吸附作用有利。当温度一定时，吸附质的浓度或压强越大，吸附能力越强。

在生产和科学研究上，常利用吸附和解吸作用来干燥某种气体或分离、提纯物质。吸附作用可以使反应物在吸附剂表面聚集，因而提高化学反应的速度。同时，由于吸附作用，反应物分子内部的化学键被减弱，从而降低了反应的活化能，使化学反应速度加快。因此，吸附剂在某些化学反应中可作催化剂。

八十四、吸收

吸收是指物质吸取其他实物或能量的过程。气体被液体或固体吸取，或液体被固体所吸取。在吸收过程中，一种物质将另一种物质吸进体内与其融合或化合。例如，硫酸或石灰吸收水分；血液吸收营养；毡毯、矿物棉、软质纤维板及膨胀珍珠岩等材料可吸收噪声；用化学木浆或棉浆制成纸质粗松的吸墨纸，用来吸干墨水。吸收气体或液体的固体，往往具有多孔结构。当声波、光波、电磁波的辐射投射到介质表面时，一部分被表面反射，一部分被吸收而转变为其他形式的能量。当能量在介质中沿某一方向传播时，随入射深度变深逐渐被介质吸收。例如玻璃吸收紫外线、水吸收声波、金属吸收 X 射线等。

光的吸收是指光在介质中传播时部分能量被介质吸收的现象。从实验中研究光的吸收时，通常用一束平行光照射在物质上，测量光强随穿透距离衰减的规律。

若介质对光的吸收程度与波长无关，则称为一般吸收；若对某些波长或一定波长范围内的光有较强吸收，而对其他波长的光吸收较少，则称为选择吸收。大多数染料和有色物体的颜色都是选择吸收的结果。多数物质对光在一定波长范围内吸收较少（表现为对光透明），而在另一些波段内则对光有强烈吸收。用具有连续谱的光照射物质，再把经物质吸收后的透射光用光谱仪展成光谱，就得到了该物质的吸收光谱。

波的吸收是指波在实际介质中，由于波动能量总有一部分会被介质吸收，波的机械能不断减少，波强也逐渐减弱。

八十五、形变

凡物体受到外力而发生形状变化的现象称为形变。物体由于外因或内在缺陷，物质微粒的相对位置发生改变，也可引起形态的变化。形变的种类有：

纵向形变：物体两端受到压力或拉力时，长度发生改变。

体积形变：物体体积大小的改变。

切变：物体两相对表面受到在表面内的（切向）力偶作用时，两表面发生相对位移。

扭转：一柱状物体，两端各受方向相反的力矩作用而发生的形变。

弯曲：物体因负荷而弯曲所产生的形变。

微小形变：指肉眼无法看到的形变，如果一个力没有改变物体的运动状态，以及没有发生以上形变，一定是使物体发生了微小形变。

无论什么形变，都可归结为长变与切变。

八十六、形状

物体形状：物体的外部轮廓。

形状的几何参数：体积、表面积、尺寸等。

常用的形状：光滑表面、抛物面、球面、皱褶、螺旋、窄槽、微孔、穗、环等。

八十七、形状记忆合金

一般金属材料受到外力作用后，首先发生弹性形变，达到屈服点后，就产生塑性形变，应力消除后留下永久变形。但有些材料，在发生了塑性形变后，经过合适的热过程，能够回复到形变前的形状，这种现象叫作形状记忆效应（SME）。具有形状记忆效应的金属一般是由两种以上金属元素组成的合金，称为形状记忆合金（SMA）。

形状记忆合金可以分为以下3种：

（1）单程记忆效应。形状记忆合金在较低的温度下变形，加热后可恢复变形前的形状，这种只在加热过程中存在的形状记忆现象称为单程记忆效应。

（2）双程记忆效应。某些合金加热时恢复高温相形状，冷却时又能恢复低温相形状，这种现象称为双程记忆效应。

（3）全程记忆效应。加热时恢复高温相形状，冷却时变为形状相同而取向相反的低温相形状，这种现象称为全程记忆效应。

八十八、压磁效应

当铁磁性材料受到机械力的作用时，在其内部产生应变，从而产生应力，导致磁导率发生变化的现象称为压磁效应。

磁性材料被磁化时，如果受到限制而不能伸缩，内部就会产生应力。同样在外部施加力也会产生应力。当铁磁材料因磁化引起伸缩产生应力时，其内部必然存在磁弹性能量。分析表明，磁弹性能量与磁致伸缩系数及应力的乘积成正比，并且还与磁化方向和应力方向之间的夹角有关。由于磁弹性能量的存在，将使磁化方向改变，对于正磁致伸缩材料，如果存在拉应力，将使磁化方向转向拉应力方向，加强拉应力方向的磁化，从而使拉应力方向的磁导率增大。压应力将使磁化方向转向垂直于应力的方向，削弱压应力方向的磁化，从而使压应力方向的磁导率减小。对于负磁致伸缩材料，情况正好相反。这种被磁化的铁磁材料在应力影响下形成磁弹性能，使磁化强度矢量重新取向，从而改变应力方向的磁导率的现象称为磁弹效应或压磁效应。

八十九、压电效应

由物理学知，一些离子型晶体的电介质（如石英、酒石酸钾钠、钛酸钡等）不仅在电场力作用下，而且在机械力作用下，都会产生极化现象。即：

（1）在这些电介质的一定方向上施加机械力而产生变形时，就会引起它内部正负电荷中心相对转移而产生电的极化，从而导致其两个相对表面（极化面）上出现正负相反的电荷，且其电位移与外应力张量成正比。当外力消失，又恢复到不带电原状；当外力的方向改变时，电荷极性也随之而变，这种现象称为正压电效应，或简称压电效应。

（2）若对上述电介质施加电场作用时，同样会引起电介质内部正负电荷中心的相对位移而导致电介质产生变形，且其应变与外电场强度成正比，电场去掉后，电介质的变形随之消失。这种现象称为逆压电效应，或称电致伸缩。依据电介质压电效应研制的一类传感器称为压电传感器。

九十、压强

物体单位面积上受到的法向压力的大小叫作压强，是表示压力作用效果强弱的物理量。对于压强的定义，应当着重领会4个要点：

（1）受力面积一定时，压强随着压力的增大而增大。此时压强与压力成正比。

（2）当压力一定时，受力面积越小，压强越大；受力面积越大，压强越小。此时压强与受力面积成反比。

（3）压力和压强是截然不同的两个概念：压力是支承面上所受到的并垂直于支承面的作用力，与支承面面积大小无关。

（4）压力、压强的单位是有区别的。压力的单位是牛顿，与一般力的单位相同。压强的单位是一个复合单位，由力的单位和面积的单位组成。在国际单位制中是牛顿/平方米，称为"帕斯卡"，简称"帕"。

九十一、液体或气体的压力

液体的压力是指液体受到重力作用，而向下流动，因受容器壁及底的阻止，故器壁及底受到液体压力的作用。液体因为重力的作用和它的流动特性，当液体静止时液体内以及其接触面上各点所受的压力，都遵守下列各条规律：

（1）静止液体的压力必定与接触面垂直。

（2）静止液体内同一水平面上各点所受压强完全相等。

（3）静止液体内某一点的压强，对任何方向都相等。

(4) 静止液体内上下两点的压强差，等于以两点间的垂直距离为高度，单位面积为底的液柱重量。

地球表面覆盖有一层厚厚的由空气组成的大气层。在大气层中的物体，都要受到空气分子撞击产生的压力，这个压力称为大气压力。也可以认为，大气压力是大气层中的物体受大气层自身重力产生的作用于物体上的压力。

九十二、液体动力

液体动力学是研究水及其他液体的运动规律及其边界相互作用的学科，又称水动力学。液体动力学和气体动力学组成流体动力学。人类很早就开始研究水的静止和运动的规律，这些规律也可适用于其他液体和低速运动的气体。20世纪以来，随着航空、航天、航海、水能、采油、医学等行业的发展，与流体动力学相结合的边缘学科不断出现并充实了液体动力学的内容。液体动力学研究的方法有现场观测、实验模拟、理论分析和数值计算四类。

液体运动受两个主要方面的影响：一是液体本身的特性；二是约束液体运动的边界特性。根据这些特性的改变，液体动力学的主要研究内容是理想液体运动。根据普朗特的边界层理论，在边界层以外的区域中，黏性力可以不予考虑，因此，理性液体的运动规律在特定条件下仍可应用。在普朗特以前，在这一领域曾进行过很多研究，如有环量的无旋运动、拉普拉斯无旋运动等。液体的压缩性很小，只有在某些情况下，如管道中的水击、水中声波、激光传播等，才需要考虑液体的可压缩性。

九十三、液体或气体的压强

液体由于受到重力的作用，因此在液体的内部就存在由液体本身的重量而引起的压强，这个压强等于液体单位体积的质量和液体所在处的深度的乘积，即：

$$p = \rho g h \qquad (8-13)$$

式中，$g = 9.8$ N/kg。由公式知，液体内部的压强与深度有关，深度增加，压强也随之增加。

由于液体具有流动性，所以液体内部的压强又表现出另外一些特点：液体对容器的底部和侧壁都有压强的作用，而且压强一定与底面或侧壁垂直；液体内部的压强是向各个方向的，而且在同一深度的地方向各个方向的压强都相等。在解决问题时应注意下列几点：

（1）液体内部某处的深度（h），应当取该处至液面的垂直距离，它与容器的形状无关。

（2）深度与高度是有区别的，深度是从液面向下至某一点的垂直距离，而高度是从容器或液体的底部起向上到液面的竖直高度。

（3）液体内部某处至液面之间有几层密度不同的液体时，则该处的压强等于几层液体各自产生的压强之和。在考虑大气压的情况下，该处的压强还应当加上液面上受到的大气压强。

（4）连通器中的液体在平衡时左管中液体的压强一定与右管中液体的压强相等。

由于从地球表面延伸至高空的空气重量，使地球表面附近的物体单位面积上所受的力称为大气压强。大气压强的测量通常以水银气压计的水银柱的高来表示。地面上标准大气压约等于76厘米高水银柱产生的压强。由于测量地区等条件的影响，所测数值不同。根据液体压强的公式 $p = \rho g h$，水银的密度是 13.6×10^3 kg/m^3，因此76厘米高水银柱产生的压强是 $p = 13.6 \times 10^3$ kg/m$^3 \times 9.8$ N/kg $\times 0.76$ m $= 1.013 \times 10^5$ N/m$^2 = 1.013 \times 10^5$ Pa。

九十四、一级相变

不同相之间的相互转变,称为"相变"或称"物态变化"。自然界中存在着各种各样的物质,绝大多数都是以固、液、气三种聚集态存在着。为了描述物质的不同聚集态,而用"相"来表示物质的固、液、气三种形态的"相貌"。从广义上而言,所谓"相",指的是物质系统中具有相同物理性质的均匀物质部分,它和其他部分之间用一定的分界面隔离开来。例如,在由水和冰组成的系统中,冰是一个相,水是另一个相。不同相之间的相互转变一般包括两类,即一级相变和二级相变。相变总是在一定的压强和一定的温度下发生。在物质形态的互相转换过程中必然要有热量的吸入或放出。物质三种状态的主要区别在于它们分子间的距离、分子间相互作用力的大小和热运动的方式不同,因此在适当的条件下,物体能从一种状态转变为另一种状态,其转换过程是从量变到质变。例如,物质从固态转变为液态的过程中,固态物质不断吸收热量,温度逐渐升高,这是量变的过程;当温度升高到一定程度,即达到熔点时,再继续供给热量,固态就开始向液态转变,这时就发生了质的变化。即使继续供热,温度也不会再升高,而是固液并存,直至完全熔化。

在发生相变时,有体积的变化同时伴随有热量的吸收或释放,这类相变即称为"一级相变",即一般所说的相变。例如,在1个大气压和0℃的情况下,1 kg质量的冰转变成同温度的水,要吸收334.32 J的热量,与此同时体积也收缩。所以,冰和水之间的转换属一级相变。

一级相变的特点是两相的化学势相等,但有体积改变并产生相变热。也就是说,在相变点,两相的化学势的一级偏微商不相等。因此,根据热力学关系式,相变时体积的改变量ΔV=相变熵。

九十五、永久磁铁

磁铁不是人发明的,有天然的磁铁矿,至于成分那就是铁、钴、镍等。其原子结构特殊,原子本身具有磁矩。一般这些矿物分子排列混乱,磁区互相影响就显不出磁性,但是在外力如磁场导引下分子排列方向趋向一致,就显出磁性,也就是俗称的磁铁。铁、钴、镍是最常用的磁性物质,磁铁基本上分永久磁铁与软磁铁,永久磁铁是加上强磁使磁性物质的自旋与电子角动量成固定方向排列,磁性不会消失;软磁铁则需加上电流才能显出磁性,等电流去掉,软磁铁会慢慢失去磁性。磁铁只是一个通称,是泛指具有磁性的东西,实际的成分不一定包含铁。较纯的金属态的铁本身没有永久磁性,只有靠近永久磁铁才会感应产生磁性。一般的永久磁铁里面加了其他杂质元素(例如碳)来使磁性稳定下来,但是这样会使电子的自由性降低而不易导电,所以电流通过的时候灯泡亮不起来。铁是常见的带磁性元素,但是许多其他元素具有更强的磁性,像强力磁铁很多就是铷、铁、硼混合而成的。

抗磁力(矫顽力):矫顽力是永磁材料抵抗磁的和非磁的干扰而保持其永磁性的量度。

九十六、约翰逊-拉别克效应

1920年,约翰逊和拉别克发现,抛光镜面的弱导电物质(玛瑙、石板等)的平板,会被一对连接着200 V电源的邻接金属板稳固地拿住。而在断电的情况下,金属板可以轻易地移开。

对这种现象的解释为：金属和弱导电物质，两者是通过少数的几个点相互接触的，这就导致了过渡区中的大电阻系数、金属板间接触的弱导电物质与金属板自己本身的小电阻系数（由于大的横截面）较大，所以在金属和物质间的如此狭小的一个转换空间内，存在着电场，将会产生巨大的压降，由于金属和物质之间（大约1 nm）的距离微小，此空间就产生了很高的电位差。

九十七、折射

波的折射：波在传播过程中，由一种媒质进入另一种媒质时，传播方向发生偏折的现象，称为波的折射。在同类媒质中，由于媒质本身不均匀，也会使波的传播方向改变，此种现象也称为波的折射。

绝对折射率：任何介质相对于真空的折射率，称为该介质的绝对折射率，简称折射率。对于一般光学玻璃，可以近似地以空气的折射率来代替绝对折射率。

九十八、振动

振动是一种常见的运动形式。在力学中，指一个物体在某一位置附近做周期性的往复运动，常称为机械振动，也称为振动。振动是指一个状态改变的过程。

从广义上说振动是指描述系统状态的参数（如位移、电压）在其基准值上下交替变化的过程。狭义上指机械振动，即力学系统中的振动，是物体在平衡位置附近做的往复运动。振动可分为自由振动、受迫振动，又可分为无阻尼振动与阻尼振动。常见的简谐运动有弹簧振子模型、单摆模型等。振动在机械行业中的应用非常普遍，例如，在振动筛分行业中，基本原理是借电机轴上下端所安装的重锤（不平衡重锤），将电机的旋转运动转变为水平、垂直、倾斜的三次元运动，再把这个运动传给筛面。若改变上下部的重锤的相位角可改变原料的行进方向。

振动是自然界和工程界常见的现象。振动的消极方面是：影响仪器设备功能，降低机械设备的工作精度，加剧构件磨损，甚至引起结构疲劳破坏；振动的积极方面是：有许多需利用振动的设备和工艺（如振动传输、振动研磨、振动沉桩等）。振动分析的基本任务是讨论系统的激励（即输入，指系统的外来扰动）、响应（即输出，指系统受激励后的反应）和系统动态特性（或物理参数）三者之间的关系。20 世纪 60 年代以后，计算机和振动测试技术取得重大进展，为综合分析、利用实验和计算方法解决振动问题开辟了广阔的前景。

九十九、驻波

在同一媒质里，两个频率相同、振幅相等、振动方向相同、沿相反方向传播的波叠加而成的波称为驻波。驻波是波的一种干涉现象，在声学和光学中都有重要的应用。例如，各种乐器，包括弦乐器、管乐器和打击乐器，都是由于产生驻波而发声。

一百、驻极体

将电介质放在电场中就会被极化。许多电介质的极化是与外电场同时存在、同时消失的。也有一些电介质，受强外电场作用后其极化现象不随外电场去除而完全消失，出现极化电荷"永久"存在于电介质表面和体内的现象。这种在强外电场等因素作用下极化并能

"永久"保持极化状态的电介质，称为驻极体。

驻极体具有体电荷特性，即它的电荷不同于摩擦起电，既出现在驻极体表面，也存在于其内部。若把驻极体表面去掉一层，新表面仍有电荷存在；若把它切成两半，就成为两块驻极体。这一点可与永久磁体相类比，因此驻极体又称永电体。

驻极体不能像电池那样从中取出电流，却可以提供一个稳定的电压，因此是一个很好的直流电压源。这在制造电子器件和电工测量仪表等方面大有用处。高分子聚合物驻极体的发现和使用，是电声换能材料的一次巨大变革，利用它可以制成质量很高、具有很多优点的电声器件。另外还可制成电机、高压发生器、引爆装置、空气过滤器，以及电话拨号盘、逻辑电路中的寻址选择开关、声全息照相用换能器等。随着对驻极体研究的深入和新材料的连续发现，它会像永磁体一样，被广泛应用。

能制成驻极体的有天然蜡、树脂、松香、磁化物、某些陶瓷、有机玻璃及许多高分子聚合物（例如，K-1聚碳酸酯、聚四氟乙烯、聚全氟乙烯丙烯、聚丙烯、聚乙烯、聚酯）等。根据驻极体极化时所采用的物理方法，有热驻极体、光驻极体、电驻极体和磁驻极体等。

思考题

8-1　为什么需要建立TRIZ效应库？

8-2　如何应用科学效应库？

8-3　应用科学效应解决问题的一般步骤是什么？

8-4　举例说明压电效应在实际生活中的一种应用。

第九章

应用 TRIZ 解决创新问题的实例

利用 TRIZ 理论解决发明问题时，可能会使用到该理论的一个或多个工具，图 9-1 所示为利用 TRIZ 理论解决问题的流程图，该图不仅描述了 TRIZ 理论各工具之间的关系，也描述了产品创新设计问题的解决方法。在解决发明问题时，首先是对给定的问题进行分析，包括系统的功能分析、理想化目标分析以及可用资源分析等。若发现系统存在技术冲突，则利用 TRIZ 理论提供的技术冲突矩阵加以解决；若所需解决的问题明确，但不知道如何进行处理，则可通过功能分析应用效应知识库直接来解决；也可对需要创新的技术系统进行进化过程的预测，并应用物场理论和 76 个标准解法找到进化途径。当利用 TRIZ 理论的工具获得问题的解决方案后，需对候选方案进行评估，包括理想化评估和系统特性评估，检验候选方案是否满足系统目标要求，是否符合进化模式要求。在对候选方案进行评估后，若候选方案达到满意的要求，则进行后续的设计工作；反之，需要利用 ARIZ 对问题进行反复循环的分析，直到找出解决问题的最终可行方案。由此可见，利用 TRIZ 理论解决问题的关键是应用之前的前处理和应用之后的后处理。

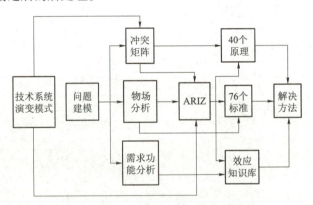

图 9-1 应用 TRIZ 理论解决问题的流程图

TRIZ 作为解决发明问题的比较实用的创新理论，更应强调其在科研和生产实践中的应用，强调由应用而给企业带来的实际效益。下面通过一些实例，介绍 TRIZ 理论在科研和生产中的应用情况。

第一节　污水管材的创新设计

一、应用背景

随着国家对环境保护力度的加大，传统的水泥管正在逐步退出市场。20 世纪 90 年代后期，新型替代产品——各类环保排水管材开始在工程上应用。

在排污管道领域，应用较多的是塑料管，如 PVC 双壁波纹管、PE 双壁波纹管、高密度聚乙烯（HDPE）缠绕结构壁管等。近年来，采用欧洲瑞士与美国技术制作的镀锌螺旋钢管开始进入国内市场，广泛应用于通风、雨水管道系统中，由于受防腐性能的限制，还没有大量在污水管道工程中使用。

二、问题描述

污水管道系统要求管材具有较高的可靠性，由于管材既要求承受静载荷又要求承受动载荷，所以要求管材必须具有较高的环刚度。由于污水具有一定的酸碱度并伴有沙土等，所以要求管材既要耐腐蚀，又要耐磨损。

塑料管及镀锌螺旋钢管的性能差别，主要是由于材质不同，从而造成两类管材性能上具有的优势不同。镀锌螺旋钢管的优点是环刚度较大，耗材较少，不足是防腐性能一般，并且不耐磨损；塑料管的优点是耐腐蚀、耐磨损，但是环刚度的提高受到限制，耗材较多。

三、问题分析

根据以上对问题的描述，从承受载荷、提高刚度的角度讲，镀锌螺旋钢管本身强度好，使用镀锌螺旋钢管具有明显的优势，但其本身不耐腐蚀、不耐磨损，可靠性下降，致使其使用寿命降低。因此，若要改善镀锌螺旋钢管的耐腐蚀、耐磨损性能，提高其可靠性，就要增加镀锌层的钢板厚度，使运动物体重量增加，提高刚度与消耗钢材之间形成一对明显冲突；从耐腐蚀、耐磨损角度讲，使用塑料管有一定的优势，但当管道直径超过一定值时，塑料管承受载荷加大，其工作可靠性降低，提高刚度与消耗管材之间也形成一对明显冲突。

在提高管材可靠性的同时，应降低材料消耗，减轻介质对管道内壁的流动磨损和减少有害介质的浓度。从材料力学的角度考虑，当通过提高材料弹性模量受限时，只能另辟新径采用增强设计，但增强设计只是一个实现理想化的命题，究竟应采用怎样的设计方案能够解决提高刚度与减少材料之间的冲突，从而设计生产出一种新型管材，使其既具有钢管的高刚度性能，又具有塑料管的耐腐蚀、耐酸碱性能呢？

四、问题解决

1. 将一般领域问题描述转换成 39 项工程参数中的两项，即转换为 TRIZ 标准问题

无论是塑料管还是镀锌螺旋钢管，若要提高其环刚度，就要增加耗材，技术冲突是既要提高管材强度，同时管材的单位重量还要下降。根据对技术冲突的描述，将该技术冲突转换为 39 项工程参数中的两项：

（1）工程参数 14 号强度：强度指物体受到外力作用时，抵制使其发生变化的能力；或者在外部影响下的抵抗破坏（分裂）和不发生形变的性质。在此问题中，管材强度要提高，为改善的参数。

（2）工程参数 1 号运动物体的重量：运动物体的重量指重力场中的运动物体作用在阻止其自由下落的支撑物上的力，重量也常常表示物体的质量。在此问题中，管材的单位重量要提高，为恶化的参数。

2. 根据得到的工程参数，确定解决问题需要的发明创新原理

根据得到的两个工程参数，改善 14 号工程参数强度，恶化 1 号工程参数运动物体的重量，查阅阿奇舒勒技术冲突矩阵得到 4 个发明创新原理：1 号、8 号、15 号、40 号。

（1）1 号分割原理的基本内容是：① 将物体分成独立的部分；② 使物体成为可拆卸的；③ 增加物体的分割程度。

（2）8 号质量补偿原理的基本内容是：① 将物体与具有上升力的另一物体结合以抵消其质量；② 将物体与介质（最好是气动力和液动力）相互作用以抵消其质量。

（3）15 号动态化原理的基本内容是：① 物体（或外部介质）的特性的变化应当在每一工作阶段都是最佳的；② 将物体分成彼此相对移动的几个部分；③ 使不动的物体成为动的。

（4）40 号复合材料原理的基本内容是：用复合材料代替单一材料。

综合分析以上 4 条发明创新原理，其中 1 号分割原理、8 号质量补偿原理、15 号动态化原理对该问题的彻底解决指导意义不大，而 40 号复合材料原理是解决该问题最有价值的发明创新原理。

3. 通过 TRIZ 解的类比应用得到问题的最终解

高密度聚乙烯（HDPE）的物理性能：密度为 $0.941\sim0.970\mathrm{g/cm^2}$，熔点为 131℃，有较好的耐磨性、耐寒性、透气性、不透水性、耐化学药品性、电气绝缘性、耐应力开裂性、硬度和机械强度，较高的结晶度、软化点和使用强度，在室温下几乎不溶于任何有机溶剂。在空气中加热或在日光中照射时易老化。

HDPE 具有很好的抗冲击性、耐腐性，在埋地应用上备受欢迎，然而由于它较低的弹性模量值，这使其在用于大口径管道时，遇到一个不可克服的瓶颈——管的环刚度无法提升到符合要求。

按照 ISO 的定义，环刚度由下式表述：

$$SN = EI/D^3 \tag{9-1}$$

当直径 D 增加一倍时，环刚度 SN 则相应地降低到原来的 $\frac{1}{8}$。因而做 2 000 mm 口径的管与做 500 mm 口径的管，在技术上的难度不可同日而语。因为直径 D 增加了 4 倍使得环刚度降低到了原来的 $\frac{1}{64}$。若要求保持环刚度 SN 不变，必须通过增加截面惯性矩 I 或材料弹性模量 E 至相当倍数，以抵消直径增加对环刚度产生的影响。而单靠增加 I 值是不现实的，因为几十倍 I 值的增加，意味着材料成本成数十倍的增加，同时当 I 值增加到一定程度时，工艺技术必然遇到难以实现的问题。故必须同时在提升 E 值方面做文章，才能实现 SN 值的保

持。钢材的高弹性模量刚好使它能够担此重任。表 9-1 是钢与 HDPE 的弹性模量的比较。

表 9-1　钢与 HDPE 的弹性模量比较表　　　　　　　　　　　　　　MPa

材　　料	短期弹性模量 E_b	长期弹性模量 E_{b1}
HDPE（PE63）	758	110
钢	20 700	20 700

可见在长期条件下，钢的弹性模量是 HDPE 的近 200 倍。钢的这一卓越性能是钢塑复合的理论基础。

以 TRIZ 理论中 40 号复合材料原理用复合材料替代单一材料为指导，采用二层共挤技术复合压延工艺，制成塑料（PVC、PE、PP）膜，再与镀锌钢板采用熔融粘贴的工艺制成塑钢复合板材，再以塑钢复合板材为原材料，在专用成管设备上制成复合螺旋波纹管材，如图 9-2 所示。

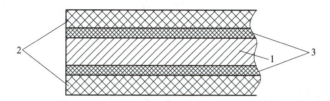

图 9-2　塑钢复合螺旋波纹管材
1—镀锌铝合金钢板；2—塑料片层；3—粘结层

五、结论

将研究对象理想化是自然科学的基本方法之一。理想化是对客观世界中存在物体的一种抽象，这种抽象客观世界既不存在，又不能通过实验验证。理想化的物体是真实物体存在的一种极限状态，对于某些研究起着重要的作用。在 TRIZ 中理想化是一种强有力的工具，在创新过程中起着重要的作用。

塑钢复合螺旋波纹钢管与塑料管材相比，管材刚度大幅度提高；与镀锌螺旋钢管相比，抗腐蚀性、耐磨损性能提高。以镀锌板材作基体材料连续成型为骨架内管，以塑料片层为防腐抗磨材料，使管材的抗压强度指标、耐腐蚀性、耐磨损性能都得到保证。以 TRIZ 理论为基础研发的污水管材既具备钢管的高刚度性又有塑料管的高防腐性，因此该产品填补了国内同时具备高刚度性和高防腐性的钢管的空白。

第二节　薄板玻璃的加工

一、应用背景

某企业需要生产大量的、各种形状的玻璃板。在玻璃板的加工过程中，首先工人需要将玻璃板切成长方形，然后根据客户的要求，加工成一定的形状。然而，在加工过程中，由于薄板玻璃受力时很容易断裂，容易出现玻璃破碎现象，而且玻璃的厚度是客户订单上要求的，不能通过增加玻璃厚度来达到防止玻璃破碎的目的。

二、问题描述

为了加工出各种形状的玻璃板，薄板玻璃在加工过程中必然会受到力的作用，由于薄板玻璃无法承受该力的作用而发生破碎，从而增加了加工过程的难度。

为了避免发生玻璃破碎的现象，工人们在加工过程中必须非常小心。因此，在加工过程中，对薄板玻璃的加工操作就要进行严格的控制，保证玻璃受力不超过极限，以达到加工成型玻璃板的目的。

三、问题分析

根据以上对问题的描述，发现加工过程的现状是：要生产出满足客户要求的玻璃板，在制造过程中极容易出现玻璃破碎的情况；而要防止玻璃破碎，需要增加玻璃厚度，可这又无法满足客户要求。分析得出薄板玻璃加工过程中存在着一对技术冲突，即玻璃板的可制造性与制造流程的方便性之间的冲突。

四、问题解决

1. 将一般领域问题描述转换成39项工程参数中的两项，即转换为TRIZ标准问题

"既要保证玻璃板能加工成型又要避免玻璃的破碎"，从待解决问题的文字叙述中，试着找出问题是由哪些互相矛盾冲突的属性所引起，将文字叙述转换成39项工程参数中的两项：

工程参数32号可制造性：可制造性指物体或系统制造过程中简单、方便的程度。这是欲改善的特性，以此作为改善的参数。

工程参数33号操作流程的方便性：操作流程的方便性指在操作过程中，如果需要的人数越少，操作步骤越少，以及所需的工具越少，同时又有较高的产出，则代表方便性越高。这是被恶化的特性，以此作为被恶化的参数。

2. 根据得到的工程参数，确定解决问题需要的发明创新原理

查找阿奇舒勒技术冲突矩阵，从矩阵表查找第32列和第33行对应的方格，得到方格中推荐的发明创新原理序号共4个，分别是2号、5号、13号、16号。

与前面的发明创新原理序号对应，得到4条发明创新原理及其解释如下：

（1）2号分离原理：① 将物体中"负面"的部分或特性抽取出来；② 只从物体中抽取出必要的部分或特性。

（2）5号合并原理：① 合并空间上的同类或相邻的物体或操作；② 合并时间上的同类或相邻的物体或操作。

（3）13号反向作用原理：① 颠倒过去解决问题的方法；② 使物体的活动部分改变为固定的，让固定的部分变为活动的；③ 翻转物体（或过程）。

（4）16号未达到或超过的作用原理：主要体现在现有的方法难以完成对象的100%，可用同样的方法完成"稍少"或"稍多"一点，使问题简化。

综合分析以上4条发明创新原理的解释，其中2号分离原理、13号反向作用原理、16号未达到或超过的作用原理对问题彻底解决的贡献有限，而5号合并原理对问题的彻底解决贡献最大，是最有价值的发明创新原理。

3. 通过 TRIZ 解的类比应用得到问题的最终解

由 5 号合并原理的解释"合并空间上的同类或相邻的物体或操作",想到将多层薄板玻璃叠放在一起,从而形成一叠玻璃,而且事先在每层玻璃面上洒一层水或涂一层油,以保证堆叠后的玻璃可以形成足够强的黏附力。一叠玻璃的强度会远大于单层玻璃的强度,在加工中就可以承受较大的力的作用,从而改善了薄板玻璃的可制造性。当加工完成后,再分开每层玻璃,从而获得了满足客户要求的产品。

五、结论

通过薄板玻璃加工过程中"可制造性与操作流程的方便性"问题的解决,说明了利用 TRIZ 的冲突解决原理,将冲突标准化,使用冲突矩阵,选择 TRIZ 中的发明原理解决冲突,从而形成了确定冲突及解决冲突问题的系统化方法与过程。

第三节　减少热处理过程中的烟雾污染

一、应用背景

某工厂得到一份订单,需要对大型的金属零件进行热处理。进行这项工作的操作程序是:吊车司机必须从加热炉中吊出通红的铸铁,将它运到一个油槽的上方并将其缓慢地放入油槽中。每次当炙热的铸铁被放入到油槽中去的时候,都会产生大量的烟雾,会让吊车司机的喉咙感觉很不舒服。

工作了几天后,吊车司机找到车间经理抱怨说:"天天笼罩在烟雾中,这样干我很难呼吸。我的控制室离房顶很近,所有从油槽里升起的烟都向我飘来,我不干了。"

在对小型零件进行热处理的时候,烟雾本来不是问题,因为车间里的通风设备能够满足要求。但是,在对大型零件做热处理时,烟雾就变成了主要问题,因为热处理工艺不能改变,如图 9-3 所示。车间经理面临一个典型的管理情况:他必须想出一种办法来解决烟雾的问题,但他并不知道办法在哪里。

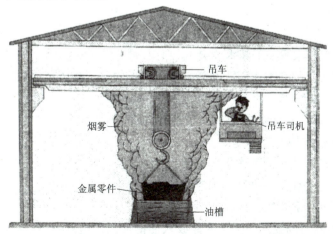

图 9-3　油槽里升起的烟雾影响到了吊车司机

二、问题分析

1. 分析技术系统

从定义上来说,一个技术系统应该包括 3 个部分:两种物质和一个场。要解决问题,首先应明确引起问题的技术系统。在这个例子中,引起问题的技术系统是油槽里的油、金属部件,以及该部件的热能。烟是这个过程的副产物,对吊车司机造成危害。

我们可以列出该技术系统中的主要成分及其相应功能,如表 9-2 所示。

表 9-2 技术系统中主要成分及其相应功能

名　称	功　能
金属部件	接受处理
油	为部件提供缓慢冷却
空气	为油的燃烧提供氧气
热能	被油吸收

在本例中,吊车司机将通红的部件放到装满油的油槽中,金属部件一接触油就会产生浓烟,污染环境。我们的目的就是希望通过消除烟雾或降低烟雾造成的危害,改善吊车司机的工作环境。

2. 陈述技术冲突

在本例中,需要被消除的负面特性是烟雾。最直接的方法就是用金属盖把油槽盖住,这样可以防止油烟四散。但是,这样做会使系统的复杂性和重量增加。

针对这种情况,可以构建出下列技术冲突:

技术冲突 1:如果利用金属盖将特性(浓烟带来的有害作用)减少(消除),则系统的"复杂性"增加。

技术冲突 2:如果利用金属盖将特性(浓烟带来的有害作用)减少(消除),则系统的"重量"增加。

3. 解决技术冲突

1)技术冲突 1

我们对照冲突矩阵来看一下技术冲突 1。

与特性"浓烟带来的有害作用"在意义上最接近的是"物体产生的有害因素",与"复杂性"在意义上最接近的是"系统的复杂性"。在冲突矩阵表中,对应的单元格中的发明创新原理是:19、1、31。下面来分析一下这些发明创新原理。

原理 19 "周期性作用原理"建议:

(1)用周期性动作或脉冲动作代替连续动作。

(2)如果周期性动作正在进行,则改变其运动频率。

(3)在脉冲周期中利用暂停来执行另一有用动作。

应用原理 19 意味着间歇地将金属部件放入油槽加温,这只有通过打开和关闭油槽的盖子才能实现。可惜的是,现存的条件不允许这样做,所以该原理不适用。

原理1"分割原理"建议：

（1）将一个物体分成相互独立的部分；

（2）将一个物体分成容易组装和拆卸的部分；

（3）增加一个物体的可分性。

应用原理1（1）意味着将盖子分割成不同的部分，应用原理1（2）意味着将盖子分割程度增加至成千上万，甚至上百万份，进一步延伸这个概念，盖子即可由非常细小的球体（甚至是液体）构成。这样的活动盖就不会影响将炽热部件放入油中。

原理31"多孔材料原理"建议：

（1）给物体加孔，或运用辅助的有孔材料（插入或覆盖等）；

（2）如果一物体已经有孔，则事先向孔中充入相应物质。

应用原理31（1）意味着用多孔材料制成盖子。将原理1（2）和原理31（1）结合，使我们想到用有孔的小球或液体来做油槽盖。因为有孔材料可以吸收烟雾。

2）技术冲突2

我们对照冲突矩阵来看一下技术冲突2。

与特性"浓烟带来的有害作用"在意义上最接近的是"物体产生的有害因素"，与"重量"在意义上最接近的是"静止物体的重量"。在冲突矩阵表中，对应的单元格中的发明创新原理是：35、22、1、39。下面来分析一下这些发明创新原理。

原理35"参数变化原理"建议：

（1）改变物体的物理状态。

（2）改变浓度或密度。

（3）改变物体的柔性。

（4）改变温度或体积。

原理35（1）建议改变系统的物理性能，即将目前固态的系统变成液态或气态。在技术冲突1中已涉及利用液态。将油槽盖变为气态是很有趣的一项建议，但我们如何实现呢？一种比空气重的惰性气体，可以覆盖在油的表面充当油槽盖。

原理22"变有害为有益原理"建议：

（1）利用有害因素获得积极的效果，尤其是环境中的有害因素。

（2）通过与一个有害因素结合，消除另一个有害因素。

（3）在一定的范围内增加有害作用，来停止原有的有害作用。

原理22（3）提出增加烟雾使其成为在油和氧气间的屏障，而防止油槽冒烟。

原理1"分割原理"再次出现，请参看上面的分析。

原理39"惰性环境原理"建议：

（1）用惰性环境代替通常的环境。

（2）在物体中添加惰性或中性添加剂。

（3）使用真实环境。

三、最终方案

将原理35（1）和原理39（1）结合起来，提出了一个简单的解决方案：用一种液体（35（1））或惰性（39（1））气体作为油槽盖来防止油槽冒烟，这样既能防止冒烟，又不会增加系统的复杂性，还不影响司机的工作。

第四节　宝马汽车的外形设计

一、应用背景

在欧洲那些最初为行人和马车修建的城市道路上，由于汽车持有量的增加，交通变得十分拥挤，虽然政府采取了提高燃料费的措施，但交通拥挤的状况并没有得到明显改善。为了改变这种状况，市政府通过增加税收以进一步提高大型汽车在城市里的使用费用，目的在于鼓励小型汽车的生产。然而由于市场上没有非常有特色的小型汽车，在某种意义上小型汽车还不能成为有钱人身份、地位的象征。因此，以生产大型私人豪华轿车为主的德国宝马和奔驰公司，准备联合开发一种名牌智能化的小型汽车，使其在汽车市场上能独领风骚，满足有钱人的需要。

宝马和奔驰公司决定开发的系列新款迷你型汽车，不仅在城市中使用非常方便，可以增加道路的使用空间，减轻空气污染，缓解交通拥挤，容易停车，而且价格更为经济、性能更为有效。

二、问题描述

当汽车的车身较长时，在碰撞过程中会有一个较大的变形空间，可以吸收碰撞过程中产生的能量，缓解交通事故对人的冲击力，减轻对乘车者的人身伤害。但这种汽车的重量与体积较大，转弯半径大，机动性差，非常笨拙，在一定程度上造成了交通拥挤。而迷你型汽车体积小、重量轻，转弯半径小，机动灵活性好，可以减轻交通拥堵问题，但因为车身较短，不具备变形缓冲功能，因此在碰撞时容易造成人员的伤亡。

三、问题分析

根据以上对问题的描述，发现在汽车制造过程中，如果缩短车身长度，则汽车的安全性降低，但碰撞时容易造成人员的伤亡，而增加车身长度，在一定程度上又会造成交通拥堵。分析得出在汽车制造过程中存在着一对物理冲突：交通拥堵与防撞性能的冲突。既要减轻交通拥堵、提高机动灵活性，又要避免因车身长度缩短造成的在交通事故中防撞性能降低的冲突。

四、问题解决

1. 将一般领域问题描述转换成 39 项工程参数中的两项，即转换为 TRIZ 标准问题

"既要减轻交通拥堵、提高机动灵活性，又要避免因车身长度缩短造成的在交通事故中防撞性能降低"，从待解决问题的文字描述中，试着找出问题是由哪些相互矛盾冲突的属性所引起，将文字描述转换成 39 项工程参数中的两项：

工程参数 5 号运动物体的面积：运动物体的面积指运动物体被线条封闭的一部分或者表面的几何度量，或者运动物体内部或者外部表面的几何度量。面积是以填充平面图形的正方形个数来度量的，如面积不仅可以是平面轮廓的面积，也可以是三维表面的面积，或一个三维物体所有平面、凸面或凹面的面积之和，此例中为物体的长度，属于改善的参数。

工程参数 22 号能量损失：能量损失指做无用功消耗的能量。为了减少能量损失，有时需要应用不同的技术手段，来提高能量利用率。

2. 根据得到的工程参数，确定解决问题需要的发明创新原理

根据上述两个工程参数，查阅阿奇舒勒技术冲突矩阵，可以得到对该问题的解决有指导意义的两条发明创新原理：

（1）15 号动态化原理：① 使一个物体或其环境在操作的每一个阶段自动调整，以达到优化的性能；② 划分一个物体成具有相互关系的元件，元件之间可以改变相对位置；③ 如果一个物体是静止的，使之变为运动的或可改变的。

（2）17 号维数变化原理：① 将一维空间中运动或静止的物体变成在二维空间中运动或静止的物体，将二维空间中运动或静止的物体变成在三维空间中运动或静止的物体；② 将物体用多层排列代替单层排列；③ 使物体倾斜或改变其方向；④ 使用给定表面的反面。

3. 通过 TRIZ 解的类比应用得到问题的最终解

应用 15 号动态化原理可以得到以下解决方案：

15 号发明创新原理为动态化原理，提高运动物体的面积参数。

迷你型汽车的发动机被安装在车身下面，以增加发动机与乘客分隔空间的大小。与客车相比，碰撞影响区域位于车身下面发动机的位置，因此可提升位于碰撞影响区域上面的乘客空间。其动力装置采用完全电控的发动机系统，是一台 600 mL 涡轮控制的三气缸发动机，没有机械连杆与油门或变速杆连接。这种装置激活六速自动变速箱，变速箱可以在若干模式下运作，从完全自动到手工触摸转移，不必使用离合器。

应用 17 号维数变化原理可以得到如下解决方案：

17 号发明创新原理为"维数变化原理"，将物体一维直线运动变为二维平面运动。迷你型汽车的动力机车安装在滑翔架上，碰撞时车身沿斜面运动，减轻碰撞时的冲击力，并增强了其抵抗外力变形的能力。

与其他类似的概念车进行比较发现，这种迷你型智能汽车虽然微小，但空间似乎极其宽敞。乘车者坐在前、后纵向排列的两个座位里，前面两个车轮由铰链连接，车身坐落在此悬浮臂上，像摩托车一样，经由一种倾角控制系统控制转向端活动，并且车身前部可以斜靠进入边角。

五、结论

迷你型汽车本身并没有使用特殊材料来吸收能量，仅仅做了结构上的创新，其抵抗外力变形的能力便可堪与一辆普通轿车相媲美。本实例遵循了 TRIZ 理论的基本原则：没有增加新的材料而实现了其预定功能。

第五节　飞机机翼的进化

一、应用背景

　　早期的飞机机翼都是平直的。最初，飞机采用的是矩形机翼，这种机翼很容易制造。但由于其翼端较宽，会给飞机带来很大的飞行阻力，因而，严重影响了飞机的飞行速度。

　　后来，德国、英国、美国的喷气式飞机先后上天。飞机开始进入了喷气式时代，其飞行速度迅速提高，接近声速。这时，机翼出现"激波"，使机翼表面的空气压力发生变化。同时，飞机的前进阻力骤然剧增，比低速飞行时达十几倍甚至几十倍，这就是所谓的"音障"。为了突破"音障"，许多国家都在研制新型机翼。后掠翼型机翼一举突破了"音障"的障碍。当时德国人发现把机翼做成向后掠的形式，像燕子的翅膀一样，可以延迟"激波"的产生，缓和飞机接近声速时的不稳定现象。

　　但是，新的问题又随之出现了。向后掠的机翼，与不向后掠的平直机翼相比，在同样的条件下产生的升力要小。这不仅对飞机的起飞、着陆和巡航带来了不利影响，而且浪费了很多宝贵的燃料。能否设计出一种既能适应飞机的各种飞行速度又具有快慢兼顾特点的机翼呢，这成为当时航空界所面临的一大难题。

二、问题描述

　　根据上述分析，系统存在的技术冲突为：

　　（1）传统固定机翼不适合高空飞行。这是因为，在突破"音障"的时候，会产生非常大的阻力，容易导致飞机在空中解体，而且此时飞机消耗的能量也相应加大。

　　（2）改进的三角机翼不适合低速飞行。这是因为，当起飞与降落以及巡航时，在相同推力条件下，飞机产生的升力小。当然，飞机消耗的能量也相应地加大了。总之，矛盾集中体现在飞机的飞行速度与其在飞行时能量的消耗这两个工程参数之间。

三、问题分析

　　我们要解决的这个问题，涉及两个工程参数：19号运动物体的能量消耗和9号速度。

　　根据这两个工程参数，可从冲突矩阵中得到以下4条发明创新原理：

　　8号质量补偿原理；

　　15号动态化原理；

　　35号参数变化原理；

　　38号加速强氧化原理。

　　显然，质量补偿原理不适合用来解决这个问题。因为，战斗机要求机身轻便、灵活、机动。而且，加重机身还会使速度这个技术特性恶化。

　　可以使用加速强氧化原理，使燃料的燃烧更加充分，以使飞机获得更大的推力。但是众所周知，战斗机上使用的是特制的、高热量的航空油，它们在涡轮喷气发动机中的燃烧，也已经比较充分了。所以，再使用加速强氧化原理来改善燃油的充分燃烧率，效果就不是很明显了。

第九章 应用 TRIZ 解决创新问题的实例

再来看一看后面两个原理：15 号动态化原理和 35 号参数变化原理。

按照这两条发明创新原理提供的方法，技术人员对机翼进行改进，使其成为活动部件。并且，在飞机飞行的时候，飞行员可以自由地控制机翼的形态，使之能够在比较大的范围内改变"后掠角"的大小，从而获得从平直翼到三角翼的变化。这样就适应了飞机从低速到高速不同飞行状态下的要求。

以 F111 战斗机为例，它在起飞阶段，处于低速度飞行状态，如图 9-4 所示。此时，机翼呈平直状，可以获得较大升力，飞机表现出良好的低速特性。而且，由于避免了长距离滑行所浪费的能量，也有效地解决了飞机在低速度状态下，速度与能量消耗之间的矛盾。

图 9-4 低速飞行状态

F111 在云层之上高速飞行时，两翼后掠以减小飞行阻力，如图 9-5 所示。这样，不仅减小了飞机的能耗，也延迟了"激波"的产生，从而缓和了飞机接近音速时的不稳定现象，使飞机能够安全地达到更高的速度。飞机在不同的速度之下，采用不同的后掠角，可以很好地适应不同的飞行要求。

图 9-5 高速飞行状态

四、讨论结果

综合考虑上面几个发明创新原理，最终的解决方案为：

（1）应用15号动态化原理；

（2）应用35号参数变化原理。

改变飞机的飞行形态，使飞机在不同的飞行状态下，得到不同的气动外形，可以在很大程度上节约不必要的能耗。根据35号参数变化原理，并结合15号动态化原理给出的启示，技术人员将飞机的机翼设计成一个活动的可变翼。这是飞机设计理念上一个大胆的创新，它一举突破了传统的固定翼设计理念，在飞行器设计领域开辟了一片新天地。反思传统的妥协设计思维方式，就只能在速度与能耗之间，做折中性的设计了。采用冲突矩阵查出的创新原理启示，则避免了传统的妥协设计方式，从一个全新的角度，更好地解决了速度与能量这对技术冲突。TRIZ理论与妥协设计的不同之处，在此得到了充分的体现，这是TRIZ理论应用的一个经典例证。

五、设计思路

现在，设计人员已经找到了最满意的设计思路：能够在同一架飞机上得到平直翼和三角翼的优良的飞行特性，极大地节约了在起飞与降落过程（平直翼在低速飞行中，可得到较大的升力，从而缩短跑道的长度，借此节约了能源）和高速飞行过程（三角翼在高速飞行中，可以轻易地突破"音障"，减轻机翼的受力，提高飞机在高速飞行时的强度，最终的结果也是降低了能量的消耗）消耗的能量。

六、最终方案

根据上述分析的结果，技术人员成功地设计出F111这种在当时是最新型的可变后掠翼战斗/轰炸机。这是世界上第一架采用后掠翼思想设计的飞机，它开创了新一代超音速战斗机的新纪元。从此以后，世界战机家族又多了"可变后掠翼战斗机"这个新成员。在此之后设计出的一系列战斗机，如英国、德国、意大利三国联合成立的帕纳维亚飞机公司的狂风超音速战斗机等（见图9-6），都采用了这种全新的设计思想。

图9-6 狂风超音速战斗机

新的设计方案虽然抛弃了传统的固定翼设计概念,但可变翼飞机仍保留了平直机翼升力大的优点。而在高速飞行时,它的两翼又尽量后掠,飞机变得像三角机翼一样,能轻而易举地突破"音障",从而有效地降低了飞机迎风面积大的不足,实现了节能减耗以及提高飞行速度的期望,最终实现了提高其战斗力的根本目的。

第六节 提高智能吸尘器的清洁效果

一、背景技术简介

吸尘器机器人又称清洁机器人、自动吸尘器或智能吸尘器,它是目前家用电器领域比较热门的研发课题,而且开发的难度较大。

作为一种令人满意的智能化的吸尘机器人,它应当具备能自动并彻底清洁家庭或办公室中它能走得到的地面的功能——不需要人弯着腰操作,不需要人拖着电线移来移去,不需要人把它拆开把累积在内部的垃圾倾倒出来,不需要人在旁边忍受它的噪声,需要的只是人们一次性设定它的工作方式(例如,一次性工作还是每天工作一次,还是隔天工作,还是 3 天或隔几天工作一次,每次工作在什么时刻等),其余人们便不用管它(当然人们也可把它当作普通吸尘器使用——插上导管清洁如床或茶几底下等它走不进去的地方)。它能自动充电,自动把内部垃圾传送到一个大容量垃圾箱中去。同时它还很安全:不会有触电危险,不会撞坏东西,不会被撞坏,不会跌落至楼梯下,也不会走得太远而消失得无影无踪。更重要的是作为一种家用电器而非奢侈品,它的价格不会太贵,普通家庭完全买得起。

日本日立公司自 20 世纪 80 年代后期,便开始研发这样的吸尘机器人。其他如日本松下、韩国三星、LG、Hanool Robotics、瑞典伊莱克斯、荷兰飞利浦、德国 Karcher、英国 Dyson、澳大利亚 Floorbotics、美国 Eureka 及 iRobot、Evolution Robotic、中国台湾联腾电子等公司均曾经开发并提供了一些样品或小批量产品。有的如玩具般在房间内随意移动(如 iRobotics 的 Roomba 被《时代》周刊评为 2002 年度全球最佳发明),有的能在单个房间内较简单地按一定的路线移动并能自动充电(如伊莱克斯公司的 Trilobite),有的还能在垃圾回收站清理掉内部垃圾(如 karcher)。

事实上,虽然有了这样一些样品或产品,但并不能达到令人满意的程度,尚存的缺点是:清洁效果不佳,功能没有完全达到,还有价格更是不能让人接受。

二、初始问题情境

三星公司开发的是一种全新的机器人真空清洁器,如图 9-7 所示。机器人可充当自主真空清洁器,从而在无须人工参与的情况下清洁房间地面。

电池充电后可使用 50~60 min。当工作期间电池电量不足时,机器人会自动将真空关闭,并返回充电座重新充电。当充电完毕后,它会回到原来的位置继续进行清洁。

三星公司面对的主要难题是:为了提高机器人的清洁能力,消费者尝试过用更大功率的电机增大吸力,虽然缩短了清洁时间,但需要更频繁地为电池充电。

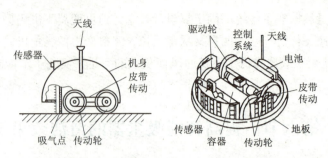

图 9-7 改进前机器人真空清洁器的技术方案

所以，该项目的目标是：需要对现有真空清洁器进行最小的改动，以提供更高的真空清洁能力，同时不增大电池容量和吸风电机功率。

三、应用 TRIZ 进行矛盾问题求解

1. 定义问题模型

技术冲突 1：如果机器人真空清洁器的吸入功率足够大，则灰尘可从被清洁表面上很好地除去，但电池电量会由于耗电量的增大而快速用完，并且真空工作时间会缩短。

技术冲突 2：如果机器人真空清洁器的吸入功率足够小，则电池的工作时间可延长，但吸尘器没有足够的吸力来吸收微尘。

整个系统的主要功能：提供更高的真空清洁能力（即技术冲突 1 要改善的功能）。

整个系统的作用对象：尘埃和污物。

系统实现主要功能所使用的工具：机器人真空清洁器吸气口中的气流。

根据 TRIZ 理论的发明问题解决算法，为了解决此问题，应该找出一些特殊的功能单元（在 TRIZ 理论中把它们称为 X-element），并把它们转变为技术系统，在吸气口处提供强大的气流，同时不增大耗电量，并不因此而增大电池和电机的容量。

2. 研究理想解决方案

物理冲突：吸气口处的吸力应该足够大，以便除去灰尘，同时又应该足够小，以便减小耗电量。

技术最终理想结果：通过对机器人真空清洁器进行最小的改动，让其自身提供大的吸力并作用在吸气口处的灰尘上，同时使电池保持足够长的工作时间。

物理理想最终结果：通过对吸气口进行最小的改动，让气流在吸气口与被清洁表面的相互作用工作区中，自身提供大的吸力并作用在吸气口处的灰尘上，同时使电池保持足够长的工作时间。

3. 具体解决方案

研究具体解决方案：让机器人真空清洁器利用空气搅动原理工作。

具体解决方案实例：怎样使用整个真空清洁器的物场资源取得最终理想结果？对真空清洁器的物场资源分析见表 9-3。最终三星公司采用如图 9-8 所示的技术方案，让过滤后的排出气流重新进入工作区。

第九章　应用 TRIZ 解决创新问题的实例

表 9-3　真空清洁器物场资源分析

物场资源		物　质	场
内部系统	产物	灰尘	重力，机械黏附，静电黏附
外部系统	工具	气流	负静压，动压，黏性，摩擦力
外部系统	超系统	吸入空气与吸气口，排除空气与排气口，电池，轮，传感器，控制系统，天线，机器人的其他组件	电，磁场，滚动摩擦，滑动摩擦，惯性力
外部系统	环境	周围空气，地板，地毯，家具，墙壁，障碍物	大气压力，重力，地磁场
	副产物	排出空气	静态及动态正压

该方案采用了一个吸气口，以通过它从被清洁表面吸入灰尘，该方案还至少采用了一种包含空气循环机构的搅动装置，以从空气中过滤灰尘。那些污浊的空气通过吸气口吸入并被过滤。过滤后的空气回流到排气管线内，排气管线上有一个空气喷射口，用于帮助从需要清洁的表面移走灰尘。空气喷射口位于吸气口附近，并被一个密封件包围。通过在清洁器机壳附近对被清洁表面的一部分进行密封，我们可防止灰尘被空气射流驱散到外面。

图 9-8　改进后机器人真空清洁器的技术方案

第七节　破冰船的创新设计

一、应用背景

冬季通过水路运输货物时，常用破冰船（见图 9-9）穿过冰层封闭的航道。破冰船用尖而硬的船头，或使船头翘起、落下，船身左右摇摆，从而压破冰层，在这种情况下破冰船只能以较低的速度前进。现希望增加其前进的速度。

增加破冰船前进速度的常用方法是增加其发动机的功率，但发动机功率增加会带来一系列的负面影响，如传动系统体积增加、船的重量增加等。这些改变都是不理想的，

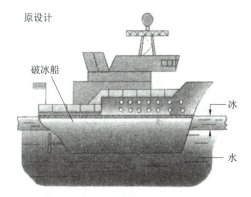

图 9-9　破冰船原设计

因此存在技术冲突。为了提高船速，必须克服技术冲突。

二、问题描述

当前的技术冲突为：速度与功率之间的冲突；生产率（生产能力）与功率之间的冲突。

在工程参数表中，速度是工程参数9号，生产率是工程参数39号，功率是工程参数21号。在冲突矩阵中可以找到相应的发明创新原理，见表9-4。

表9-4 技术冲突及解决方法

技术冲突	矩阵元素	选定的发明原理	发明原理名称
速度/功率	[9, 21]	19 35 38 2	周期性作用 参数变化 加速强氧化 分离
生产率/功率	[39, 21]	35 20 10	参数变化 有效作用的连续性 预操作

三、问题分析

1. 19号周期性作用原理

（1）用周期性运动或脉冲代替连续运动。

（2）对周期性的运动改变其运动频率。

（3）在两个无脉动的运动之间增加脉动。

目前的破冰船用尖而硬的船头，或使船头翘起、落下，船身左右摇摆，从而压破冰层。应用该原理可知，改变船头翘起与落下的频率、船身左右摇摆的频率或增加船头与冰之间的脉动性等，都有可能提高船的运行速度。

2. 35号参数变化原理

（1）改变物体的物理状态，即使物体在气态、液态和固态之间变化。

（2）改变物体的浓度或黏度。

（3）改变物体的柔性。

（4）改变温度。

该原理建议改变船头与冰接触处的物理状态或密度等参数。

3. 2号分离原理

（1）将一个物体中的"干扰"部分分离出去。

（2）将物体中的关键部分挑选或分离出来。

该原理建议分离船头与冰接触的部分。

4. 10 号预操作原理

（1）在操作开始前，使物体局部或全部产生所需的变化。
（2）预先对物体进行特殊安排，使其在时间上有准备，或已处于易操作的位置。
该原理建议在破冰之前能对冰有一定的预处理。

四、问题解决

对这几条原理进行详细分析表明：必须改变船与冰接触的部分。如果将与冰接触的部分全部移走，速度将会提高，但船体冰层以下的部分将会沉入大海。为了避免这种情况，可以将船体上下两部分用一垂直放置的刀片连接，在冰层以下的船舱里放货物，冰层以上部分可以容纳乘客或货物。刀片在行进中的破冰阻力减小，能使速度提高。改进后的破冰船原理图如图 9-10 所示。

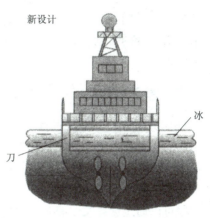

图 9-10　改进后的破冰船原理图

第八节　滚动直线导轨的集成化创新设计

随着社会的进步和科学技术的发展，人们对产品设计的要求越来越高。如何尽快地推出新产品不断满足顾客个性化需求成为企业吸引顾客，进而占有更大市场份额的关键要素。这就要求采用新的设计方法和手段来提高产品的功能，从而满足用户的需求，实现产品的创新设计。发明问题解决理论 TRIZ 的兴起为满足该要求提供了强有力的手段，除此之外还有许多重要的设计方法，如质量功能配置 QFD、基于实例推理 CBR 等，这些方法在产品创新设计的某个步骤或方面存在自身的优势和不足，因此将它们与 TRIZ 理论进行集成是现代产品创新设计的发展方向。因而在产品创新设计中应采用将 QFD、TRIZ 和 CBR 等方法进行集成的策略，以满足现代产品创新设计的需要。

一、基于创造性思维和创造性技法的创新设计

产品创新设计过程是一个提出新概念、设计新方案、开发新产品的过程，因此产品创新离不开人的创造性思维。通过产品创新使其具有更新更好的功能来满足用户的需求，因此创新是设计的灵魂，是产品的生命。产品创新需要将逻辑思维和形象思维协调运用，设计者靠逻辑思维进行严密的逻辑推理，而靠形象思维判断许多由逻辑无法决定的问题，并使设计具有创造性。创新设计既要利用领域知识和经验，也要应用模糊和非定量的感性认识，是逻辑思维和形象思维综合作用的结果。由于产品设计问题本身是一种病态结构，设计过程无法完全用数学公式来建模，即设计不是单纯的逻辑推理过程，设计知识和经验起着关键作用。因此创新设计的核心是领域知识、设计经验在设计各阶段的应用，而设计过程中那些对产品最具有创造性的、最有价值的设计思想仍需主要由人的创造性思维来产生并被有机地、实时地融合到设计过程中去。在强烈的创新意识驱动下，往往通过直觉、灵感、顿悟、类比等方式受到启发，经过跳跃式思维和大范围搜索，灵活地运用人类已有的知识和经验，进行重新组

合、叠加、联想、综合、推理及抽象等过程，并形成新思想和新概念。因此创造性思维具有主动性、目的性、预见性、求异性、发散性、独创性和突变性等特征。为了使创新构思得到有效的创造结果，可以在创新设计中综合运用各种创造性技法，例如智暴法、组合法、移植法、还原法、分解法、仿生法和联想法等。这些创新技法主要是基于认知的方法，它们只限于提出问题，而没有进行过多的约束及建立相关的模型。由于基于认知的方法不利于创新设计的自动化，同时在具体应用时操作性欠佳，因此还需要结合 TRIZ 理论与方法来实现。

二、基于发明创造方法学 TRIZ 的创新设计

TRIZ 理论是产品开发过程中解决技术冲突和实现创新设计的有力工具，利用该理论可以为产品开发过程中冲突的解决提供技术帮助。TRIZ 认为，创新并不是灵感的闪现和随机的探索，它存在解决问题的一般规律，这些规律告诉人们按照什么样的方法和过程去进行创新并对结果具有预测性和可控性。因此，在解决技术问题时，将已有解决方法建立知识库，使问题可以通过选择类似的方法得到解决。而对于一些可能从未遇到过的创新性问题，也可以从现有专利中总结出设计的基本原则、方法和模式，通过这些方法和原则的应用进行解决，同时反过来它又可以扩展类似问题的知识库。用 TRIZ 求解问题是基于技术进化不是一个随机的过程，而是遵循某种模式的客观事实，根据技术系统的进化法则，人们可以预测产品的发展趋势，把握新产品的开发方向。基于 TRIZ 技术进化定律及进化路线的解空间搜索过程为：设计者从问题出发，首先选择一条或几条进化定律，其次在进化定律下选择进化路线，之后在进化路线下寻找产品目前的状态，及可能变动到的新的结构状态，参照已有的工程实例，确定在新的结构状态下产品的工作原理，该工作原理即为问题的解。TRIZ 理论为创新问题求解提供了有效工具，使设计者能正确地发现产品设计中存在的技术冲突，找到具有创新性的解决方案，从而保证了产品开发方向的正确性。

基于 TRIZ 理论的计算机辅助创新设计软件 TechOptimizer 将多个领域的科学知识有机地综合起来，可以辅助设计人员进行产品创新，以便帮助设计者从问题空间（市场需求）推理到达解空间（创新设计）。由于 TechOptimizer 中的产品改进过程有非常丰富的知识库支持，因此用它来解决产品的技术问题和进行创新比传统的方法更为有效，可以帮助设计者快速找到完成所需功能的方法。如果应用该软件还不能解决问题，那么就需要借助创新思维库来进行产品创新构思。因为计算机软件并不能完全取代人，它只能提供进行产品创新的思路，还需要设计人员将新的想法具体化，以形成新产品方案，这种情况下人们习惯采用基于实例推理的设计方法来完成创新产品的开发。

三、基于质量功能配置 QFD 的创新设计

质量功能配置 QFD（Quality Function Deployment）是在产品设计阶段应用的一种重要的质量设计方法，它采用一定的方法保证将来自顾客或市场的需求准确无误地转移到产品寿命循环中每个阶段的有关技术和措施中去，是满足顾客需求、赢得市场竞争的有效方法。QFD 的主要功能就是确定产品最主要的问题和参数，明确优先权及各参数与最终目标值的关系，采用规范化方法将顾客所需特性转化为一系列工程特性。所用的基本工具是质量屋（HoQ，House of Quality）。质量功能配置不但可以建立用户需求与设计要求之间的

关系，而且可以支持产品设计及制造的全过程。它用设计要求代替顾客需求，然后用零件特性代替设计要求，依次类推，将上一个质量屋的输出作为下一个质量屋的输入，就可以得到质量功能配置的质量屋系列。从整个产品开发过程来看，需要产品规划、概念设计、技术设计和详细设计4个质量屋，就可以将顾客需求和设计任务转化为最终的产品制造要求。通过 QFD 方法可以了解客户需求、明确新产品设计的客观条件，但由于问题的模糊性，很难明确问题本质。因此，需要结合发明问题解决理论 TRIZ 的原理，对产品设计的过程加以完善。

TRIZ 理论主要是解决设计中怎么做的问题，对设计中做什么的问题未能给出合适的工具。而质量功能配置 QFD 方法恰恰能解决做什么的问题。所以将它们有机地结合起来，发挥各自的优势，将更有助于产品创新。TRIZ 与 QFD 都没有给出需求产品具体的设计过程，而基于实例推理的设计却可以通过检索到的最相似实例给出完整的设计过程，因而可以结合 TRIZ 理论来解决实例调整中的技术冲突，并借助于领域设计知识在修改的基础上构成完整的创新设计方案。

四、基于实例推理方法 CBR 的创新设计

基于实例推理 CBR（Case-Based Reasoning）的设计方法是基于实例的推理方法在设计领域中的应用，其设计思想来源于人类习惯的类比思维方式，即设计者在进行创新设计时，面对新的设计要求，往往首先想到以前工作中曾经出现过的相似实例，找出两者之间的区别，并以此为依据，根据创新设计的要求确定新的设计方案。基于实例的设计过程为：用户首先对当前问题进行描述，系统根据用户对设计条件的描述抽象出实例特征并建立筛选条件；根据这一条件从实例库中选出与当前问题最相似的实例，对比两者之间的区别，调整选定实例中不能满足条件的因素，生成最终的设计方案并存入实例库中，从而扩充了知识，实现了自学习的能力。由于系统是开放体系，因此随着实例的积累，系统的求解能力将不断提高。在 CBR 系统中，设计实例是对具体经验的描述，属于直接原知识，因此与其他方法相比具有很大的优越性，它避免了知识获取的瓶颈，非常符合产品设计过程，是提高设计效率和自动化程度的有效手段。基于实例的设计中实例的调整是完成创新设计的关键步骤，它包括确定所选实例与创新问题之间的区别，找出需要变更的部分，适当修改设计实例以满足新的要求。实例修改常用的方法有人工干预、基于知识的修改以及实例的组合等，因此需要结合领域知识和 TRIZ 知识库来解决修改中的技术冲突，从而实现最终的创新设计方案。

五、现代机械产品创新设计集成化框架模型

产品开发过程包括产品规划、概念设计、技术设计和详细设计4个阶段，它是 QFD、TRIZ 和 CBR 等方法集成的基础。在创造性思维的基础上，实现 QFD、TRIZ 和 CBR 等方法的集成，其特色在于这种集成是在原有的产品开发过程基础上，充分发挥各种设计理论的优点，形成了以人为本的系统化的创新设计思想与方法，为计算机辅助产品创新集成工具的开发提供了有效的框架模型。三者在产品开发过程基础上的集成模型如图 9-11 所示。

按照创新设计的框架模型，在整个产品设计过程中，调查分析用户需求并填写质量屋的

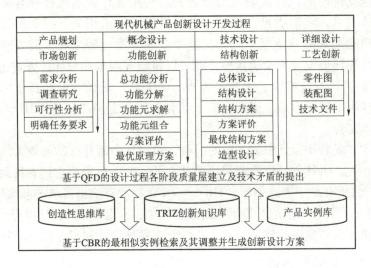

图 9-11　现代机械产品创新设计集成化框架模型

各个部分，作为产品规划阶段将产品质量与用户要求相联系的纽带。由质量屋可以得到技术要求之间的关系，当它们之间存在冲突时，则可以利用 TRIZ 理论中的冲突矩阵来解决冲突，得到新的用户满意的技术要求，作为详细设计的输入，否则直接转到详细设计阶段。在设计过程中采用 CBR 方法，以检索到的最相似实例为基础，并借助 TRIZ 理论及创造性思维进行改进，可以加快产品创新的速度。

现通过实例简要说明上述模型在产品开发中的应用。根据市场需求，需要开发一种能够承受轻、中、重载荷的四方等载型多功能滚动直线导轨，以适应不同的加工要求。利用 QFD 方法提出的设计要求主要是当载荷加大时具有承受重载荷的能力，其工程特性为提高导轨的刚性。在 CBR 方法的基础上，依据功能相似提取了四方等载型单圆弧滚动直线导轨作为实例进行分析，由于这种导轨一般只适用于承受轻、中载荷，因此根据 TRIZ 中的技术进化理论，按照实现功能进化的要求，产品功能应由单一功能向多功能变化，在创造性思维和创新技法的指导下，作者以单圆弧滚动直线导轨为研究对象，抽取了最能表现导轨产品结构特点的基本形状特征单圆弧作为基因单元，通过分割、组合和变异操作，对产品的组成结构进行系统而有规律地调整来优化并增加产品的功能，使之具有新的功能，形成了新型类双圆弧结构滚动直线导轨，实现了承受轻、中、重载荷的功能要求，同时提高了刚性，完成了创新设计的要求。下面具体分析滚动直线导轨结构的创新设计过程。

如图 9-12 所示为矩形断面四方等载型单圆弧沟槽滚动直线导轨，其滚动沟槽的形状特征为单圆弧，如图 9-13（a）所示，这种结构一般只能承受轻、中载荷。现提取该特征，并分别在滑块和导轨滚道上进行上下对称组合，从而使它们分别形成了双圆弧沟槽，如图 9-13（b）所示。当使滑块上的双圆弧沟槽与导轨轴上的双圆弧沟槽发生上下偏位即变异时，便形成了独特的类双圆弧形状设计，如图 9-14 所示。在这种情况下，当导轨副承受轻、中载荷时处于单圆弧接触状态，承受重载荷时处于双圆弧接触状态，兼具二者之优点，具有较好的静刚度、摩擦力特性、误差均化能力等性能指标。因此通过对单圆弧沟槽的组合及变异完成了滚动直线导轨结构的创新设计，使得这种结构既能承受轻、中载荷，又能承受重载荷。四列矩形断面类双圆弧沟槽的组合结构如图 9-15 所示：

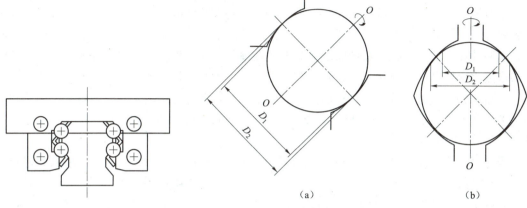

图 9-12　矩形断面四列单圆弧沟槽

图 9-13　滚动导轨的基本沟槽结构
（a）单圆弧沟槽；（b）双圆弧沟槽

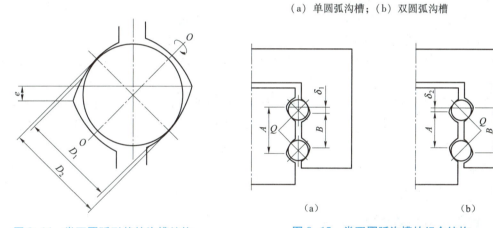

图 9-14　类双圆弧形状的沟槽结构

图 9-15　类双圆弧沟槽的组合结构
（a）自动调心设计；（b）高刚性设计

现设导轨沟槽间的距离为 A，滑块沟槽间的距离为 B，如图 9-15 所示。由 A 和 B 之间的微小差别可分为：当 $A>B$ 时称为自动调心设计，如图 9-15（a）所示；当 $A<B$ 时称为高刚性设计，如图 9-15（b）所示。其接触状态为，在承受轻、中载荷时，左右的两条沟槽中各有一条承受向下载荷，而另一条沟槽只有预加载荷的作用，接触情况与单圆弧沟槽类似；在承受重、冲击载荷时，由于弹性变形，滑块沿载荷作用方向产生较大的位移，从而可使间隙消失，此时左右两条沟槽全部承受载荷。由于承受载荷的槽数增加，故其刚性及负载能力增大，同时具有较大的摩擦阻力，因此对加工时产生的振动具有抑制作用。当承受力矩载荷时，通过力矩分析可知前者力臂比后者小，因而后者力矩刚性高，而前者力矩刚性低，从而对导轨轴垂直方向的装配误差有很大的调整作用。综上所述，通过结构创新，使得具有多列类双圆弧沟槽的滚动直线导轨具有独特的功能特性，可以综合用于多种工况。

第九节　计算机辅助创新设计简介

创新设计是新产品、新工艺开发过程中最能体现人类创造性的环节，它需要设计者有极强的综合分析能力和多领域的专业知识。虽然现有的许多 CAD/CAM 软件在产品的辅助设计、辅助计算、辅助绘图以及辅助制造等方面发挥了很大的作用，但是产品和工艺的妥协设计却依然比比皆是。因为新产品、新工艺开发更多更重要的是非数据计算的、通过思考、推理和判断来解决的创新活动。只有创新才能从根本原理上进行产品革新，才能为社会提供品种更多、功能更丰富、价格更低、性能更好的新产品。可以说现代设计的核心就是创新设计。

当今新产品的发展趋势是：以光机电液磁一体化为特征的高新技术大量渗入到新产品中，产品日趋小型化、多功能化、智能化；产品易于制造、生命周期短、成本低。因而在新产品开发中需要有较为成熟的创新理论和工具支撑，于是计算机辅助创新技术（Computer Aided Innovation, CAI）应时而生。计算机辅助创新技术是新产品开发的一项关键技术，它是以在欧美国家迅速发展的发明创造方法学 TRIZ 研究为基础，结合本体论、现代设计方法学、计算机技术、多领域学科知识综合而成的创新技术，不仅为产品研发、创新提供实时的指导，而且还能在产品研发过程中不断扩充和丰富，已经成为企业新产品开发、实现技术创新的必备工具。

"本体论"是研究世间万物之间联系的科学理论，主要内容有：① 产品创新需要对自然科学和工程技术领域的基本原理以及人类已有的科研成果建立千丝万缕的联系；② 构建大千世界普遍联系的关系网，研究自然科学及工程领域中万物之间的关系及其应用的边缘学科；③ 关系是本体论的灵魂；④ 得到人们没有意识到的有用方案。因此本体论在创新设计中具有重要的指导作用。

一、计算机辅助创新设计软件

目前以 TRIZ 理论为基础开发的计算机辅助创新设计软件按功能多少、结构复杂程度以及用途的不同有数十种之多，软件所用开发语言以英文为主，也有俄文、中文等其他语言开发的软件，主要有美国 Invention Machine 公司的 TechOptimizer 和 Ideation Interntional 公司的 Innovation Workbench（IWB）等，它们是产品开发中解决技术难题实现创新设计的有效工具，在国外很多企业及研究机构得到了广泛的应用。其中 TechOptimizer 由 6 个功能模块组成：① 产品分析定义模块；② 整理模块；③ 特征转换模块；④ 工程学原理知识库；⑤ 创新原理模块；⑥ 系统改进与预测模块。产品分析定义模块的主要目的是进行功能分解和产品分析，然后说明什么途径可以提高产品性能。整理模块和特征转换模块用来完善产品分析定义模块，主要方法是在保证产品的有用功能不受影响的前提下，通过去除产品的一些部件和特征，来改进或消除产品的有害功能。特征转换模块将一个部件或特征的功能转移到需要改进的构件或特征上。工程学原理模块存储了大量的物理、化学等多学科的原理，并配有图文并茂的说明和成功利用该原理解决问题的专利，通过功能检索可以得到。创新原理模块即为前述的 40 个发明创新原理，用来解决各种技术冲突问题。系统改进与预测模块首先利用物场分析方法建立问题的模型，根据预测树可以改变模型中作用的方式、强度等，为问题的改进提供探索的方向；同时还可以对技术系统的发展方向加以预测，为产品创新提供正确导向。由于 TechOptimizer 中的产品改进过程有非常丰富的知识库支持，因此用它来解决产品的技术问题和进行创新比传统的方法更有效，可以帮助使用者快速找到完成所需功能的方法。与 TechOptimizer 紧密结合的软件是 Knowledgist，主要用于知识获取，它应用人工智能的最新成果即强大的语义处理技术代替人的工作，以极高的效率在浩瀚的信息海洋中查询相关的信息，并对其进行提炼、概括和总结，建立针对某一专题的知识库，为产品创新设计提供极有价值的最新信息。应用 Knowledgist 可以加快获取知识的速度，缩短科研时间，提高效率，使得企业在最新资料的获取上取得竞争优势，并能最先发现新的市场需求，快速进行未来市场急需的新产品开发和研制。

CAI 工具已经有了十多年的历史，其发展主要历经了以下几个阶段：

（1）1946—1986 年，TRIZ 理论的萌芽-成型期，主要是少数发明家在使用 TRIZ。

（2）1986—1992 年，TRIZ 理论日趋完善，进入了实际的工程化应用期，主要使用者是专家、学者。

（3）1992—2000 年，TRIZ 理论与 IT 技术相结合，形成了早期的 CAI 软件。同时，本体论开始出现并取得一定的研究成果。这个时期的使用者为接受一定层次 TRIZ 训练的工程技术人员。

（4）2000 年至今，TRIZ 与本体论相结合，形成了更为先进的 CAI 理论基础。同时，在易用性上做了很大的改进，软件的使用者已经可以包括任何接受过高等教育的工程技术人员。

现代 CAI 技术的出现具有重大的意义和深远的影响，它把过去只有专家、学者才能使用的高深技术，把过去需要熟知创新理论才能学好的传统 CAI 软件，变成了易学好用的计算机辅助创新平台和创新能力拓展平台。使得人们无须熟知创新理论，只要受过高等教育和工程训练，就能在这样的平台上来培养创新意识，直至做出发明创新。

二、创新能力拓展平台 CBT/NOVA

亿维讯公司（IWINT）根据 TRIZ 理论开发的 CAI 技术包括两大软件平台：计算机辅助创新设计平台（Pro/Innovator，The Computer Aided Innovation Solution）和创新能力拓展平台（CBT/NOVA，Computer-Based Training for Innovation）。计算机辅助创新设计平台（Pro/Innovator）将 TRIZ 创新理论、本体论、多领域解决技术难题的技法、现代设计方法、自然语言处理技术和计算机软件技术融为一体，成为设计人员的创新工具。借助其强大的分析综合工具和源于专利的创新方案库，技术人员在不同工程技术领域的产品概念设计阶段，可打破思维定式，拓宽思路，根据市场需求，正确地发现现有产品或工艺流程中存在的问题，并迅速解决产品开发中的关键问题，最终高质量高效率地找出切实可行的创新设计方案。它含有问题分析、方案生成、方案评价、成果保护和成果共享 5 个内容，是快速、高效解决问题的良好软件平台。现举一个应用该软件的有趣实例：曾有用户提出"如何清洁船用发动机的冷却水过滤器"的问题，结果 Pro/Innovator 的创新方案库提出的解决方案是"爆米花"。"爆米花"与"清洁船用发动机的冷却水过滤器"有什么联系？这就是 TRIZ 理论与本体论的妙处，应用瞬时的压力差，使米粒膨化，这就是爆米花原理的本质（见图 9-16）。因此应用这一原理，不同领域的许多相似问题都可以解决。例如，利用瞬时压力差可以打破物体的外壳,迅速批量剥除松子、葵花籽和花生的壳,迅速批量去除青椒的籽和蒂;利用瞬间压力差使人造宝石沿内部原有的微裂纹分割;清除下水管道中的淤泥。

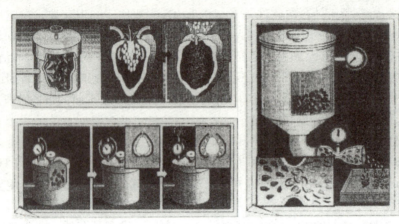

图 9-16 爆米花原理

创新能力拓展平台(CBT/NOVA)是专门用于拓展创新能力的培训平台。使用者通过培训平台的学习,能够在较短的时间内掌握创新技法,激发创新潜能,学会运用创新思维和创新方法来解决问题,进行自身创新能力的提高和拓展,进而在解决实际问题时能够产生创造性的解决方法。

CBT/NOVA 所提供的培训内容涵盖了当今世界先进、实用的创新理论和技法,以培养全新的思维方式,创造性地解决实际创新设计问题,还提供有丰富权威的创新能力测试题库,并能够自动生成创新能力测试试卷。其创新理论和技法主要来源于发明问题解决理论 TRIZ 的 40 个发明创新原理、物场分析法、技术进化法则、ARIZ 算法、76 种创新问题标准解法等。

CBT/NOVA 可以根据各专业特点,为不同课程定制教学平台,还可以方便地添加科研中积累的知识和经验,加速知识的传递和共享。用户还可以随时通过网络进行学习,自主安排学习进程。

CBT/NOVA 主要用在企业员工创新能力拓展、企业智力资产储存和共享、高校创新教育体系的教学、社会再教育或咨询机构的创新能力培训、相关机构创新能力认证培训等方面。

在"信息化带动新型工业化"的国策下,提高企业创新能力的需求日益凸显。以成熟的创新理论作为支撑的计算机辅助创新技术填补了 CAX 领域的技术空白,成功地把信息化技术应用到了产品生命周期的最前端,为制造业企业信息化技术提供了新的应用,也为知识工程、产品策划、概念设计、方案设计、产品研发过程优化、先进工程环境(AEE)等具体的信息化项目提供了新的解决方案。

三、计算机辅助创新设计应用

有杆抽油方法是最广泛应用的抽油方法,目前全世界拥有 85 万多口机械采油井,其中有 78 万多口有杆抽油机井,占世界机械采油井的 91%。游梁式采油机由于其结构简单,可靠性高,并易于在全天候状态下工作,而成为一种应用广泛的有杆抽油设备。钢丝绳是游梁式抽油机中的韧性连接,用于连接驴头和抽油杆,将抽油机的动力传递给井下深井泵,其上部嵌在驴头上,下部悬挂悬绳器,与抽油杆连接,如图 9-17 所示。

钢丝绳在野外全天候状态下工作过程中,受到较大的交变载荷作用和自然环境的影响,易出现锈蚀或断裂等失效行为,严重影响着抽油机的正常工作。通常,工作现场没有专门的维护工具,多年来应用的传统钢丝绳维护方式是人工涂抹黄油,但是高空作业不利于保证工人的人身安全,且长时间的停井会引起井下作业条件的恶化。因此,钢丝绳的及时保养成为保证游梁式抽油机高效工作的重要环节之一。在上述情境中显然出现了冲突,钢丝绳的及时润滑成为解决问题的关键。构思钢丝绳润滑装置的功能原理方案是其概念设计的重点。

分析现有的解决方案,人工涂抹黄油是常用的润滑方式,工人普遍采用,但是存在人身安全隐患,同时又费时费力。此冲突可以选取 39 个工程参数中的两个加以描述。现有的润滑流程容易组织,选取优化的参数为 33 号工程参数,即操作流程的方便性,但同时带来了安全隐患和井下作业条件的恶化,选取恶化的参数为 30 号工程参数,即作用于物体的有害因素,如图 9-18 所示。

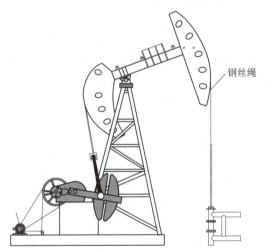

图 9-17 抽油机中的钢丝绳润滑问题

图 9-18 冲突的标准化

在 CAI 软件环境中,可以方便地通过冲突矩阵进行发明创新原理实例库的搜索,如图 9-19 所示为在 Pro/Techniques 5.0 中的发明创新原理知识库。用户可根据自己的客观条件参考或选择可行方案,在此基础上进行具体设计。

在冲突矩阵中,推荐有 4 条发明创新原理来解决此技术冲突,这四条发明创新原理分别是"分离(抽取)""自服务""机械系统替代"和"惰性环境"。其中,"自服务"原理的含义是,一个物体通过辅助功能或维护功能为自身服务;利用废弃的资源、能量或物质。"自服务"原理为冲突的解决提供了有效的启示。如果抽油机在运行过程中能够自我完成钢丝绳的润滑功能,是比较理想的工作方式。TRIZ 中包括 7 种潜在的资源类型:物质、能量/场、可用空间、可用时间、物体结构、系统功能和系统参数。针对游梁式抽油机运行系统开展资源分析,寻找隐性资源,充分利用废弃的资源、能量或物质。其中,超系统中存在的重

193

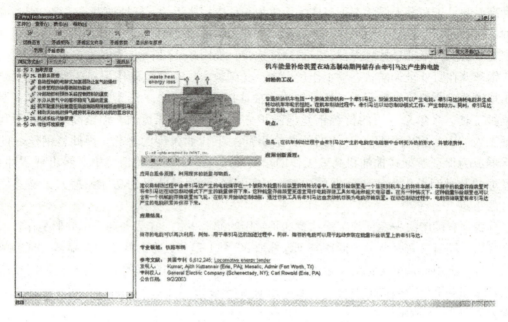

图 9-19 Pro/Techniques 5.0 中的发明原理知识库

力场和技术系统中游梁的周期性运动功能是实现抽油机自服务润滑的关键资源。

在驴头上部安放一个润滑油容器,可调节其位置和润滑油的滴油速度,在游梁的一个运动周期内,当驴头处于最低点时,钢丝绳处于竖直位置,油滴在重力场的作用下,可顺着钢丝绳流至低端。而系统自身的周期性运动,可以实现润滑的节奏控制,如图 9-20 所示。在发明原理的基础上,实现了钢丝绳润滑装置概念设计中的功能原理创新,此功能原理方案在实践中显示出了其有效性。

图 9-20 钢丝绳润滑装置原理示意图

发明创新原理是概念设计中实现功能原理创新的有效途径,通常需要冲突的标准化、基于冲突矩阵选择发明创新原理及类比设计等步骤。

思考题

9-1 如何开发适合于家庭和室内使用的多功能座椅?

背景技术简介:目前人们使用的座椅多年来没有太大的变化,对座椅的研究大多局限于外观造型和舒适性上,而在座椅的使用功能上,尤其是功能的多样性方面,还缺乏大胆的创新。

请用 TRIZ 理论,对传统座椅的结构和功能进行创新,在分析其设计原理和设计方法的基础上,开发一种适合于家庭和室内使用,可随意变形、组合并具有台架功能的异形座椅。

9-2 如何降低汽车有害气体排放的污染?

背景技术简介:地球上的汽车越来越多,它们排放的废气也越来越多,地球的生态环境变得越来越差。这就需要在汽车的发动机上安装一种专门降低排放气体毒性的装置,但在执行过程中一定会提高汽车的生产成本。

请用 TRIZ 理论分析,如何在降低汽车有害气体排放的同时保持汽车的生产成本不变。

第十章

解决发明问题的多种创新方法

过去人们习惯使用的解决发明问题的方法多是一些传统的创新方法，如试错法、头脑风暴法和形态分析法等。这些方法的数量大约有几百种之多，常用的也有几十种。在某一时期，使用这些传统的创新方法，曾经收到了较好的效果。但是，由于传统的创新方法要求使用者的技巧比较高超，心智经验比较丰富，知识积累比较多，具有很大的随机性和偶然性，因此使用这些方法进行创新的效率普遍不高。特别是遇到一些较难的、发明级别较高的问题时，就更不容易依赖心智经验和"灵机一动"而得到解决方案了。尤其是在人们对某些问题经历了长期的思考后，仍未找到理想的解决方案时，要想通过自身的经验找到解决方案就更加困难了。

TRIZ 理论是在前人发明成果与创新方法基础上的提升和集成，它成功地揭示了发明创造的内在规律和原理。相对于传统的创新方法，TRIZ 着力于澄清和强调系统中的矛盾，而不是采用折中或妥协的方法逃避矛盾，其目标是完全解决矛盾，并获得最终的理想解。而且它是基于技术的发展演化规律研究整个设计与开发过程，而不再是一种随机的行为。因而 TRIZ 理论以其良好的系统性、实用性和可操作性，在发明创造的研究和应用领域占据着独特的地位。

阿奇舒勒曾经说过："TRIZ 理论扩充了创造方法资源，包括几十个方法，共同构成解决问题的合理系统……"因此，在学习以 TRIZ 理论为核心的创新方法时，不能忽视对传统创新方法的了解和掌握。尽管传统的创新方法存在对使用者要求较高的问题，但是当这些方法与 TRIZ 方法结合在一起的时候，常常能收到更好的效果。因此有必要了解传统创新方法的有关知识，并把这些方法与 TRIZ 方法做一些分析与比较，以便了解各自的特点与适用场合，为各种创新方法的综合运用打下良好的基础。

第一节 常用的几种传统创新设计方法

一、试错法

试错法是指人们通过反复尝试运用各种各样的理论或方法，直到错误被充分地减少，达到能够正确解决问题的一种创新方法，它是人们潜意识中解决问题的最好方法。最早的发明课题是靠试错的方法，当人们发现了问题以后，通过反复尝试各种各样的方案，直到问题能够合理解决，通常大部分尝试都处于问题解决者所熟悉的同一方向。对于用户新的需求或潜在的市场，设计人员往往根据已有的产品及以往的设计经验提出新产品的初步工作原理，通过不断地改进、完善、再改进、再完善，然后做出样件。如果样件不能满足要求，则返回到方案设计重新开始；如果样件已经满足了设计要求，就可转入批量生产。这一过程有明显试错的特点，因而称为试错法。

如图10-1所示为试错法的模型，按照该模型，概念设计过程就是设计人员从问题出发，寻找解的过程。设计人员首先根据经验或已有的产品，沿方向 A 寻找解；如果扑空，设计人员就返回到起始点并调整方向，沿着方向 B 寻找；如果还找不到，设计人员再返回到起始点并转变到方向 C 寻找……如此一直不断地调整方向，直到在第 N 个方向找到一个满意的解为止。由于设计人员不知道满意解所在的位置，在找到该解或较满意的解之前，一般要试错

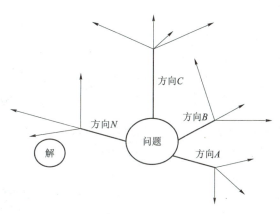

图 10-1 试错法的模型

多次。试错的次数，既取决于设计者的知识水平和经验，又取决于设计者的机遇与个性品质，因此试错法是一种不能快速收敛到发明结果的方法。由此可见，试错法的效率较低。

对于简单的发明问题（第1、2级），若可能的解决方案数目如不超过10个或20个，试错法是有效的。但是对于比较复杂的发明问题（第3级），由于存在成百上千个可能的解决方案，试错法的效率就很低了。爱迪生曾经改进了试错法，进行了批量试错。他把一个技术问题分为几项具体课题，即子课题，员工也分组对各项具体课题同时进行尝试，寻找各种可能的解决方案。这种批量试错的方法大大地缩减了尝试的时间，增加了尝试的有效性与成功的可能性。但是，由于用试错法在解决问题时具有一定的盲目性，资源浪费大，工作效率低，因此当具有新的创新方法后，应该尽量少用传统的试错法。

二、头脑风暴法

头脑风暴法是目前在解决问题的过程中被广泛用到的一种方法，它旨在产生大量的想法以实现问题的解决。1953年，美国心理学家奥斯本提出了基于小组参与的头脑风暴法，它是一种通过召开小型会议的形式，让所有参加者在自由、愉快、畅所欲言的气氛中，自由交流思想，并以此激发参会者的创意与灵感，使各种设想在相互碰撞中激发起脑海中的创造性风暴。奥斯本认为一些人适合于提出新想法，而另一些人适合于分析新想法的可行性。因此，头脑风暴法分为两步：首先是通过头脑风暴产生新想法，然后对新想法进行分析过滤。一般小组成员由6~9人参加，该方法的规则为：

（1）小组成员必须由不同领域的人员组成，并且最好具有不同的学科背景。

（2）为了产生尽可能多的想法，小组中的任何人可发表任何意见，包括错误的、可笑的、稀奇古怪的，甚至是荒谬的。所有的想法都要记录下来，旨在通过最大化的"量中生质"来促进问题的解决。

（3）在产生一系列想法的过程中要保持和谐、平等与友好的气氛，不允许批评、讽刺、嘲笑别人。一个人提出的想法，其他成员可以进行丰富和拓展。

（4）在分析不同想法的过程中，看上去错误的、荒谬的想法也要加以分析。以便提出新的、切实可行的产品概念或工作原理，充分实现集体智慧的结晶。

如图 10-2 所示为头脑风暴法的模型。为了讨论问题方便，图中所示的小组有甲、乙、丙 3 人参加。

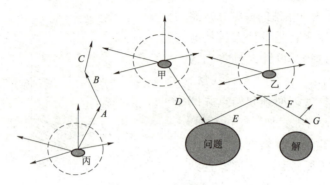

图 10-2　头脑风暴法模型

第 1 步：由于每个人的知识结构不同，对同一个问题求解的出发点也不同，每个人先是在自己熟悉的领域（图中虚线圆所示的区域）及附近发表意见。丙沿方向 A 提出设想，乙在此基础上向方向 B 延伸，甲又沿方向 C 延伸，方向 $A \rightarrow B \rightarrow C$ 形成了设想链，方向 $D \rightarrow E \rightarrow F$ 形成了另一条设想链。小组讨论的结果可形成多条设想链。

第 2 步：对大量的设想进行筛选分析，确定可能的解，将该解作为后续设计的出发点。本步骤将耗费大量的时间和精力，而且存在取舍选择的难度，所以效率低下。许多问题的解决都因为该步骤而延误时间。

总体上讲，头脑风暴法适合于解决那些相对比较简单、严格确定的问题，比如研究产品名称、广告口号、销售方法、产品的多样化研究等。因此，头脑风暴法对于解决第 1、2 级发明问题是有效的。但在更加复杂的发明问题中，采用这种方法不可能立即猜想出解决方案，因此它不是一种能快速收敛到发明结果的方法。

三、形态分析法

形态分析法是由美国加州理工学院教授兹维基与矿物学家里哥尼合作创建的一种方法，这是一种系统搜索和程式化求解的创新技法。这种方法是以建立形态学矩阵为基础，通过对创造对象进行因素分解，找出因素可能的全部形态（技术手段），再通过形态学矩阵进行方案综合，得到方案的多种可行解，从中筛选出最佳方案。所谓因素，是指构成某种事物各种功能的特性因子；所谓形态是指实现事物各种功能的技术手段。以某种工业品为例，反映该产品特定用途或特定功能的性能指标可作为其基本因素，而实现该产品特定用途或特定功能的技术手段可作为其基本形态。若某产品以"时间控制"功能作为其基本因素，那么"手动控制""机械定时器控制""电脑控制"则为该因素的基本形态。

形态分析法的基本步骤是：

（1）确定创造对象的主要设计因素。所选设计因素（特征或功能）的属性应为同级，且相互之间具有合理的独立性。设计因素的组合应满足产品的性能要求，但因素的数目不宜过多，一般以 4~7 个为宜。

（2）列出每一因素的可能形态。这些形态既应包括特定设计的已有子解，也应包括或许可行的新解。将每一个设计因素的形态组合起来，可以得到问题的全解。

（3）构建形态学矩阵。以设计因素为纵轴，可能形态为横轴，构建形态学矩阵。

（4）找出可行解。从矩阵的每行中一次选择一个可能形态，即可得到一种可能答案，理论上由此可得到所有的可能解答。若可能解答的数目不是很多，则可全部考虑作为潜在的解答。

（5）找出最佳可行解。对所有的可行解进行分析、比较和评估，从中选出一个最佳的可行解。

形态分析法的最大优点是对每一个解答都要进行可行性分析，有利于找出最佳可行解，其主要缺点是使用不便、工作量大。当可能解答的数量很多时，由于分析和寻找最佳可行解的工作量很大，常常容易模糊发明的目标。如果采用选择性形态分析，就可忽略不适当的组合。

图 10-3 所示为一个典型的形态表，其中组合 $A_3B_2C_4D_2$ 或许是一个可行解，或许被证明为不可实现。

设计参数	可能子解				
A	A_1	A_2	A_3	A_4	
B		B_1	B_2	B_3	
C	C_1	C_2	C_3	C_4	C_5
D	D_1	D_2	D_3	D_4	

图 10-3 一个典型的形态表

四、系统设问法

系统设问法是针对事物系统罗列出问题，然后逐一加以研究和讨论，多方面扩展思路，就像原子的链式反应那样，从单一物品中萌生出许多新的设想。系统设问法可以从下列方面入手。

1. 有无其他用途

现有物品还有没有其他用途？将其稍微改变一下，是否还有别的用途？

2. 能否借用或引申

能否借用别的经验？有无与过去相似的东西？能否模仿点什么？是否可以从这件物品引申设想出其他东西？

3. 能否改变

改变原来的形状、颜色、气味、式样等，会产生什么结果？

4. 能否扩大

在这件物品上能否增加什么？时间、频度、强度、高度、长度、厚度、附加价值、材料能否增加？能否扩张？

5. 能否缩小

从这件物品上能否减少什么？再小点？浓缩？微型化？再低些？再短些？再轻些？再薄点？省略？能否分割化小？能否采取内装？

6. 能否代替

有没有其他物品可以代替这件物品？是否有其他材料、成分、工艺、动力或方法可以代替？

7. 能否重新调整

可否更换条件？用其他的型号？用其他设计方案？用其他顺序？能否调整速度？能否调整程序？

8. 能否颠倒过来

正反互换会怎样？颠倒方位又会怎样？能否反转？

9. 能否组合

这件物品与什么东西组合起来效果会更好？混成品、成套东西是否统一协调？单位、部分能否组合？目的、主张能否综合？创造设想能否综合？

运用系统设问法可将已有的物品对照上面的各个方面分别提问，找到的答案一般都可以作为发明的选题。

现以自行车为创新设计对象，运用系统设问法提出有关自行车的新产品概念，其结果见表10-1。

表 10-1 自行车创新设计系统设问表

序号	设问项目	新概念名称	创意简要说明
1	有无其他用途	多功能保健自行车	将自行车改进设计，使之成为组合式多功能家用健身器
2	能否借用	自助自行车	借用机动车传动原理，使之成为自助车
3	能否改变	太空自行车	改变自行车的传统形态（如采用椭圆形链轮传动），设计出形态特殊的"太空自行车"
4	能否扩大	新型鞍座	扩大自行车鞍座，使之舒适，必要时还可储存物品
5	能否缩小	儿童自行车	设计各种儿童玩耍的微型自行车
6	能否代替	新材料自行车	采用新型材料（如复合材料、工程塑料）代替钢材，制作轻便型高强度自行车
7	能否重新调整	长度可调自行车	设计前后轮距离可调的自行车
8	能否颠倒	可后退自行车	传统自行车只能前进，开发设计可后退的自行车，方便使用
9	能否组合	自行车水泵	将小型离心泵与自行车组合成自行车水泵，方便农村使用
		三轮自行车	设计三轮自行车，供两人同乘

五、可拓学理论

可拓学理论是研究事物拓展的可能性和开拓创新的规律与方法，用以解决矛盾问题。它以基元理论、可拓集合理论和可拓逻辑为三大支柱，以客观世界中的矛盾问题为研究对象，将人们解决矛盾问题的过程形式化并建立起相应的物元模型，通过各种变换去寻找矛盾问题的解决方法。

可拓学理论是以中国学者蔡文为首创立的，其发展大致经历了 3 个阶段：第一阶段是概念和思想的孕育阶段（1976—1983）。在这一阶段中，提出了研究事物可拓性和处理矛盾问题这一研究方向，并于 1983 年发表了第一篇论文"可拓集合和不相容问题"；第二阶段是理论与方法的研究阶段（1983—2002）。在这一阶段中，初步确立了可拓学理论的研究范围、解决问题的技术手段和研究途径，初步形成了解决问题的基本方法，并于 1987 年出版了第一本专著《物元分析》；第三个阶段是应用研究与普及推广阶段（现在）。在这一阶段中，出版了大量有关可拓学理论的丛书，可拓学理论开始了在计算机、人工智能、检测控制科学、信息科学、管理学、决策科学等领域的应用研究。

在中国较早进行可拓学理论研究的主要有清华大学、华东理工大学、山东工业大学、浙江工业大学和广东工业大学等一些高等院校，并且已经取得了一些研究成果。例如，华东理工大学王行愚提出了可拓控制的基本思想、结构和原理；清华大学潘东、金以慧等提出了可拓控制器的构成方法；浙江工业大学王万良和吴刚提出了分层结构自学习控制系统；浙江工业大学赵燕伟将可拓学应用于产品的概念设计和个性化定制中；广东工业大学的杨春燕则继续就可拓学的推理等基础内容进行着更深入的研究。在国外，如日本、美国及南美洲等地，对可拓学理论的研究极为关注，也早已开始了可拓学理论的应用研究并建立了专门的研究所和全国性的学会。1985 年以后，日本学者开始重视可拓学理论的研究，并多次派人来我国进行学习和交流。

可拓学理论是中国人自己创立的学科，是中华民族的骄傲，创始人蔡文被评为"本世纪最后 25 年最杰出的 25 位科学家"之一，他的第一本专著《物元分析》被评为"二十世纪科学名著"。经过多年的发展，可拓学理论的国际影响不断扩大，得到了海内外学者的高度评价。

第二节 TRIZ 中常用的创新思维方法

基于 TRIZ 理论的创新思维方法，主要有多屏幕法、金鱼法、尺寸-时间-成本（STC）算子方法、资源-时间-成本（RTC）算子方法和小人法等。这些方法在遵循客观规律的基础上，引导人们沿着一定的维度来进行发散思考。因此可以有效地帮助人们快速跳出思维定式的圈子，及早偏离固定思维的方向，使人们的思维在快速发散的同时进行快速的收敛，从而具有新的眼光。下面对这几种方法分别进行介绍。

一、多屏幕方法

多屏幕方法具有可操作性好、实用性强的特点，可以更好地帮助使用者质疑和超越常规，克服惯性思维，为解决生产和生活中的疑难问题，提供了清晰的思路。

根据系统论的观点，完成某个特定功能的各个事物的集合称为技术系统，简称为系统。系统是由多个子系统组成的，并通过子系统间的相互作用实现一定的功能。系统之外的高层次系统称为超系统，系统之内的低层次系统称为子系统。正在当前发生并加以研究的系统称为当前系统，当前系统一般称为系统。

下面以汽车为例来说明当前系统、子系统和超系统的组成及其关系。如果把汽车作为一个当前系统,那么轮胎、发动机和方向盘都是汽车的子系统,而大气、交通系统和车库就是汽车的超系统,如图10-4所示。

图10-4 当前系统、子系统和超系统

从上面的例子可以看出,当前系统是一个相对的概念。如果以轮胎作为当前系统来研究,那么轮胎中的橡胶、子午线、充气嘴等就是轮胎的子系统,而汽车、驾驶员、车库等就是轮胎的超系统。

多屏幕方法是一种综合考虑问题的方法,是指在分析和解决问题时,不仅要考虑当前的系统,还要考虑它的超系统和子系统;不仅要考虑当前系统的过去和未来,还要考虑超系统和子系统的过去和未来,如图10-5所示。

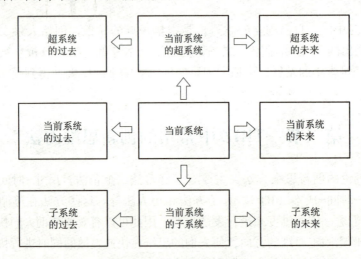

图10-5 系统思维的多屏幕方法

利用多屏幕法,可以从不同角度分析待解决的问题,其步骤如下:
(1)先从技术系统本身出发,考虑可利用资源。
(2)考虑技术系统的子系统、超系统中的资源。
(3)考虑系统的过去和未来,从中寻找可利用的资源。
(4)考虑超系统和子系统的过去和未来,从中寻找可利用的资源。
图10-6所示为分析汽车系统的多屏幕方法,下面用多屏幕方法来分析该系统的结构。
(1)当前系统:汽车;系统的过去:早期内燃机四轮车;系统的未来:混合动力系统。

（2）子系统：无内胎低压轮胎；子系统的过去：内/外胎轮胎；子系统的未来：无充气轮辐型轮胎。

（3）超系统：交通系统；超系统的过去：柏油路；超系统的未来：智能化交通系统。

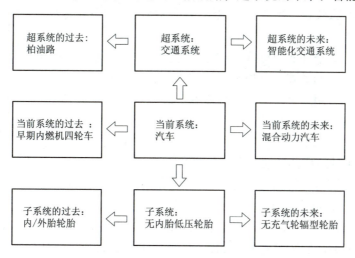

图 10-6　汽车系统的多屏幕方法

多屏幕思维方式其实是一种分析问题的手段，而并非是一种解决问题的手段。它展示了如何更好地理解问题的一种思维方式，也确定了解决问题的某个新途径。利用多屏幕方法，可以帮助人们从不同的角度看待问题，突破原有思维局限，从多个方面和层次寻找可利用的资源，从而更好地解决问题。

二、金鱼法

金鱼法又称情景幻想分析法，它是一个反复迭代的分解过程。金鱼法的本质，是将幻想的、不现实的问题求解构思，转变为切实可行的解决方案。它的解决流程如图 10-7 所示。

具体做法是先将幻想的问题构思分解为现实构思和幻想构思两部分，再利用系统资源，找出幻想构思可以变成现实构思的条件，并提出可能的解决方案。如果方案不可行，再将幻想构思部分进一步分解为现实的和幻想的两种。这样反复进行，直至得到完全的、能实现的解决方案。

现以跑步机为例，说明运用金鱼法解决问题的过程。由于受到室内跑道长度的限制，使得运动人员不能充分舒展自己而达到锻炼的目的。问题是运动人员希望在办公室甚至住宅内也能以跑步的方式锻炼身体，运用金鱼法解决该问题的过程如下：

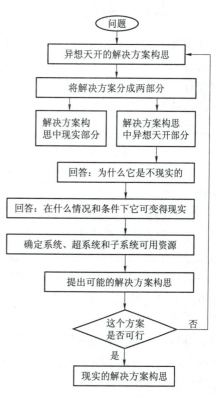

图 10-7　金鱼法流程

（1）首先根据条件将问题分解为现实部分和不现实部分。

现实部分：跑步、锻炼身体的想法。

不现实部分：长距离跑或快速跑。

（2）回答为什么长距离跑或快速跑练习是不现实的？因为跑步往往需要场地，只有在宽敞的场地上才能尽情地奔跑，而室内面积有限，不可能设置长距离跑道。

（3）回答在什么条件下，幻想部分能够变为现实？① 运动人员体型极小；② 运动人员运动极慢；③ 运动人员跑步时停留在同一位置上；④ 跑道很长。

（4）确定系统、超系统和子系统的可用资源。

超系统：房间、楼房、楼群。

系统：跑道。

子系统：跑道的组成部分如地面、塑胶等。

（5）利用已有资源，得到可能的解决方案构思：① 运动人员在奔跑过程中，跑道能够自动延伸；② 运动人员原地奔跑；③ 对运动人员施加阻力。

采用循环运动跑道，让运动人员定点在运动的跑道上奔跑，能够达到在室内跑步锻炼的目的。可以根据实际需要增加更多的功能，如调整循环跑道速度以适应不同人群锻炼需要，危机时刻能够自动停车等，这样就形成了跑步机的雏形。若要实现商品化，还有很多地方需要进一步细化和分解，直至得到切实可行的方案。

由此可见，利用金鱼法，可以克服惯性思维，不断产生新的构想，从而有助于将幻想式解决方案转变为切实可行的构想。

三、STC算子方法

从物体的尺寸（Size）、时间（Time）和成本（Cost）3个不同方面进行思考，以打破固有的对物体尺寸、时间和成本的认识的方法，称为STC算子方法。这是一种让大脑进行有规律的、多维度思维的发散方法，它比一般的发散思维和头脑风暴能更快地得到想要的结果。

STC算子的规则有：

（1）将系统的尺寸从目前的状态减小到0，再将其增加到无穷大，观察系统的变化。

（2）将系统的作用时间由目前状态减小到0，再将其增加到无穷大，观察系统的变化。

（3）将系统的成本由目前的状态减小到0，再将其增加到无穷大，观察系统的变化。

按照上述规则改变系统后，使人们能从不同的角度观察与研究系统，这样可以帮助人们打破惯性思维的束缚，从而发现创新解。

例如，使用活动梯来采摘苹果的常规方法，劳动量是相当大的。怎样让这个活动变得更加方便、快捷和省力呢？为了解决这个问题，可以使用STC算子方法，从尺寸、时间和成本3个不同的角度来考虑问题。可见，这种方法为我们提供了一种思维的坐标系，使问题变得容易解决。注意：该坐标系是一种广义的坐标系，尺寸、时间和成本的取值是以拓展思路，寻找解决问题方案来确定的。因此，这一坐标系具有很强的普适意义，可以在许多其他问题的解决中灵活运用。

如图10-8所示，在这种思维的坐标系中，可以沿着尺寸、时间、成本3个方向来做6

个维度的发散思维尝试。

（1）假设苹果树的尺寸趋于零高度。在这种情况下，是不需要活梯的。那么，第一种解决方案，就是种植低矮的苹果树。

（2）假设苹果树的尺寸趋于无穷高。在这种情况下，可以建造通向苹果树顶部的道路和桥梁。将这种方法转移到常规尺寸的苹果树上，就可以得出一个解决方案：将苹果树的树冠，变成可以用来摸到苹果的形状，比如带有梯子的形状。这样，梯子形的树冠代替活梯，就可以让人们方便地采摘苹果。

（3）假设收获的成本费用必须是不花钱，即花费的钱为零。那么，最廉价的收获方法，就是摇晃苹果树。

（4）如果收获的成本费用可以为无穷大，而没有任何限制，就可以使用昂贵的

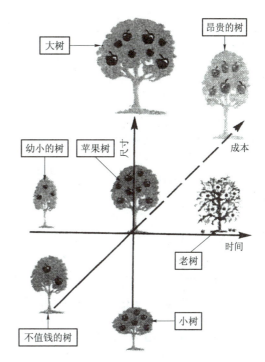

图 10-8　按尺寸-时间-成本坐标显示的苹果树

设备来完成这个任务。在这种情况下，就可以发明一台带有电子视觉系统和机械手控制器的智能摘果机。

（5）如果要求收获的时间趋于零，即必须使所有的苹果在同一时间落地。这是可以做到的，例如可以借助于轻微爆破或者压缩空气喷射。

（6）假设收获时间是不受限制的。在这种情况下，不必去采摘苹果，而是任由其自由掉落而保持完好无损即可。为此，只需在果树下放置一层软膜，以防止苹果落下时摔伤就可以了。当然，也可以在果树下铺设草坪或松散土层。如果让果园的地面具有一定的倾斜度，使得苹果在落地时能够滚动，则苹果还能在斜坡的末端自动集中起来。

又如，废旧电线回收以后，需要将没有利用价值的电线绝缘层和金属分离，以回收金属。目前采用的方法是燃烧电线绝缘层，但这种做法对环境污染比较严重，于是需要找到一种回收金属的方法，而且又不污染环境。表 10-2 中列出了应用 STC 算子得到问题解决途径的方法。

表 10-2　应用 STC 算子分析解决废旧电线回收问题解决途径的方法

参数改变	改变的物体或过程	会给问题解决方法带来哪些改变	得到的问题解决途径
尺寸→∞	电线长度非常长	对问题的解决没有带来任何好处	无
尺寸→0	电线长度非常短	当电线长度大大小于电线直径（而成片状）时，电线表面的绝缘层很容易剥离	首先将电线破碎，再考虑绝缘层和金属的分离
时间→0	所用时间非常短	对问题解决没有带来任何好处	无

续表

参数改变	改变的物体或过程	会给问题解决方法带来哪些改变	得到的问题解决途径
时间→∞	所用时间非常长	可以通过绝缘层在特定条件下的自降解来剥离绝缘层,但必须保证电线在正常使用时不会降解	改进电线绝缘层材料
成本→0	所用成本非常低	对问题解决没有带来任何好处	无
成本→∞	所用成本非常高	通过化学试剂实现金属的置换和还原以提取金属	采用化学试剂提取金属

由上可知,使用 STC 算子方法不是为了获取问题的答案,而是为了拓宽思路,克服惯性思维,从多维度看问题,为寻找解决问题的方案做准备。这种多角度看待问题的思维方式,可以协助我们的思维进行有规律的、多维度的发散而非胡思乱想,最终让许多看似困难、无从下手的问题,变得非常简便而易于解决。

四、RTC 算子方法

从物体的资源(Resource)、时间(Time)和成本(Cost)3 个不同方面进行考虑,打破固有的对物体的资源、时间和成本的认识,以进行创新思维的方法,称为 RTC 算子方法,它也是一种多维度思维的发散方法。与 STC 算子方法相比,这里的"资源"含义比"尺寸"更广泛。

利用 RTC 算子方法,可以从资源、时间和成本 3 个不同角度来考虑解决问题。因此,RTC 算子方法提供了另外一种思维坐标系。在该系统中,除了考虑时间、成本因素外,还需从资源方面考虑解决问题的途径。利用 RTC 算子方法分析问题的方式,同利用 STC 算子方法分析问题的方式相似。同样,RTC 算子方法并不能直接提供解决问题的方案,而是帮助找出解决问题的新思路。

五、小人法

当系统内的部分物体不能完成必要的功能和任务时,就用多个小人分别代表这些物体。不同小人表示执行不同的功能或具有不同的矛盾,重新组合这些小人,使他们能够发挥作用,执行必要的功能。通过能动的小人,实现预期的功能。然后,根据小人模型对结构进行重新设计。

小人法的基本步骤是:① 把对象中各个部分想象成一群能动的小人;② 把小人分成按问题的条件而行动的组;③ 研究得到的问题模型(有小人的图)并对其进行改造,以便实现矛盾的解决;④ 过渡到技术解决方案。

小人法能够更加生动形象地描述技术系统中出现的问题,通过用小人表示系统,打破原有对技术系统的思维定式,更容易解决问题,从而获得理想的解决方案。

例如,为了防止走私核原料,海关在检查集装箱时会产生问题:一方面要快速准确地检查大面积集装箱内是否有核原料,往往需要很长时间;另一方面不能因为该工作而影响车辆通过海关的时间。

现在用小人法来模拟这个问题，如图10-9所示。将系统用许多小人来表示执行不同的功能，然后重新组合这些小人，使小人发挥作用，以便解决问题。核原料为中间的黑头小人，四周被外壳小人包围。假想利用一种检测仪器或材料，其应该具备一定的特性，即检测仪器小人在通过外壳小人和黑头小人时表现出不同的特性，如当其与外壳小人相遇时不改变前进方向，而当其与黑头小人相遇时，则改变前进方向。实际应用中，可以选择高能粒子μ介子作为检测仪器小人，因为μ介子在与核原料相撞时会偏离原前进方向，而与其他材料相遇时仍沿原方向前进。这样就可以快速探测集装箱内是否有核原料。

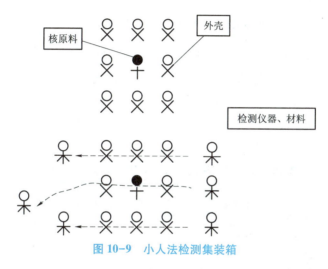

图10-9　小人法检测集装箱

第三节　TRIZ理论解决问题的方法

今天是技术飞速发展的信息时代，我们不能再像爱迪生发明白炽灯那样，动用大量的人力、物力和财力，以批量试错的方法去解决所遇到的技术问题。我们不仅要珍惜人力、物力和财力资源，更要尽量地缩短研发时间，为此必须有一套具有科学依据并行之有效的解决发明问题的方法，TRIZ帮助我们实现了这个目的。TRIZ是一种以技术系统为认知分析基础，以解决问题为首要任务，以不断提高技术系统的理想度为进化目的，让所有技术系统变得更加完美的理论与方法。TRIZ在解决问题的方法和流程上，与人类解决问题的传统方法完全一样。但是，TRIZ比传统解决问题的方法更加快捷、全面、准确和高效。

一、TRIZ理论解决问题的一般流程

利用TRIZ理论解决问题的一般流程如图10-10所示。首先，要对一个实际问题进行仔细地分析并加以定义和明确；然后，根据TRIZ理论提供的方法，将需要解决的实际问题归纳为一个类似的TRIZ标准问题模型；接着，针对不同的标准问题模型，应用不同的TRIZ工具，找到对应的TRIZ标准解决方案模型；最后，将这些类似的解决方案模型，应用到具体的问题之中，通过演绎得到问题的实际解决方案。

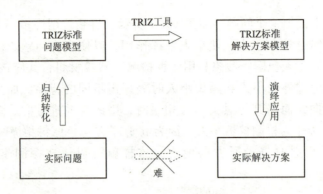

图 10-10　TRIZ 的一般解题模式与流程

当一个技术系统出现问题时,其表现形式是多种多样的,因此解决问题的手段也是多种多样的,关键是要区分技术系统的问题属性和产生问题的根源。根据问题所表现出来的参数属性、结构属性和资源属性,TRIZ 的问题模型共有 4 种形式:技术冲突、物理冲突、物质-场问题、知识使能问题。与此相对应,TRIZ 的工具也有 4 种:冲突矩阵、分离原理、标准解法系统、知识库与效应库,见表 10-3。

表 10-3　技术系统问题的表现形式与解决问题模式

分析问题	技术系统问题属性	问题根源	问题模型	解决问题工具	解决方案模型
标准问题	参数属性	技术系统中两个参数之间存在着相互制约	技术冲突	冲突矩阵	发明创新原理
	参数属性	一个参数无法满足系统内相互排斥的需求	物理冲突	分离原理	发明创新原理
	结构属性	实现技术系统功能的某结构要素出现问题	物质-场	标准解系统	标准解
	资源属性	寻找实现技术系统功能的方法与科学原理	知识使能	知识库与效应库	方法与效应
非标准问题	系统综合属性	无法直接找到系统中的问题根源	ARIZ		

注:本表摘自赵敏等《TRIZ 入门及实践》。

1. 技术冲突

技术冲突是指技术系统中两个参数之间存在着相互制约,即在提高技术系统的某一个参数或特性时,导致了另一个参数或特性的恶化而产生的矛盾。把实际问题转化为技术冲突之后,利用冲突矩阵,可以得到推荐的发明创新原理。以这些发明创新原理为依据,就能方便地找到针对实际问题的一些可行方案。

2. 物理冲突

物理冲突是指技术系统中的某一个参数无法满足系统内相互排斥的、不同的需求,解决物理冲突的工具是分离原理。使用分离原理有 4 种具体的方法，在分离方法确定后，可以使用符合这个分离方法的发明创新原理来得到具体问题的解决方案。

3. 物质-场问题

物质-场问题是指实现技术系统功能的某结构要素出现了问题。针对要解决的实际问题，可以先构建出问题的初始物质-场模型；然后，针对不同的问题，在标准解法系统中找到针对该问题的物质-场的标准解法；最后，根据这些标准解法的建议，得到具体的问题解决方案。

4. 知识使能问题

知识使能问题是指寻找实现技术系统功能的方法与科学原理。通常，可以用"SVO"（主语+谓语+宾语）的模式来描述一个技术系统的功能，例如"火焰加热水"——在此，火焰是 S（主语），加热是 V（谓语），水是 O（宾语）。当我们以"VO"（加热水）来定义一个系统要实现的功能时，必须要寻找所有可能的"S"——技术资源，即所有可能加热水的知识，以便让"VO"（加热水）这件事情成立（功能实现）。由于知识查询是一个耗时费力的工作，因此通常不用人工方式进行查询，而是采用计算机辅助技术支持下的知识库和效应库的方式来解决。这就是为什么要大力研究和开发计算机辅助创新技术的一个原因。

综上所述，当我们在工作中遇到具体问题时，就可以利用这 4 种方法，来寻求解决问题的途径。从理论上讲，可以采用这 4 种方法中的任意一种，来寻找问题的解决方案。但是由于不同的方法解决具体问题的出发点不同，因而在面对一个具体问题的时候，首先应该对问题进行分析，考察问题的属性，探究问题的根源，看看哪一种 TRIZ 方法更适合解决该问题。只要具体问题具体分析，灵活地应用不同的方法，就可以得到各种不同的备选方案，然后再从中选择最好的解决方案。对于一些复杂的、难以直接用上述方法解决的问题，TRIZ 还提供了一套解决问题的流程和算法——即发明问题解决算法（ARIZ）。

二、TRIZ 解决技术系统问题的模式

TRIZ 解决技术系统问题的模式，以及 TRIZ 的各个组成部分在解决问题过程中所起的作用，可以用图 10-11 来表示。

如图 10-11 所示，经过千百万年的进化与演变，人工制造物从过去最简单的棍棒、石头、轮子等，发展到了现在各种各样的产品，构成了所有技术系统的物质基础。

当一个技术系统 TS_0 出现问题后，研究人员就开始了解决问题的努力。首先要分析问题，确认问题的属性，如果是有明显的参数属性、结构属性或者资源属性的标准问题，可以使用本书前面介绍的各种 TRIZ 创新方法、原理与工具，并结合 TRIZ 创新思维与传统创新思维来解决问题；如果技术系统所出现的问题是具有综合属性的非标准问题，问题的表现形式很复杂，则采用发明问题解决算法（ARIZ）来解决问题（在图 10-11 中被列为"其他方法"）。当问题被成功地解决以后，原有技术系统 TS_0 实现了改进，变成了改进后的技术系统 TS_1，然后通过改进又进一步变成了 TS_2……如此不断地改进下去，技术系统将向着未来的理想系统不断地发展变化，从而实现了其进化过程。

在技术系统的进化过程中，系统完备性法则、能量传递法则、协调性法则是一个技术系统存在并能实现功能的先决条件，不符合这 3 个法则的技术系统是不能参与进化的。子系统

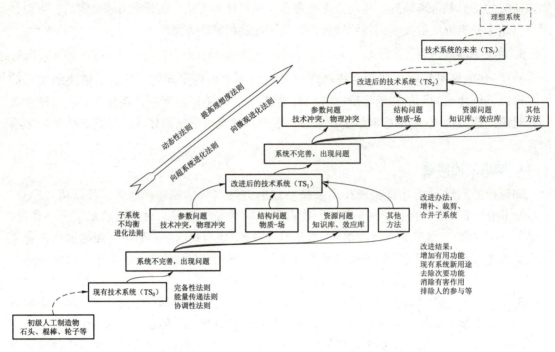

图 10-11　TRIZ 在技术系统进化中的作用模式

不均衡进化法则表明了技术系统内部的不均衡发展，以及由此而引起的各种冲突，是技术系统产生问题的内在根源和需要改进的根本动力；向超系统进化法则表明了技术系统内部的冲突无法解决时，多数情况下以增加子系统的数量或者把部分功能转给超系统来解决。动态性进化法则表明技术系统的柔性、可移动性和可控性都在不断地提高，而且从宏观水平逐渐向微观水平发展，元素之间趋向以场的方式紧密连接；向微观进化法则也同样表明技术系统将从宏观水平逐渐向微观水平上发展，而且传统的"金属块"状的系统元素，将由分子、原子、离子、电子等微观的"聪明"物质代替来完成工作。提高理想度法则则是一切技术系统根本的发展方向，是所有进化法则的总则。技术系统进化的终极目标是理想系统，即尺寸、体积和能量消耗趋于零，实现的功能数量趋于无穷大。

第四节　传统创新方法与 TRIZ 方法的比较

　　前面介绍了一些人们经常使用的解决发明问题的方法，这些方法都是一些效率较低的传统创新方法，这些方法基本上都是以心理机制为基础，它们的程序、步骤、措施等大都是根据人们克服发明创造的心理障碍而设计的，虽然有时候也具有某种逻辑，但其逻辑并不严密，一般也并不要求使用者严格地遵守。传统的创新方法撇开了各领域的基本知识，在方法上高度概括与抽象，因此具有形式化的倾向。这些方法在运用中受到使用者经验、技巧和知识积累水平等的制约，因此有人认为对传统创新方法的运用是一种艺术，而不是一种技术。传统的创新方法过于依赖非逻辑思维，运用的效果波动性很大，培训起来也有较大难度，因此不适于进行大范围的培训和推广。传统的创新方法对于解决相对简单的、发明级别较低的问题是有效的，但是通常无法解决一些比较困难的、发明级别较高的问题。相比之下，

TRIZ 是建立在科学技术成果基础之上的，具有普适性的解决发明问题的专门工具，其原理、法则、程序、步骤和措施等，都来源于人类长期探索与改造自然的实践经验的总结，以帮助设计者快速地找到发明问题的有效解决方案。因此整个方法学形成了良好的体系，并且具有严密的逻辑性，对于学习、培训和应用比较方便，应用的有效性比较高，可以广泛地应用于各个领域，指导人们创造性地解决问题。传统创新方法与 TRIZ 方法的比较见表 10-4。

表 10-4 传统创新方法与 TRIZ 方法的比较

序号	传统创新方法	TRIZ 创新方法
1	趋向于做容易做的事，简化任务的要求	趋向于更高水平、更复杂的任务要求
2	趋向于避免不可能的路径	强调遵循解决"不可能性"的路径
3	趋向于原型目标不精确的视觉图像	趋向于最终理想结果目标的精确图像
4	对象/目标的"平面图像"	对象/目标的"整体图像"，考虑对象的子系统与超系统及其整体目标
5	作为"单一图像"的对象/目标图像	如果存在连续发展路径，则将目标理解为"过去-现在-将来"的历史轨迹
6	目标/对象是更多难以改变的图像	柔性的、可调整的目标图像，易于做时间与空间上的变化与调整
7	回忆提供了相似而弱模拟的图像	回忆提供了其他的东西，因此是强模拟的，要求利用新原理与新程序来经常更新信息
8	"专业势垒"随时间增强	"专业势垒"随时间逐步减弱直至消失
9	不增加思考的可控性	更好地控制思考，发明人综合评述构思的路径，可容易地控制构思过程与实际的差距
10	解决发明问题的过程不易快速收敛	解决发明问题的过程可以快速收敛

注：本表摘自赵敏等《TRIZ 入门及实践》。

TRIZ 理论的基础是技术系统进化的客观规律，它既可以被认知也可以用于解决发明问题。在运用 TRIZ 理论解决发明问题时，可以根据技术系统进化的客观规律来初步确定解决问题的方向，有效地避免各种传统创新方法中反复进行的大量探索工作。根据这些规律，开发出解决发明问题的专用工具，它们包括物场分析和发明问题的标准解法，解决技术冲突和物理冲突的创新原理，以及发明问题解决算法（ARIZ）等。通过查找和应用物理的、化学的、几何的和生物的效应与原理，可以帮助人们解决系统中的功能实现问题，让这些效应与原理类的知识作为技术系统实现功能和操作的新原理，从而满足系统所要求的作用。因此，TRIZ 理论能够有效地帮助设计者在解决问题之初，首先确定"解"的位置和方向，然后利用 TRIZ 中的各种理论方法和工具去实现这个"解"，如同射击一样，首先确定靶心所在的准确方向和位置，然后进行瞄准射击，最终击中目标。由此可见，与传统的创新方法相比，TRIZ 理论的主要优点是可以从成千上万的解法中快速地找到解决复杂发明问题的方案，从而大大加快解决发明问题的进程。TRIZ 反对在可能的候选方案中进行搜索的想法，因此

TRIZ 理论使人们有了更加科学、合理而有效的解决问题的方法。

在以上 TRIZ 的各种创新思维、方法和工具的支持下，TRIZ 解决发明问题的过程是可以快速收敛的（见图 10-12），而且发明的级别和效率也是比较高的，如图 10-13 所示。

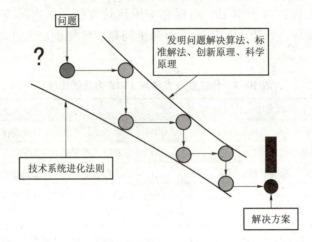

图 10-12　TRIZ 可以定向而收敛地查找有效的解决方案

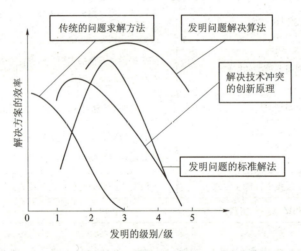

图 10-13　传统创新方法与 TRIZ 方法的效率比较

TRIZ 是研究技术规律和思维活动的创新方法。在 TRIZ 中，已经吸收了不少克服思维定式和心理障碍的传统创新方法的精髓，并将它们纳入其理论体系中，可在发明问题分析和解决方案综合的不同阶段发挥作用。特别值得指出的是，TRIZ 解决问题的模式和程序一般普遍采用反馈、迭代的形式，具有启发式的方案搜索和逐步、快速地逼近目标的效果，比较容易实现计算机程序化，从而开发出计算机辅助创新设计软件，实现产品的快速创新。

综上所述，相对于传统的创新方法，TRIZ 理论显示出其独特的优势和鲜明的特点。它成功地揭示了发明创造的内在规律和原理，可以快速确认和解决系统中存在的冲突或问题；能够帮助人们打破思维定式，突破思维障碍，激发创新思维，从更新更广的角度分析问题，进行逻辑性和非逻辑性的系统思维；能够基于技术系统进化规律准确地确定探索方向，预测未来的发展趋势，打破知识领域的界限，实现技术上的突破，从而有助于开发出更加富有竞争力的新产品。

需要强调指出的是,在产品的创新设计过程中,技术规律与人的思维活动需要不断地相互作用,让人的思维活动与技术规律实现高度的协调与互动,才是创新方法的真谛。片面强调技术规律或片面强调心理活动,都会降低创新的产出,而 TRIZ 则将两方面和谐地组织在一起了。因此,在学习和研究 TRIZ 理论的同时,也不要忽视了传统创新方法的应用。尽管传统创新方法自身存在着一些缺点和不足,单独使用时往往不易获得高水平的发明,但是在很多场合,需要将 TRIZ 创新方法与传统创新方法结合使用。这样可以互相取长补短,从而取得更好的效果。例如,在由具体问题抽象成 TRIZ 的问题模型时,以及在从 TRIZ 的解决方案模型演绎成具体解决方案时,都需要或多或少地应用诸如头脑风暴法、形态分析法等传统创新方法,这也是学习和应用 TRIZ 理论的基本技巧。因此,以 TRIZ 理论为中心,同时结合其他的创新方法,已经成为目前一部分学者研究创新方法的内容之一。

第五节　TRIZ 理论的推广与扩展

目前,TRIZ 理论在各个行业中已经得到了广泛的应用,对于 TRIZ 理论的进一步研究也在继续进行。如德国的一些研究人员对 TRIZ 理论做了进一步的发展,形成了若干基于 TRIZ 理论的创新方法论,即面向矛盾的创新战略理论(WOIS 理论)、以问题为中心的发明方案(PI 理论)和面向市场的创新战略(MIS 理论);法国的一家科研机构在经典 TRIZ 理论的基础上,提出了一种面向复杂系统的创新方法 OTMS-TRIZ;美国的一家研究机构也正在研究 I-TRIZ 方法,该方法在 TRIZ 理论的基础上提出了多条技术进化路线,建立了失效预测方法,并形成了系统化的方法;中国的创新方法研究机构也对 TRIZ 理论做了进一步的研究,并在经典 TRIZ 理论的基础上提出了新的适应性更强的 TRIZ 理论。下面对 WOIS 理论、PI 理论及 MIS 理论做简要的介绍。

1. WOIS 理论

WOIS 理论(Widerspruchs Orientierte Innovations Strategie),意思是"面向矛盾的创新战略",是对 TRIZ 理论做了最大程度扩充的一种德国的创新理论。该理论是由德国科堡应用技术大学机械系教授汉斯·于尔根·林德和他的同事卡尔海因茨·摩尔教授及贝尔恩德·希尔博士共同创立的。

WOIS 理论是一种原本为解决技术问题而构建的创造力和技术创新战略,利用它来激发产生新的产品和新的生产过程,其中融合了一些局部系统化的老方法以及技术系统连贯性历史分析和确定技术系统在进化中的位置等工具。WOIS 理论的基本思想是"置之死地而后生",即首先将矛盾推向极端,形成似乎没有出路的绝境,然后引进"悖论性发展要求"来破解这种绝境,完善了矛盾思维。像"明亮的黑暗"或"不渗透的渗透性"这一类的表述就是所谓悖论性要求。WOIS 理论寻找创新方案的过程可以分为 3 个阶段:定向阶段(系统分析阶段)、决策阶段(突破思维定式,将矛盾极端化阶段)和提出创新方案的阶段(创造新系统)。具体可表述为:WOIS 理论使用战略定向工具寻找最富有潜力的发展方向,并从中有针对性地激发出克服现有能力局限的创新方案。

WOIS 理论只是在几个方面对 TRIZ 理论做了进一步的扩展,因此其核心仍然是 TRIZ 理论。两者的区别主要体现在以下几个方面：

（1）TRIZ理论是为发明者提供理论思路，而WOIS理论则是为日常技术开发提供基于实践经验的工具。因此，WOIS是TRIZ和设计方法大全的交集，只是这个交集的效能有一定程度的损失。这是因为：一方面它在工程技术上没有设计方法大全那么详备；另一方面在辅助解决矛盾问题方面，并不比TRIZ理论更强。

（2）单个发明者就可以使用TRIZ理论，而WOIS理论则需要一个专门的研发小组。因此，WOIS理论一般用于企业的技术开发，更多的是为被动用户开发的，而不是为对战略主动施加影响的用户。

（3）WOIS理论是一种模糊的理论方法，从模糊逻辑借用的一些概念在其中起着重要的作用。

（4）WOIS理论中还融合了心理学的知识，以便在团队工作中充分发挥其作用。由于TRIZ理论的创新过程是分析式的，因此TRIZ不需要上述所有的这一切。

2. PI理论

PI理论（Konzept der Problemzentrierten Invention，PI-Konzeot），意即"以问题为中心的发明方案"。该理论是由不来梅大学创新与能力转移教研室主任摩尔勒教授和潘能贝克硕士于1997年创立的。

PI理论与TRIZ理论及WOIS最大的不同之处在于：没有规定的起点和终点，不必事先规定步骤的顺序，对频度和强度也没有限制。该理论是在米勒·梅尔巴赫的五场分析法框架模型基础上建立起来的。这个模型把一个问题分为5个部分：现状、资源、规定状态、目标和相互关联互动的转换（由现状跃迁为规定状态）。每一个场都有与之相对应的"工具"可供使用。因此，系统分析和矛盾思维就成了确定现状的关键工具，以"理想机器"为基础的参数是确定目标的主要工具，技术矛盾解决矩阵、时间、空间、结构和状态的基本转化形式，物场分析以及技术系统进化法则等都可用作转换的工具。

3. MIS理论

MIS理论（Marktorientierte Innovations Strategie），意思是"面向市场的创新战略"。该理论是由现已退休的原亚琛工业大学矿业研究所所长施皮斯教授提出的，并于1980年开始对这套系统方法进行科学的研究，德国统一之后，他与耶拿大学的认知心理学家合作，逐步完善了这一理论。

MIS理论的基本思想是：在发明创新过程中，把那些凭直觉在潜意识中发生的过程转化为有意识的过程，将"发明的飞跃"分解为一系列小的、一目了然的和可把握的步骤，然后由开发工程师和设计师按照这些步骤进行发明创新。

根据MIS理论，在技术上可以将发明过程分为3个基本组成部分：① 将已知的东西移植到其他用途（移植）；② 对移植的东西进行改造（改造）；③ 在改造过程中与其他元素进行组合（组合）。MIS理论的实施过程可以分为3大步骤：第一步，寻找可重新组合的现有技术和方法；第二步，小组讨论找出最可行最接近规定状况的方案；第三步，提出改造和组合的最终实施方案。

思考题

10-1　请说出常用的几种传统创新方法，并举例说明其中一种方法的应用。

10-2　常用的几种传统创新方法的优缺点是什么？请列表加以说明。

10-3　使用头脑风暴法解决创新问题时，必须遵守哪些基本规则？

10-4　什么是系统思维的多屏幕法？请以自行车为例加以说明。

10-5　什么是金鱼法？请举例加以说明。

10-6　什么是STC算子方法？请举例加以说明。

10-7　什么是小人法？请举例加以说明。

10-8　TRIZ与传统的创新方法相对比，其优点表现在哪里？

10-9　请以自行车为例，进行一次形态分析，通过列表和组合，看看你能找出多少个方案？

附录 A　TRIZ 之父——根里奇·阿奇舒勒简介

在此我们来介绍一位超凡脱俗之人，他的超凡脱俗不仅在于他提出了一门奇妙的创造科学，更在于他从不索取回报，他从未说过"给我"，他总是说："请将这个拿去"。他就是 TRIZ 理论的创始人——根里奇·阿奇舒勒。

1948 年 12 月，凯思片海军中尉根里奇·阿奇舒勒写了一封给自己招来危险的信，信封上写着"斯大林同志亲启"。信的作者向国家领袖指出当时苏联对发明创造的无知和混乱状态。在信的末尾作者还表达了更激烈的想法：有一种理论可以帮助工程师进行发明创新，这种理论能够带来可贵的成果并引起技术领域的一场革命。对这封信冷酷的回复两年后才到达。现在，让我来介绍一下这位鲁莽的海军上尉。

根里奇·阿奇舒勒于 1926 年 10 月 15 日出生在苏联的塔什干，他在阿塞拜疆的首都巴库居住了很多年。1990 年以后他移居到卡累利亚的彼得罗扎沃茨克。

阿奇舒勒在读九年级时就获得了苏联的发明证书，专利作品是潜水器。在读十年级的时候，他制作了一条船，船上装有使用碳化物作燃料的喷气发动机。1946 年，他完成了第一项成熟的发明，从没有潜水服的被困潜水艇中逃脱的办法。这项发明随即被确定为军事机密，阿奇舒勒也因此被安排到凯思片海军专利局工作。

海军专利局的局长非常喜欢奇思妙想，一次他让阿奇舒勒为他的一个怪念头想出答案：给困在敌区的士兵找出不用任何外界支援而脱逃的办法。为了解决这个问题，阿奇舒勒发明了一种新型武器———种由普通药物制作的剧毒化学品，这是一项成功的发明。发明者被带去会见克格勃的头儿——贝利亚。但是 4 年以后，在贝利亚的一个监狱里，阿奇舒勒却被指控用这种发明骚扰红场的游行。阿奇舒勒是一位成功的青年发明家，是什么原因促使他给斯大林写那封毁掉他的事业并从此改变了他一生的信呢？

阿奇舒勒说："我要说的是，我不但自己搞发明，我还有责任帮助那些想发明创造的人"。很多人到他的办公室对他说："请看一下这个问题"，他们说："我解决不了，怎么办？"为了回答这些人的问题，阿奇舒勒查遍了所有的图书馆，但是依然没有找到哪怕是最初级的有关发明的课本。科学家们声称发明是偶然的结果，或者与一个人的情绪或血型有关。阿奇舒勒不能接受这种说法——如果还不曾有发明创造法的话，总要有人来做这件事。

阿奇舒勒将这个想法给他的同学拉斐尔·沙佩罗讲了，沙佩罗听后也很想成为发明家。在当时，阿奇舒勒已经意识到发明只不过是利用一些原理将技术矛盾消除。如果发明者了解并运用这些原理，发明就会水到渠成。沙佩罗对这一想法非常兴奋，并建议他应该给斯大林写信以求得支持。就这样他给斯大林写了这封信。

阿奇舒勒和沙佩罗一起开始做准备之后，他们搜寻新的方法，研究了所有现存的专利项目，并参加发明竞赛。他们还在一次国家发明大赛中获奖。

突然有一天，他们得到通知要到格鲁吉亚的第比利斯。他们一到那就被逮捕了。两天后，审讯开始，他们被指控利用发明技术进行阴谋破坏，被判刑 25 年。

这些事发生在 1950 年。读者可能会想这就是一个"为自己的思想而牺牲"的故事的开头，但是阿奇舒勒对自己的被捕却有不同的看法。

"在入狱之前，我只是为人们的怀疑而困惑。如果我的想法那么重要，为什么别人没有意识到呢？我所有的困惑都因 MGB（苏联国家安全部）而烟消云散"。在他被捕以后，由于各种恶劣情况的出现，为了保存生命，阿奇舒勒开始利用 TRIZ 来给自己作保护。

在莫斯科监狱，阿奇舒勒拒绝签署认罪书而被定为"连轴审讯"对象。他被整夜审讯，白天也不许睡觉，阿奇舒勒明白如果这样下去他的生存无望。他将问题确定为：我怎样才能同时既睡又不睡呢？这项任务看起来很难完成。他被允许的最大的休息是在椅子上眯着眼。这就意味着：要想睡觉，他的眼睛必须又眯着又闭着，这就容易了。他从烟盒上撕下两片纸，用烧过的火柴头在每片纸上画一个黑眼珠。他的同囚室友将两片"纸眼珠"蘸上口水粘在他闭着的眼睛上。然后他就坐着，面对着牢房门的窥视孔，安然入睡。这样一来他天天都能睡觉，以至于他的审讯者感到很奇怪，为什么每天夜里审讯时他还那么精神。

最后，阿奇舒勒被转到西伯利亚的古拉格，在那里他每天工作 12 个小时。考虑到这样繁重的劳动难以持续下去，他向自己提问："哪种情况更好些？是继续工作呢，还是拒绝工作而被监禁起来？"最终他选择监禁而被转到监狱和罪犯关在一起。在这里，求生变得简单多了。他向囚犯们讲了很多自己熟记于心的科幻故事，从而得到了他们的友好相待。

之后，他又被转到另一个集中营，这里关押着很多高级知识分子——科学家、律师、建筑设计师——他们都在郁郁等死。为了使这些人燃起生之希望，阿奇舒勒开创了他的"一个学生的大学"。每天有 12～14 h，他挨个到每个重新激起生活热情的教授那里去听课，这样他获得了他的"大学教育"。

在另一个古拉格集中营瓦库塔煤矿，他每天利用 12～14 h 开发 TRIZ 理论，并不断地为煤矿发生的紧急技术问题出谋献策。没有人相信这个年轻人是第一次在煤矿工作，他们都认为他在骗人，矿长难以相信是 TRIZ 理论和方法在帮助他解决煤矿发生的技术问题。

有一天晚上，阿奇舒勒听到斯大林去世的消息，一年半以后，阿奇舒勒被释放了。在他返回巴库时，才知道自己的母亲因为看不到与儿子重逢的希望而自杀了。

1956 年，阿奇舒勒和沙佩罗合写的文章"发明创造心理学"在《心理学问题》杂志上发表了。对研究创造性心理过程的科学家来说，这篇文章无疑像一枚重磅炸弹。因为在那之前，苏联和其他国家的心理学家都认为，发明是由偶然顿悟产生的——来源于突然产生的思想火花。

阿奇舒勒在研究了世界范围的大量专利后，依赖人类发明活动的成果，提出了不同的发明方法，即发明是通过对问题进行分析，找出并解决矛盾而产生的。

在研究了 20 万项专利后，阿奇舒勒得出结论，有 1 500 对技术矛盾可以通过运用基本原理而相对容易地解决。他说，"你可以等待 100 年获得顿悟，也可以利用这些原理在 15 min 内解决问题。"

如果阿奇舒勒的反对者们知道 H. 阿尔托夫（阿奇舒勒的笔名）所写的奇妙的科幻小说足够支持他的生活费用，而这些小说却都是利用 TRIZ 原理而写出来的，他们还能说什么呢？阿尔托夫就是用他的创造性思维来写这些小说的。1961 年，阿奇舒勒写出了他的第一本书《如何学会发明》，在这本书里他嘲笑人们普遍接受的看法，即只有天生的发明家。他批判了用错误尝试法去进行发明。50 000 读者，每人只需付 25 戈比就学到了第一组 20 个 TRIZ 发明方法。

1959 年，为了使他的理论得到认可，阿奇舒勒向苏联最高专利机构 VOIR（苏联发明创造者联合会）写了一封信，他要求得到一个证明自己理论的机会。他花了 9 年的时间，在写了上百封信以后，终于得到了回信。信中要求他在 1968 年 12 月之前，到格鲁吉亚的津塔里举行一个关于发明方法的研讨会。

这是 TRIZ 的第一个研讨会，也是他第一次遇到了自认为是他的学生的人：来自彼得罗扎沃茨克的亚历山大·西里尤特斯基，来自列宁格勒①的沃伦斯拉夫·米特罗范诺夫，来自瑞嘎的艾萨克·布契曼等。这些年轻的工程师——以后还有很多其他的人——后来都在各自的城市开办了 TRIZ 学校。成百上千在阿奇舒勒学校接受过培训的人，邀请他去苏联不同的城市举办研讨会和 TRIZ 学习班。

1969 年，阿奇舒勒出版了他的新作《发明大全》。在这本书中，他给读者提供了 40 个原理——第一套解决复杂发明问题的完整法则。

列宁格勒技术创新大学的创建者沃伦斯拉夫·米特罗范诺夫，讲述了一个关于罗伯特·安格林的故事。安格林是列宁格勒一位杰出的发明家，曾经饱尝艰辛，利用错误尝试法发明了 40 项专利。有一次安格林参加了 TRIZ 研讨会，在整个会议期间他都沉默不语。等到大家都离开后，他仍旧独自坐在桌边，双手捂住头，他说："我浪费了多少时间啊！多少时间……我要是早些知道 TRIZ 该有多好啊！"

苏联 TRIZ 协会于 1989 年成立，由阿奇舒勒出任主席。

阿奇舒勒于 1998 年 9 月 24 日在彼得罗扎沃茨克逝世，享年 72 岁。

---

① 列宁格勒：今为圣彼得堡。

附录 C 常用创新思维与技法的类型及特点

表 C-1 常用创造性思维的类型及特点

类型	性质	特点	影响因素
形象思维	使用反映同类事物一般特征的形象	头脑中浮现形象，类同形象引起联想和类比	右大脑的发达程度，右大脑通过胼胝体与左大脑交互作用的发达程度
抽象思维	使用反映事物或现象本质属性的概念和推理	从不同的具体问题中抽象出具有共性的概念来	左大脑的发达程度，左大脑通过胼胝体与右大脑交互作用的发达程度
发散性思维	根据问题，不按常规，沿着不同的正向、逆向、多向思维和角度，多方面寻求问题的各种可能解答	流畅：反应敏捷，在较短时间内想出多种方案；灵活：触类旁通，随机应变，不受心理定式影响；独特：所提出的解决方案有特色	人的知识广博程度，非本行多方面科技文化领域的涉猎，活化知识存储方式，使知识脱离特定情境，重新组合
收敛性思维	将来自多方面的知识信息聚合于同一体	分析比较，得出从不同角度出发的优缺点；综合推理，收敛引出最优答案	细致的分析能力，严谨的逻辑推理能力
逻辑思维	思维过程中严格遵守逻辑规则	注意事物的显性质和常规功能，更要发掘事物的潜性质和非常规功能；以抽象概念为其思维元素；使用固定范畴和程式，把复杂问题简化，找出主要因素；若前提条件不完全，则结论带有或然性，不够新颖	把事物分解为不同部分、单元、要素的能力；综合、归纳、演绎推理的能力
非逻辑思维	思维过程中不严格遵循逻辑规则，灵活自由，任意想象，直觉和灵感流动	结论往往突破常规，新颖独创。或然性很大，用以启迪心智，扩展思路	联想力：由一事物引发想到另一事物，是想象、直觉、灵感的基础；想象力：加工改造，产生新形象；直觉：不受固定逻辑约束，突然自动地直接领悟事物本质，成果突破常规，但不一定可靠；灵感：偶然机遇使人在着迷于问题时的全部积极心理活动突然连锁激发，不能控制的潜意识进入显意识，爆发出创造火花
直达思维	思考问题始终不离开问题的情景和要求	直接面对问题的约束条件，解决简单问题特别有效	问题的性质和人的能力
旁通思维	通过分析把问题转换成另一领域的等价问题	全面细致地分析问题的情景和要求，把问题转换一个角度重新表达	分析问题抓住本质的能力，对类比、模拟、仿生、移植、换元等转换问题方法的掌握

表 C-2　常用创新技法的类型及特点

群体集智法	智力激励法	步骤	1. 明确会议中心议题，以简单为好，复杂问题要化为多个单一问题分别讨论 2. 确定会议人选，5~15人为宜，多数是该议题领域的内行，少数是知识广博的外行 3. 坚持会议规则，自由发言，禁止评判，互相启发，追求数量 4. 与会者思维发散，畅谈新奇设想，一般不超过1 h 5. 会后对设想进行整理评估，评估员一般5人为宜，评估指标包含科学与技术，生产与市场（社会）
		特点	1. 信息直接传递，相互激励强度大，造成创造环境 2. 会议易受外向型性格的人控制，内向型不易发挥
	635法	步骤	1. 6人与会，明确议题 2. 每人在卡片上写出3种设想方案，5 min为一单元，卡片相互交流 3. 第2个5 min单元中，每人根据相互启发，再在卡片上写出3种设想 4. 如此循环，半小时可得108种方案
		特点	1. 书面交流 2. 每人意见都得到反映 3. 思维冲撞程度差些
	CBS法	步骤	1. 明确会议主题 2. 邀3~8人与会 3. 每人发50张卡片，每张填一设想，10 min 4. 轮流宣读卡片，每次读一张后别人质询，有新启发写在新卡片上，共30 min 5. 交流讨论20 min，共1 h
		特点	1. 书面与口头结合 2. 质询、改善、筛选纳入议程
	Ddphi法	步骤	1. 组织者针对问题，编写意见征询表寄给有关专家 2. 专家在规定限期内填好寄回 3. 收到回复函后，将概括、整理、综合后的意见和征询表再寄给别的有关专家 4. 反复多次
		特点	1. 专家开始独立思考，随后交流激励 2. 时间较充裕，设想较实用可靠 3. 时间较长 4. 缺少激励环境气氛
系统探求法	5W2H法	步骤	例：机械产品设计 1. Why? 为何设计该产品，采用该结构? 2. What? 产品有何功能? 需否创新? 3. Who? 产品用户是谁? 谁来设计? 4. When? 何时完成该设计? 各阶段如何划分? 5. Where? 产品用于何处? 在何处生产? 6. How to do? 结构如何设计? 形状? 材料? 7. How much? 单件还是批量生产?
		特点	1. 适于任何工作，只发问具体内容 2. 可突出其中任何一问

续表

系统探求法	奥斯本设问法	步骤	例：机械产品设计检验表 1. 转化：该产品能否稍作改动或不作改动后移作他用？ 2. 引申：能否从该产品中引出其他产品？或用其他产品模仿该产品？ 3. 变动：能否对产品进行某些改变？结构？运动？造型？工艺？…… 4. 放大：该产品放大（加厚、加深……）后，能否改变其性能？ 5. 缩小：该产品缩小（减薄、变浅……）后如何？ 6. 颠倒：能否正反（上下、前后）颠倒使用？ 7. 替代：该产品能否用其他产品替代？ 8. 重组：零件能否更换？ 9. 组合：现有几个产品能否组合为一个产品？或零部件组合？或功能组合？……
		特点	1. 从不同角度提问 2. 把不同角度列成检核表逐一检查 3. 检核表可扩展补充，例如操作性扩展：增加，分割，缓和，代换，展开，象征等 4. 检核表可变形为针对更具体问题的检核表，例如对产品设计过程：增加功能，提高性能，降低成本，增加销售等
	特性列举法	步骤	1. 选择需要改进的对象 2. 列表分解该对象的组成部分：名词性特征（部件、材料等），形容词特征（性质、形状等），动词性特征（功能、作用等） 3. 编制该对象的组成部分的本质特征表 4. 分析所有特征，用取代、替换、简化、组合等方法加以改进 5. 重新设计
		特点	1. 规范化：按一定规范进行，而不是随机列举 2. 全面性：将对象所有特性都列举出来，系统地思考解决办法 3. 特性列举法可变形为其他列举法，如缺点列举法：分析缺点及其存在条件，在原条件下改缺点为优点，或改换原条件使原缺点成为优点；又如希望列举法：从市场用户意愿出发，提出创新设想
联想类比法	联想发明法	步骤	1. 无约束地由一事物自由联想到另一事物，可能产生一些新联系，激发新思路 2. 将某些看似无关的事物，通过插入若干中间事物联想在一起 3. 把待解决事物的边界条件加入，进行控制联想，方法有：由一事物联想到在空间或时间上与其接通的另一事物；由一事物联想到与其有类似特点的另一事物（功能、性质、结构等）；由一事物联想到与其对立的另一事物；由一事物联想到与其有因果关系的另一事物；由一事物联想到与其有从属关系的另一事物
		特点	1. 头脑中储存的信息要多，知识面要广 2. 参加实践，熟悉客观实际的发展变化 3. 要求掌握联想规律 4. 联想发明法可变形为其他联想法，如强制联想法，把几种一般看来无关的产品强行联合，构成创新产品

续表

联想类比法	综摄类比法	步骤	1. 把不同知识领域的专家组合在一起 2. 把待解决的陌生事物组合在一起，通过类比变为熟悉的事物。例如，直接类比，把待解决事物与性质不同但有某些相似的事物直接进行比较；拟人类比，把待解决事物的要素与创新人自身等同起来，设身处地想想如何解决 3. 把熟悉的事物变为陌生，以新的视角去观察处理已熟悉的事物，摆脱习惯性常规的束缚，发现新联系，提出新构思。例如，抽象类比，把熟悉的事物的关键词义或定义变换为抽象词义或一般陈述，如金属切削（分离、变形）成型；幻想类比，把熟悉的事物与在现实中难以存在的幻想中的事物类比，以探求新观念和新构思
		特点	1. 把表面上互不相关的因素联系在一起 2. 化相识为不相识（同质异化），化不相识为相识（异质同化） 3. 调动人们的潜意识
组合创新法		步骤	1. 把各方面的技术专家组合在一起 2. 分析市场需求 3. 将两个以上的技术因素组合，得到有创新功能的技术产物 4. 技术因素包括相对独立的技术原理、技术手段、控制方式、工艺方法、材料、动力源等 5. 组合方法有： （1）性能组合：将若干产品的优良性能结合起来，如铜（铁芯）线 （2）原理组合：将两种以上技术原理组合成复合技术系统，如喷气原理与燃气轮机技术结合，得喷气式发动机 （3）功能组合：将具有不同功能的技术手段或产品组合到一起，形成多功能的技术系统 （4）模块组合：把产品看成若干通用模块的有机组合，根据需要选择不同模块加以组合，得到不同的设计方案
		特点	1. 技术领域相互转移渗透，形成杂交的边缘学科 2. 已开发的成熟技术合理组合，创造出崭新的技术系统，经济有效，操作方便 3. 形式多样，应用广泛

参 考 文 献

[1] 黄纯颖. 机械创新设计 [M]. 北京：高等教育出版社，2000.
[2] 邓家禔. 产品概念设计——理论、方法与技术 [M]. 北京：机械工业出版社，2002.
[3] 檀润华. 创新设计—TRIZ：发明问题解决理论 [M]. 北京：机械工业出版社，2002.
[4] 檀润华. 发明问题解决理论 [M]. 北京：科学出版社，2004.
[5] 赵新军. 技术创新理论（TRIZ）及应用 [M]. 北京：化学工业出版社，2004.
[6] 谢里阳. 现代设计方法 [M]. 北京：机械工业出版社，2005.
[7] 张美麟. 机械创新设计 [M]. 北京：化学工业出版社，2005.
[8] 杨清亮. 发明是这样诞生的：TRIZ 理论全接触 [M]. 北京：机械工业出版社，2006.
[9] 萨拉马托夫. 怎样成为发明家——50 小时学创造 [M]. 王子羲，等，译. 北京：北京理工大学出版社，2006.
[10] 张春林. 机械创新设计 [M]. 第 2 版. 北京：机械工业出版社，2007.
[11] 黑龙江省科学技术厅. TRIZ 理论入门导读 [M]. 哈尔滨：黑龙江科学技术出版社，2007.
[12] 黑龙江省科学技术厅. TRIZ 理论应用与实践 [M]. 哈尔滨：黑龙江科学技术出版社，2008.
[13] [俄] 根里奇·阿奇舒勒. 创新算法 [M]. 谭培波，等，译. 武汉：华中科技大学出版社，2008.
[14] [俄] 根里奇·阿奇舒勒. 实现技术创新的 TRIZ 诀窍 [M]. 林岳，等，译. 哈尔滨：黑龙江科学技术出版社，2008.
[15] 阿奇舒勒. 创新 40 法——TRIZ 创造性解决技术问题的诀窍 [M]. 成都：西南交通大学出版社，2004.
[16] 陈广胜. 发明问题解决理论（TRIZ）基础教程 [M]. 哈尔滨：黑龙江科学技术出版社，2008.
[17] 姜台林. TRIZ 创新问题解决实践 [M]. 桂林：广西师范大学出版社，2008.
[18] 赵敏. TRIZ 入门及实践 [M]. 北京：科学出版社，2009.
[19] 赵敏. 创新的方法 [M]. 北京：当代中国出版社，2008.
[20] 李海军. 经典 TRIZ 通俗读本 [M]. 北京：中国科学技术出版社，2009.
[21] 曾富洪. 产品创新设计与开发 [M]. 成都：西南交通大学出版社，2009.
[22] 王亮申. TRIZ 创新理论与应用原理 [M]. 北京：科学出版社，2010.
[23] 沈世德. TRIZ 法简明教程 [M]. 北京：机械工业出版社，2010.
[24] 檀润华. 面向制造业的创新设计案例 [M]. 北京：中国科学技术出版社，2009.
[25] 檀润华. TRIZ 及应用：技术创新过程与方法 [M]. 北京：高等教育出版社，2010.
[26] 施楣梧. 用 TRIZ 理论和方法促进纺织技术创新 [M]. 北京：中国纺织出版社，2010.

[27] 戴庆辉. 先进制造系统 [M]. 北京：机械工业出版社，2008.

[28] 李柱国. 机械设计与理论 [M]. 北京：科学出版社，2003.

[29] 高常青. TRIZ——发明问题解决理论 [M]. 北京：科学出版社，2011.

[30] 徐起贺. 机械创新设计 [M]. 北京：机械工业出版社，2009.

[31] 徐起贺. 现代机械产品创新设计集成化方法研究 [J]. 农业机械学报，2005，36（3）：102-105.

[32] 徐起贺. 基于功能进化的滚动直线导轨创新设计 [J]. 组合机床与自动化加工技术，2004，5：22-23.

[33] 徐起贺. 基于 TRIZ 理论的机械产品创新设计研究 [J]. 机床与液压，2004，7：32-33.

[34] 徐起贺. 高等技术应用型人才创新能力培养的系统化研究 [J]. 河南机电高等专科学校学报，2007，2：13-14.

[35] 徐起贺. TRIZ 理论的主要内容、特点及发展动向 [J]. 河南机电高等专科学校学报，2007，3：1-3.

[36] 徐起贺. 面向岗位创新的机械创新设计实践体系研究 [J]. 河南机电高等专科学校学报，2008，2：67-71.

[37] 徐起贺. 基于 TRIZ 理论的机械产品创新设计应用研究 [J]. 河南机电高等专科学校学报，2010，1：1-3.

[38] 朱力. 应用 TRIZ 理论矛盾矩阵解决薄板玻璃加工问题 [J]. 新技术新工艺，2008，12：57-59.

附录 B 阿奇舒勒冲突矩阵表

冲突矩阵特性		恶化的通用工程参数																																						
		1	2	3	4	5	6	7	8	9	10	11	12	13	14	15	16	17	18	19	20	21	22	23	24	25	26	27	28	29	30	31	32	33	34	35	36	37	38	39
1	运动物体的重量		—	15,8 29,34	—	29,17 38,34	—	29,2 40,28	—	2,8 15,38	8,10 18,37	10,36 37,40	10,14 35,40	1,35 19,39	28,27 18,40	5,34 31,35		6,29 4,38	19,1 32	35,12 34,31		12,36 18,31	6,2 34,19	5,35 3,31	10,24 35	10,35 20,28	3,26 18,31	3,11 1,27	28,27 35,26	28,35 26,18	22,21 18,27	22,35 31,39	27,28 1,36	35,3 2,24	2,27 28,11	29,5 15,8	26,30 36,34	28,29 26,32	26,35 18,19	35,3 24,37
2	静止物体的重量	—		—	10,1 29,35	—	35,30 13,2	—	5,35 14,2	—	8,10 19,35	13,29 10,18	13,10 29,14	26,39 1,40	28,2 10,27		2,27 19,6	28,19 32,22	19,32 35		18,19 28,1	15,19 18,22	18,19 28,15	5,8 13,30	10,15 35	10,20 35,26	19,6 18,26	10,28 8,3	18,26 28	10,1 35,17	2,19 22,37	35,22 1,39	28,1 9	6,13 1,32	2,27 28,11	19,15 29	1,10 26,39	25,28 17,15	2,26 35	1,28 15,35
3	运动物体的长度	8,15 29,34	—		—	15,17 4	—	7,17 4,35	—	13,4 8	17,10 4	1,8 35	1,8 10,29	1,8 15,34	8,35 29,34	19		10,15 19	32	8,35 24		1,35	7,2 35,39	4,29 23,10	1,24	15,2 29	29,35	10,14 29,40	28,32 4	10,28 29,37	1,15 17,24	17,15	1,29 17	15,29 35,4	1,28 10	14,15 1,16	1,19 26,24	35,1 26,24	17,24 26,16	14,4 28,29
4	静止物体的长度	—	35,28 40,29	—		—	17,7 10,40	—	35,8 2,14	—	28,10	1,14 35	13,14 15,7	39,37 35	15,14 28,26		1,40 35	3,35 38,18	3,25			12,8	6,28	10,28 24,35	24,26	30,29 14		15,29 28	32,28 3	2,32 10	1,18	—	15,17 27	2,25	3	1,35	1,26	26	—	30,14 7,26
5	运动物体的面积	2,17 29,4	—	14,15 18,4	—		—	7,14 17,4	—	29,30 4,34	19,30 35,2	10,15 36,28	5,34 29,4	11,2 13,39	3,15 40,14	6,3		2,15 16	15,32 19,13	19,32		19,10 32,18	15,17 30,26	10,35 2,39	30,26	26,4	29,30 6,13	29,9	26,28 32,3	2,32	22,33 28,1	17,2 18,39	13,1 26,24	15,17 13,16	15,13 10,1	15,30	14,1 13	2,36 26,18	14,30 28,23	10,26 34,2
6	静止物体的面积	—	30,2 14,18	—	26,7 9,39	—		—		1,18 35,36	10,15 36,37		2,38	40		2,10 19,30	35,39 38		17,32	17,7 30	10,14 18,39	30,16	10,35 4,18	2,18 40,4	32,35 40,4	26,28 32,3	2,29 18,36	27,2 39,35	22,1 40	40,16	16,4	16	15,16	1,18 36	2,35 30,18	23	10,15 17,7
7	运动物体的体积	2,26 29,40	—	1,7 4,35	—	1,7 4,17	—		—	29,4 38,34	15,35 36,37	6,35 36,37	1,15 29,4	28,10 1,39	9,14 15,7	6,35 4		34,39 10,18	2,13 10	35		35,6 13,18	7,15 13,16	36,39 34,10	2,22	2,6 34,10	29,30 7	14,1 40,11	26,28 2,16	25,28 27,35	22,21 40,1	17,2 40	29,1 40	15,13 30,12	10	15,29	26,1	29,26 4	35,34 16,24	10,6 2,34
8	静止物体的体积	—	35,10 19,14	19,14	35,8 2,14			2,18 37		24,35	7,2 35	34,28 35,40	9,14 17,15		35,34 38	35,6 4			30,6		10,39 35,34	35,16 32,18	35,3 16		2,35 16		35,10 25	34,39 19,27	30,18 35,4	35		1	—	1,31	—	2,17 26	—	35,37 10,2
9	速度	2,28 13,28		13,14 8		29,30 34		7,29 34			13,28 15,19	6,18 38,40	35,15 18,34	28,33 1,18	8,3 26,14	3,19 35,5		28,30 36,2	10,13 19	8,15 35,38		19,35 38,2	14,20 19,35	10,13 28,38	13,26		10,19 29,38	11,35 27,38	28,32 1,24	10,28 32,25	1,28 35,23	2,24 35,21	35,13 8,1	32,28 13,12	34,2 28,27	15,10 26	10,28 4,34	3,34 27,16	10,18	—
10	力	8,1 37,18	18,13 1,28	17,19 9,36	28,10	19,10 15	1,18 36,37	15,9 12,37	2,36 18,37	13,28 15,12		18,21 11	10,35 40,34	35,10 21	35,10 14,27	19,2		35,10 21		19,17 10	1,16 36,37	19,35 18,37	14,15 18,40	8,35 40,5		10,37 36	14,29 18,36	3,35 13,21	35,10 23,24	28,29 37,36	1,35 40,18	13,3 36,24	15,37 18,1	1,28 3,25	15,1 11	15,17 18,20	26,35 10,18	36,37 10,19	2,35	3,28 35,37
11	应力、压强	10,36 37,40	13,29 10,18	35,10 36	35,1 14,16	10,15 36,28	10,15 36,37	6,35 10	35,24	6,35 36	36,25 21		35,4 15,10	35,33 2,40	9,18 3,40	19,3 27		35,39 19,2		14,24 10,37		10,35 14	2,36 25	10,36 3,37		37,36 4	10,14 36	10,13 19,35	6,28 25	3,35	22,2 37	2,33 27,18	1,35 16	11	2	35	19,1 35	2,36 37	35,24	10,14 35,37
12	形状	8,10 29,40	15,10 26,3	29,34 5,4	13,14 10,7	5,34 4,10	—	14,4 15,22	7,2 35	35,15 34,18	35,10 37,40	34,15 10,14		33,1 18,4	30,14 10,40	14,26 9,25		22,14 19,32	13,15 32	2,6 34,14		4,6 2	14	35,29 3,5		14,10 34,17	36,22 1	10,40 16	28,32 1	32,30 40	22,1 2,35	35,1	1,32 17,28	32,15 26	2,13 1	1,15 29	16,29 1,28	15,13 39	15,1 32	17,26 34,10
13	结构的稳定性	21,35 2,39	26,39 1,40	13,15 1,28	37	2,11 13	39	28,10 19,39	34,28 35,40	33,15 28,18	10,35 21,16	2,35 40	22,1 18,4			17,9 15	13,27 10,35	39,3 35,23		35,1 32	32,3 27,15	13,19	27,4 29,18	32,35 27,31	14,2 39,6	2,14 30,40		35,27	15,32 35		13	18	35,24 30,18	35,40 27,39	35,19 30	32,35 10,16	2,35 22,26	35,22 39,23	1,8 35	23,35 40,3
14	强度	1,8 40,15	40,26 27,1	1,15 8,35	15,14 28,26	3,34 40,29	9,40 28	10,15 14,7	9,14 17,15	8,13 26,14	10,18 3,14	10,3 18,40	10,30 35,40	13,17 35		27,3 26		30,10 40	35,19 10	19,35 10	35	10,6 35,28	35	35,28 31,40		29,3 28,10	29,10 27	11,3	3,27 16	3,27	18,35 37,1	15,35 22,2	11,3 10,32	32,40 28,2	27,11 3	15,3 32	2,13 28	27,3 15,40	15	29,35 10,14
15	运动物体的作用时间	19,5 34,31	—	2,19 9	—	3,17 19		10,2 19,30		3,35 5	19,2 16	19,3 27	14,26 28,25	13,3 35	27,3 10			19,35 39	2,19 4,35	28,6 35,18		19,10 35,38	28,27 3,18	10	20,10 28,18	3,35 10,40	11,2 13	3	3,27 16,40	22,15 33,28	21,39 16,22	27,1 4	12,27	29,10 27	1,35 13	10,4 29,15	19,29 39,35	6,10	35,17 14,19
16	静止物体的作用时间		6,27 19,16	—	1,40 35	—		35,34 38			39,3 35,23	—		19,18 36,40				16	—	27,16 18,38		28,20 10,16	3,35 31	34,27 6,40	10,26 24		17,1 40,33	22	31,10	1	1	—	25,34 6,35		1	20,10 16,38
17	温度	36,22 6,38	22,35 32	15,19 9	15,19 9	3,35 39,18	35,38	34,39 40,18	35,6 4	2,28 36,30	35,10 3,21	35,39 19,2	14,22 19,32	1,35 32	10,30 22,40	19,13 39	19,18 36,40		32,30 21,16	19,15 3,17		2,14 17,25	21,17 35,38	21,36 29,31		35,28 21,18	3,17 30,39	19,35 3,10	32,19 24	24	22,33 35,2	22,35 2,24	26,27	26,27	4,10 16	2,18 27	2,17 16	3,27 35,31	26,2 19,16	15,28 35
18	照度	19,1 32	2,35 32	19,32 16		19,32 26		2,13 10		10,13 19	26,19 6		32,30	32,3 27	35,19	2,19 6		32,35 19		32,1 19	32,35 1,15	32	13,16 1,6	13,1	1,6	19,1 26,17	1,19	—	11,15 32	3,32	15,19	35,19 32,39	19,35 28,26	28,26 19	15,17 13,16	15,1 19	6,32 13	32,15	2,26 10	2,25 16

续表

冲突矩阵特性		恶化的通用工程参数																																						
		1	2	3	4	5	6	7	8	9	10	11	12	13	14	15	16	17	18	19	20	21	22	23	24	25	26	27	28	29	30	31	32	33	34	35	36	37	38	39	
19	运动物体的能量消耗	12,18 28,31	—	12,28	—	15,19 25	—	35,13 18	—	8,35	16,26 21,2	23,14 25	12,2 29	19,13 17,24	5,19 9,35	28,35 6,18	—	19,24 3,14	2,15 19	—	—	6,19 37,18	12,22 15,24	35,24 18,5	—	35,38 19,18	34,23 16,18	19,21 11,27	3,1 32	—	1,35 6,27	2,35 6	28,26 30	19,35	1,15 17,28	15,17 13,16	2,29 27,28	35,38	32,2	12,28 35	19
20	静止物体的能量消耗	—	19,9 6,27							36,37				27,4 29,18	35			19,2 35,32					28,27 18,31			3,35 31	10,36 23			10,2 22,37	19,22 18	1,4				19,35 16,25		1,6	20
21	功率	8,36 38,31	19,26 17,27	1,10 35,37	—	19,38	17,32 13,38	35,6 38	30,6 25	15,35 2	26,2 36,35	22,10 35	29,14 2,40	35,32 15,31	26,10 28	19,35 10,38	16	2,14 17,25	16,6 19	16,6 19,37	—	10,35 38	28,27 18,38	10,19	35,20 10,6	4,34 19	19,24 26,31	32,15 2	32,2	19,22 31,2	2,35 18	26,10 34	26,35 10	35,2 10,34	19,17 34	20,19 30,34	19,35 16	28,2 17	28,35 34	21
22	能量损失	15,6 19,28	19,6 18,9	7,2 6,13	6,38 7	15,26 17,30	17,7 30,18	7,18 23	7	16,35 38	36,38	—	—	14,2 39,6	26	—	—	19,38 7	1,13 32,15	—	—	3,28	—	35,27 2,37	29,10	10,18 32,7	7,18 25	11,10 35	32	—	21,22 35,2	21,35 2,22	—	35,32 1	2,19	—	7,23	35,3 15,23	2	28,10 29,35	22
23	物质损失	35,6 23,40	35,6 22,32	14,29 10,39	10,28 24	35,2 10,31	10,18 39,31	1,29 30,36	3,39 18,31	10,13 28,38	14,15 18,40	3,36 37,10	29,35 3,5	2,14 30,40	35,28 31,40	28,27 3,18	27,16 18,38	21,36 39,31	1,6 13	35,18 24,5	28,27 12,31	28,27 18,38	35,27 2,31		—	5,18 35,10	6,3 10,24	10,29 39,35	16,34 31,28	35,10 24,31	33,22 30,40	10,1 34,29	15,34 33	32,28 2,24	2,35 34,27	15,10 2	35,10 28,24	35,18 10,13	35,10 18	28,35 10,23	23
24	信息损失	10,24 35	10,35 5	1,26	26	30,26	30,16	—	2,22	26,32	—	—	—	—	10	10	—	—	19	—	—	10,19	19,10	—		24,26 28,32	24,26 35	10,28 23		—	22,10 1	10,21 2	32	27,22	—	—	35,33	35	13,23 15	24
25	时间损失	10,20 37,35	10,20 26,5	15,2 29	30,24 14,5	26,4 5,16	10,35 17,4	2,5 34,10	35,6 32,18	—	10,37 36,5	37,36 4	4,10 34,17	35,3 22,5	29,3 28,18	20,10 28,18	28,20 10,16	35,29 21,18	1,19 26,17	—	35,38 19,18	1	35,20 10,6	10,5 18,32	35,18 10,39	24,26 28,32		35,38 18,16	10,30 4	24,34 28,32	24,26 28,18	35,18 34,4	35,22 18,39	35,28 34,4	4,28 10,34	32,1 10	35,28	6,29	18,28 32,10	24,28 35,30	—	25
26	物质的量	35,6 18,31	27,26 18,35	29,14 35,18	—	15,14 29	2,18 40,4	15,20 29	—	35,29 34,28	35,14 3	10,36 14,3	15,2 17,40	14,35 34,10	3,35 10,40	3,35 31	3,17 39	—	34,29 16,18	3,35 31	35	7,18 25	6,3 10,24	24,28 35	35,38 18,16		18,3 28,40	3,2 28	33,30	35,33 29,31	3,35 40,39	29,1 35,27	35,29 25,10	2,32 10,25	15,3 29	3,13 27,10	3,27 29,18	8,35	13,29 3,27	26
27	可靠性	3,8 10,40	3,10 8,28	15,9 14,4	15,29 28,11	17,10 14,16	32,35 40,4	3,10 14,24	2,35 24	21,35 11,28	8,28 10,3	10,24 35,19	35,1 16,11		11,8	2,35 3,25	34,27 6,40	3,35 10	11,32 13	21,11 27,19	36,23	21,11 26,31	10,11 35	10,35 29,39	10,28	10,30 4	21,28 40,3		32,3 11,23	11,32 1	27,35 2,40	35,2 40,26		27,17 40	1,11	13,35 8,24	13,35 1	27,40 28	11,13 27	1,35 29,38	27
28	测量精度	32,35 26,28	28,35 25,26	28,26 5,16	32,28 3,16	26,28 32,3	26,28 32,3	32,13 6		28,13 32,24	32,2	6,28 32	6,28 32	32,35 13	28,6 32	28,6 32	10,26 24	6,19 28,24	6,1 32	3,6 32		3,6 32	26,32 27	10,16 31,28		24,34 28,32	2,6 32	5,11 1,23		28,24 22,26	3,33 39,10	6,35 25,18	1,13 17,34	1,32 13,11	13,35 2	27,35 10,34	26,24 32,28	28,2 10,34	10,34 28,32	28
29	制造精度	28,32 13,18	28,35 27,9	10,28 29,37	2,32 10	28,33 29,32	2,29 18,36	32,28 2	25,10 35	10,28 32	28,19 34,36	3,35	32,30 40	30,18	3,27	3,27 40	—	19,26 32	3,32	32,2		32,2	13,32 2	35,31 10,24		32,26 28,18	32,30	11,32 1		26,28 10,36	4,17 34,26		1,32 35,23	25,10	—	26,2 18	—	26,25 18,23	10,18 32,39	29
30	作用于物体的有害因素	22,21 27,39	2,22 13,24	17,1 39,4	1,18	22,1 33,28	27,2 39,35	22,23 37,35	34,39 19,27	21,22 35,28	13,35 39,18	22,2 37	22,1 3,35	35,24 30,18	18,35 37,1	22,15 33,28	17,1 40,33	22,33 35,2	1,19 32,13	1,24 6,27	10,2 22,37	19,22 31,2	21,22 35,2	33,22 19,40	22,10 2	35,18 34	35,33 29,31	27,24 2,40	28,33 23,26	26,28 10,18		24,35 2	2,25 28,39	35,10 2	35,11 22,31	22,19 29,40	22,19 29,40	33,3 34	22,35 13,24	30
31	物体产生的有害作用	19,22 15,39	35,22 1,39	17,15 16,22	—	17,2 18,39	22,1 40	17,2 40	30,18 35,4	35,28 3,23	35,28 1,40	2,33 27,18	35,1	35,40 27,39	15,35 22,2	15,22 33,31	21,39 16,22	22,35 2,24	19,24 39,32	2,35 6	19,22 18	2,35 18	21,35 2,22	10,1 34	10,21 29	1,22	3,24 39,1	24,2 40,39	3,33 26	4,17 34,26		—	—	—	19,1 31	2,21 27,1	2	22,35 18,39	31
32	可制造性	28,29 15,16	1,27 36,13	1,29 13,17	15,17 27	13,1 26,12	16,40	13,29 1,40	35	35,13 8,1	35,12	35,19 1,37	1,28 13,27	11,13 1	1,3 10,32	27,1 4	35,16	27,26 18	28,24 27,1	28,26 27,1	1,4	27,1 12,24	19,35	15,34 33	32,24 18,16	35,28 34,4	35,23 1,24		1,35 12,18	24,2		2,5 13,16	35,1 11,9	2,13 15	27,26 1	6,28 11,1	8,28 1	35,1 10,28	32
33	操作流程的方便性	25,2 13,15	6,13 1,25	1,17 13,12	—	1,17 13,16	18,16 15,39	1,16 35,15	4,18 39,31	18,13 34	28,13 35	2,32 12	15,34 29,28	32,35 30	32,40 3,28	29,3 8,25	1,16 25	26,27 13	13,17 1,24	1,13 24		35,34 2,10	2,19 13	28,32 2,24	4,10 27,22	4,28 10,34	12,35	17,27 8,40	25,13 2,34	1,32 35,23	2,25 28,39		2,5 13,16	12,26	15,34 1,16	32,26 12,17		1,34 12,3	15,1 28	33
34	可维修性	2,27 35,11	2,27 35,11	1,28 10,25	3,18 31	15,13 32	16,25	25,2 35,11	1	34,9	1,11 10	13	1,13 2,4	2,35	11,1 2,9	11,29 28,27	1	4,10	15,1 13	15,1 28,16		15,10 32,2	15,1 32,19	2,35 34,27		32,1 10,25	2,28 10,25	11,10 1,16	10,2 13	25,10	35,10 2,16		1,35 11,10	1,12 26,15	7,1 4,16	35,1 13,11	—	34,35 7,13	1,32 10	34
35	适应性、通用性	1,6 15,8	19,15 29,16	35,1 29,2	1,35 16	35,30 29,7	15,16	15,35 29	—	35,10 14	15,17 20	35,16	15,37 1,8	35,30 14	35,3 32,6	13,1 35	2,16	27,2 3,35	6,22 26,1	19,35 29,13	—	19,1 29	18,15 1	15,10 2,13		35,28 6,37	3,35 15	35,13 8,24	35,5 1,10	—	35,11 32,31		1,13 31	15,34 1,16	1,16 7,4	15,29 37,28	1	27,34 35	35,28 6,37	35
36	系统的复杂性	26,30 34,36	2,26 35,39	1,19 26,24	26	14,1 13,16	6,36	34,26 6	1,16	34,10 28	26,16	19,1 35	29,13 28,15	2,22 17,19	2,13 28	10,4 28,15	—	2,17 13	24,17 13	27,2 29,28		20,19 30,34	10,35 13,2	35,10 28,29		6,29	13,3 27,10	13,35 1	2,26 10,34	26,24 32	22,19 29,40	19,1	27,26 1,13	27,9 26,24	1,13	29,15 28,37		15,10 37,28	15,1 24	12,17 28	36
37	控制和测量的复杂度	27,26 28,13	6,13 28,1	16,17 26,24	26	2,13 18,17	2,39 30,16	29,1 4,16	2,18 26,31	3,4 16,35	36,28 40,19	35,36 37,32	27,13 1,39	11,22 39,30	27,3 15,28	19,29 39,25	24,34 6,35	3,27 35,16	2,24 26	35,38 19,16	19,35 16	19,1 16,10	1,18 15,10	35,33 19,24	27,22	18,28 32,9	3,27 29,18	27,40 28,8	26,24	—	22,19 29,28	2,21	5,28 11,29	2,5	12,26	1,15	15,10 37,28		34,21	35,18	37
38	自动化程度	28,26 18,25	28,26 35,10	14,13 17,28	23	17,14 13		35,13 16		28,10	2,35	13,35	15,32 1,13	18,1	25,13	6,9	—	26,2 19	8,32 19	2,32 13		28,2 27	23,28	35,10 18,5		35,33 35,30	24,28 10,34	35,13 32	11,27 32	28,26 10,34	28,26 18,23	2,33	2	1,26 13	1,12 34,3	1,35 13	27,4 1,35	15,24 10	34,27 25	5,12 35,26	38
39	生产率	35,26 24,37	28,27 15,3	18,4 28,38	30,7 14,26	10,26 34,31	10,35 17,7	2,6 34,10	35,37 10,2		28,15 10,36	10,37 14	14,10 34,40	35,3 22,39	29,28 10,18	35,10 2,18	20,10 16,38	35,21 28,10	26,17 19,1	35,10 38,19	1	35,20 10	28,10 29,35	28,10 35,23	13,15 23		35,38	1,35 10,38	1,10 34,28	18,10 32,1	22,35 13,24	35,22 18,39	35,28 2,24	1,28 7,19	1,32 10,25	1,35 28,37	12,17 28,24	35,18 27,2	5,12 35,26		39